Faszination Mikrokosmos

DIE WELT VON INNEN

JULIE COQUART

*h.f.*ullmann

Am Anfang war die Neugier. Die ersten Zweibeiner, die dieses unwiderstehliche Gefühl in sich verspürten, überquerten vielleicht eine Savanne, um ein fernes Waldstück zu erkunden; oder sie kletterten auf den Gipfel eines Berges – manchmal nicht, weil sie mussten, sondern einfach, weil sie *konnten*. Die Neugier ist eine gewaltige Kraft. Sie lässt Menschen aufbrechen ins Unbekannte, bringt sie dazu, Gefahren, Entbehrungen, sogar den Tod in Kauf zu nehmen – nur um herauszufinden, was hinter dem Horizont verborgen liegt. Im Verlauf der Evolution hat sich ein gewisses Maß an Entdeckungslust bewährt, sie hat geholfen, neue Nahrungsquellen oder Zufluchtsorte zu finden. Im Unbekannten liegt eben immer auch eine Chance.

Die menschliche Neugier allerdings geht weit über das zur Arterhaltung notwendige Maß hinaus. Sie ist grenzenlos. Eine neue Welt als Erster zu erblicken, so wie Marco Polo, Christoph Kolumbus oder Roald Amundsen, was könnte faszinierender sein? Doch Entdecker haben es heutzutage schwer: Es gibt keine weißen Flecken mehr auf der Landkarte, keine unentdeckten Kontinente, keine verborgenen Inseln. Unsere Sehnsucht nach dem Unbekannten aber ist unstillbar, sie sucht sich neue Ziele – und findet sie im ganz Großen und ganz Kleinen. Teleskope und Mikroskope erlauben zumindest unserer Fantasie, auch dorthin zu gelangen: in die Weiten des Alls, ins Innere der Welt.

Die Aufnahmen in diesem Buch sind eine fantastische Reise durch den Mikrokosmos und erlauben einen ganz neuen Blick auf die uns bekannte Welt: Die Oberfläche eines Salbeiblatts, auf der scheinbar eine Science-Fiction-Metropole errichtet wurde, oder die Ackerbohne, die uns mit hypnotischem Blick anzuschauen scheint – so etwas habe ich auf all meinen Expeditionen um die Welt noch nie gesehen. Mithilfe der Mikrofotografie haben die Wissenschaftler für uns die große Reise in die Welt des Kleinen unternommen. Nicht weil sie mussten, sondern weil sie *konnten*. Weil sie neugierig sind. Und weil es noch so viel zu entdecken gibt.

Dirk Steffens
im Januar 2013

Wussten Sie, dass die Oberfläche des Kronblatts einer Orchidee alles andere als glatt ist? Dass es Pflanzen gibt, deren Brennhaare eine noch heftigere Wirkung haben als die der Brennnessel? Oder dass eine Karottenwurzel äußerst sinnreich eingeteilt ist? Entdecken Sie den Zauber der Pflanzen und ihre vielfältigen Strategien, sich an ihre Umgebung anzupassen!

Wie sieht der Kopf eines Bandwurms aus? Welche Länge kann ein DNA-Strang erreichen? Wie wehrt sich der menschliche Körper gegen Eindringlinge? Stirbt ein Schmetterling, wenn man seine Flügel berührt? Machen Sie sich selbst ein Bild von den erstaunlichen Antworten darauf: Die Biologie der Tiere und des Menschen wird kein Buch mit sieben Siegeln mehr für Sie sein.

Manche verursachen Krankheiten, andere sind Bestandteile von Tieren. Manche sind lebendig, andere wiederum Mineralien. Manche bringen die Forschung weiter, andere nützen der Industrie. Ihr gemeinsamer Nenner? Es sind die Kleinsten. Begeben Sie sich auf eine Reise in ihre Welt!

Wie wurde der Klettverschluss erfunden? Seit wann werden Nadeln benutzt? Woraus besteht Staub? Wie sind Gewebefasern miteinander verflochten? Ob sie Ihnen im Alltag oder in der Wissenschaft begegnet, Sie gewinnen tiefe Einblicke in die Geheimnisse der Materie!

ENTDECKUNGS-REISE IN UNSICHTBARE WELTEN

Die Naturwissenschaften mögen manchem trocken erscheinen. Mitunter wecken sie schmerzliche Erinnerungen an die Schule. Sie können Angst machen, sind sie doch scheinbar nur schwer zu verstehen. Aber Wissenschaft kann durchaus auch schön sein, vor allem wenn sie so spektakulär in Szene gesetzt wird wie in diesem Buch.

Wissen Sie, wie die Haut eines Hais unter dem Mikroskop aussieht? Wie die Spinne ihre seidenen Fäden erzeugt? Was sich im Stamm der Bäume verbirgt? Dass sich manche Organismen ohne Beteiligung eines männlichen Partners fortpflanzen? Lauter Fragen, die Sie sich wahrscheinlich noch nie gestellt haben, auf die Sie aber bei der Lektüre dieses Buches Antworten finden werden. Durch ein Mikroskop betrachtet, offenbart die gesamte Erde ihre Geheimnisse – durch Bilder, die bisweilen erstaunen, oft Neugier wecken und stets großartig anzusehen sind.

Die Urheber dieser Fotos sind größtenteils Forscher. Über das wissenschaftliche Interesse an der Beobachtung ihrer Studienobjekte hinaus gefällt ihnen deren Schönheit, ja die Poesie, die davon ausgeht. Manche nehmen sogar an Wettbewerben für Wissenschaftsfotografie teil, wie beispielsweise dem 1975 von Nikon ins Leben gerufenen Mikrofotografie-Wettbewerb „Small World", und gewinnen mit ihren Arbeiten regelmäßig erste Preise.

Nachdem der ästhetische und wissenschaftliche Wert der Aufnahmen außer Frage steht, verdienen die angewandten bildgebenden Verfahren ebenfalls unsere Aufmerksamkeit. So sind die Beobachtung eines Bakteriums unter dem Lichtmikroskop und ihre Untersuchung in der Elektronenmikroskopie zwei gänzlich unterschiedliche Verfahren.

Auf der Grundlage von Linsen, die ein Bild bis auf das Tausendfache vergrößern, arbeitet die Lichtmikroskopie mit Photonen oder Lichtteilchen. Ihre Erfindung kann zwar nicht genau datiert werden, jedoch gab es bereits 1667 das erste mit drei Linsen ausgestattete Mikroskop. Sein Erfinder, der Brite Robert Hooke, benutzte es, um die gleichmäßigen, luftgefüllten Hohlräume des Korks zu betrachten. Aufgrund ihrer Ähnlichkeit mit Mönchszellen prägte er dafür den Begriff *cell* für „Zelle".

In den Jahrhunderten, die auf Robert Hookes Erfindung folgten, wurden die Mikroskope nach der Versuch-und-Irrtum-Methode zwar experimentell, nicht aber aufgrund optischer Berechnungen verfeinert. Dank der systematischen Erforschung des mikroskopischen Auflösungsvermögens durch Ernst Abbe im Jahr 1870 konnte das Mikroskop entscheidend weiterentwickelt werden: Es ging nicht allein um die verbesserte Darstellung kleiner Objekte, sondern auch darum, bislang unsichtbare Details unterscheiden zu können.

Mit der Entwicklung verschiedener mikroskopischer Techniken wie der Dunkelfeldmikroskopie, des Differenzial-Interferenz-Kontrasts nach Nomarski (DIK oder DIC), des Phasenkontrastverfahrens und der Fluoreszenzmikroskopie wurde es dann möglich, immer feinere Details abzubilden.

Mithilfe der Lichtmikroskopie lassen sich Zellen und sogar lebende Organismen wie Bakterien beobachten. Allerdings müssen die Strukturen größer als 200 Nanometer, also 200 millionstel Millimeter, sein. Unterhalb dieser Größe entsteht mit einem Lichtmikroskop kein scharfes Bild. Enthält das untersuchte Material genügend Pigmente, so zeigt die Beobachtung unter dem Lichtmikroskop die natürlichen Farben. Um jedoch die einzelnen Bestandteile der Probe hervorzuheben, werden manchmal chemische Farbstoffe verwendet. Da sich diese vorzugsweise an bestimmten Stellen festsetzen, machen sie entsprechende Zellstrukturen kenntlich.

Doch trotz dieser Fortschritte konnten die gewonnenen Ergebnisse viele Jahrzehnte lang nur von Hand, mithilfe von Zeichnungen wiedergegeben werden. Erst Anfang der 1920er-Jahre, mit der Einführung der Mikrofotografie, gelang es, die Beobachtungen auf einem Aufzeichnungsmedium festzuhalten. Später machte es die Videotechnik zudem möglich, Phänomene im mikroskopischen Maßstab in Echtzeit zu beobachten und aufzuzeichnen. Gleichzeitig fand 1939 mit der Entwicklung des Elektronenmikroskops, das anstelle von Licht einen Elektronenstrahl verwendet, eine weitere technische Revolution statt: Dieser wesentliche Unterschied gestattete die Darstellung feinster innerer Zellstrukturen, mitunter bis zum molekularen Bereich; die Vergrößerung ging nun vom 1000- bis zum 500 000-Fachen.

Es gibt zwei Varianten von Elektronenmikroskopen, die sich danach unterscheiden, ob der Elektronenstrahl das Objekt durchdringt oder nicht. Im ersten Fall spricht man vom Transmissionselektronenmikroskop (TEM). Damit ist eine 20 000-fache Vergrößerung möglich, die Auflösungsgrenze liegt bei 0,1 bis 1 Nanometern. Beim Rasterelektronenmikroskop (REM) wird ein Teil der Elektronen zurückgestreut, wodurch sich dreidimensionale Bilder aufbauen lassen. Seine besondere Bedeutung liegt darin, dass das Auflösungsvermögen – der kleinste noch wahrnehmbare Abstand zwischen zwei benachbarten Punkten – noch höher ist als beim Transmissionselektronenmikroskop.

Trotz einer 2000-mal höheren Auflösung als bei der Lichtmikroskopie besitzt die Elektronenmikroskopie dennoch einen wesentlichen Nachteil: Weder mit dem Transmissions- noch mit dem Rasterelektronenmikroskop kann man lebende Zellen beobachten, denn die Präparationstechniken sind zu aggressiv. Zudem sind die gewonnenen Bilder stets schwarz-weiß oder grau in grau. Forscher oder Wissenschaftskünstler wählen beim anschließenden Kolorieren die Farben aus, die sie den einzelnen Elementen der Aufnahme geben wollen. So kommen prächtige wissenschaftliche Kunstwerke zustande.

In jüngster Zeit wurden neue Techniken wie die sogenannte Super-Resolution-Mikroskopie, eine Form der optischen Nanoskopie, entwickelt. Dank raffinierter Verfahren haben sie die Grenzen der bisherigen Lichtmikroskopie hinter sich gelassen. Bei der 3-D-SIM-Mikroskopie (Structured Illumination Microscopy) werden mehrere zeitlich versetzt angestrahlte Bilder ein und derselben Probe digital kombiniert; so lassen sich Proben mit einer Auflösung von 100 Nanometern beobachten. Eine weitere Technik, die Stochastic Optical Reconstruction Microscopy (STORM), beruht auf der sukzessiven Positionsbestimmung einzelner Moleküle, deren Fluoreszenz lichtgesteuert „ein- und ausgeschaltet" werden kann, und der anschließenden stochastischen Rekonstruktion der Bilder. Damit sind Auflösungen bis zu zehn Nanometern möglich.

Zur besseren Orientierung in der Mikrowelt beachten Sie bitte die Hinweise unterhalb der Texte: Die Angabe „x 1000" bedeutet, dass die vorliegende Abbildung 1000-fach vergrößert wurde; der Wert rechts davon gibt die Breite des Fotos in der natürlichen Größe an.

Auch wenn die schönen Farben nicht die echten sind, lassen Sie sich – wie ich – von all diesen Bildern begeistern! Einige Themen waren mir vertraut, andere erforderten ausführlichere Recherchen. Häufig war ich verblüfft über die Informationen, die ich zusammentrug. Mein Staunen und meine Begeisterung brauchte ich also nur noch schriftlich weiterzugeben. Im Übrigen danke ich Diane Routex, die auf die Verständlichkeit der Texte geachtet hat.

Mein Tipp an die Leserinnen und Leser: Blättern Sie dieses Buch durch – in der vorgegebenen Reihenfolge, von hinten nach vorn, ganz nach Belieben –, und lesen Sie nicht sofort die Erläuterungen. Versuchen Sie, bei jedem Bild zuerst zu erraten, welcher Organismus oder welches Objekt sich dahinter wohl verbirgt. Wetten, dass Sie erstaunt sind, wenn Sie nachsehen?

Julie Coquart

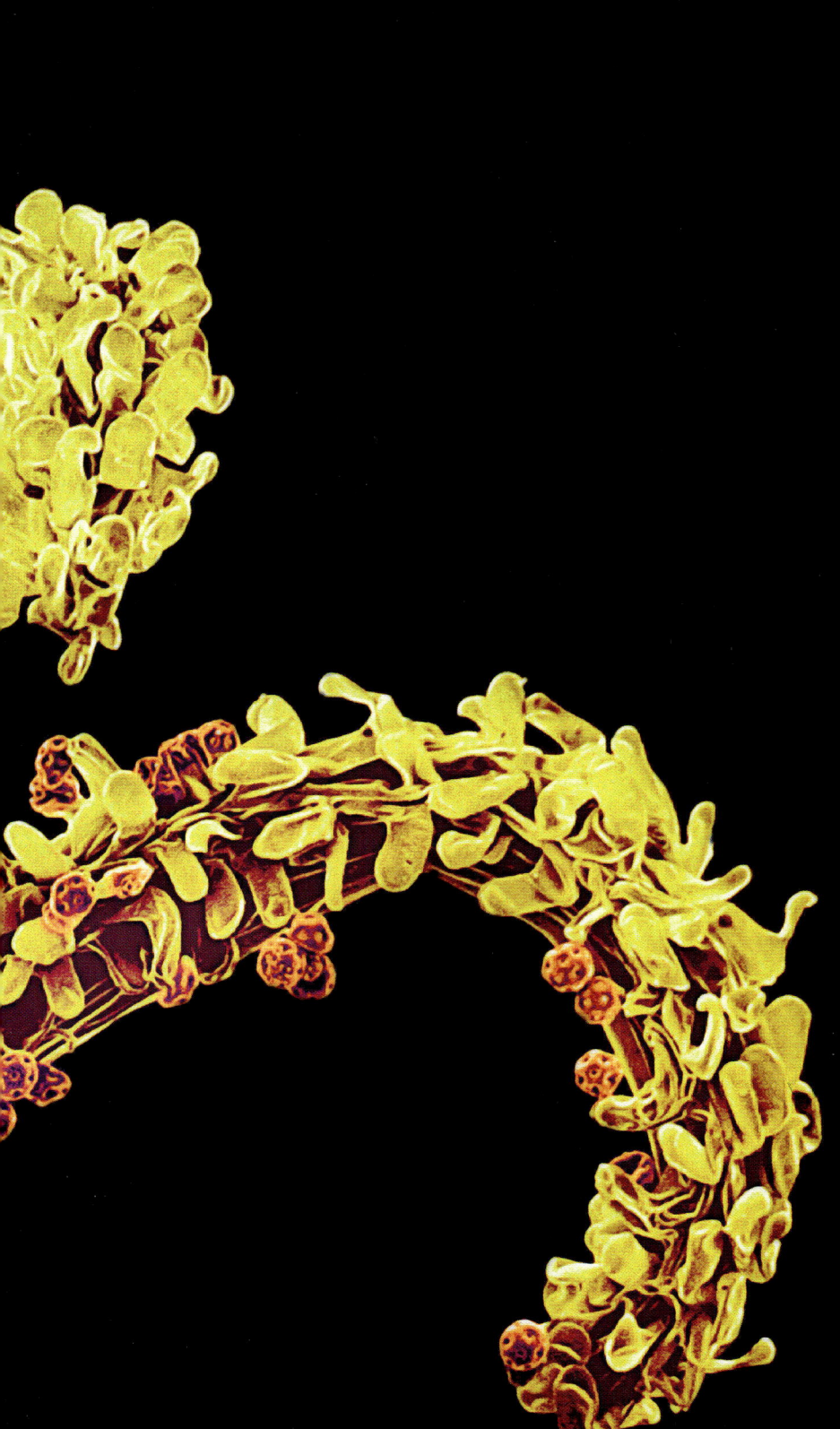

GEHEIMNISVOLLER PFLANZENSEX
BESTÄUBUNG

Bei den Pflanzen ist die Sicherung der Fortpflanzung keine Nebensächlichkeit. Sie haben dafür vielfältige geeignete Strategien entwickelt – von der Anpassung der männlichen und weiblichen Organe bis hin zur Beteiligung von Insekten.

Was für eine sonderbare Kreatur streckt hier ihre langen Tentakel aus? Schlicht und einfach eine Blume. Die gelben Auswüchse sind in Wirklichkeit Griffel und damit ein Teil des Stempels, des weiblichen Fortpflanzungsorgans. An ihrem Ende sitzt die Narbe, deren Aufgabe es ist, die männlichen Pollenkörner – hier in Form orangefarbener Kügelchen – aufzunehmen. Sie stammen aus einem anderen Exemplar derselben Pflanze und werden entweder vom Wind oder von Insekten weitergetragen. Beim Sammeln von Blütenstaub sorgen beispielsweise Bienen für die Verbreitung des Pollens.

Auf dem Bild der folgenden Seite, in stärkerer (2300-facher) Vergrößerung, erscheinen die Pollenkörner rosa; sie haften gut an den Narben. Doch ihnen steht noch manches bevor, denn sie müssen dafür sorgen, dass die in ihnen enthaltenen männlichen Geschlechts- oder Keimzellen zu den Fruchtknoten an der Basis des Stempels gelangen. Dazu bilden sie einen Pollenschlauch, der die männlichen Geschlechtszellen durch den Griffel nach innen überträgt, wo sie nur noch die Eizelle befruchten müssen.

 | X **200** | 2 mm

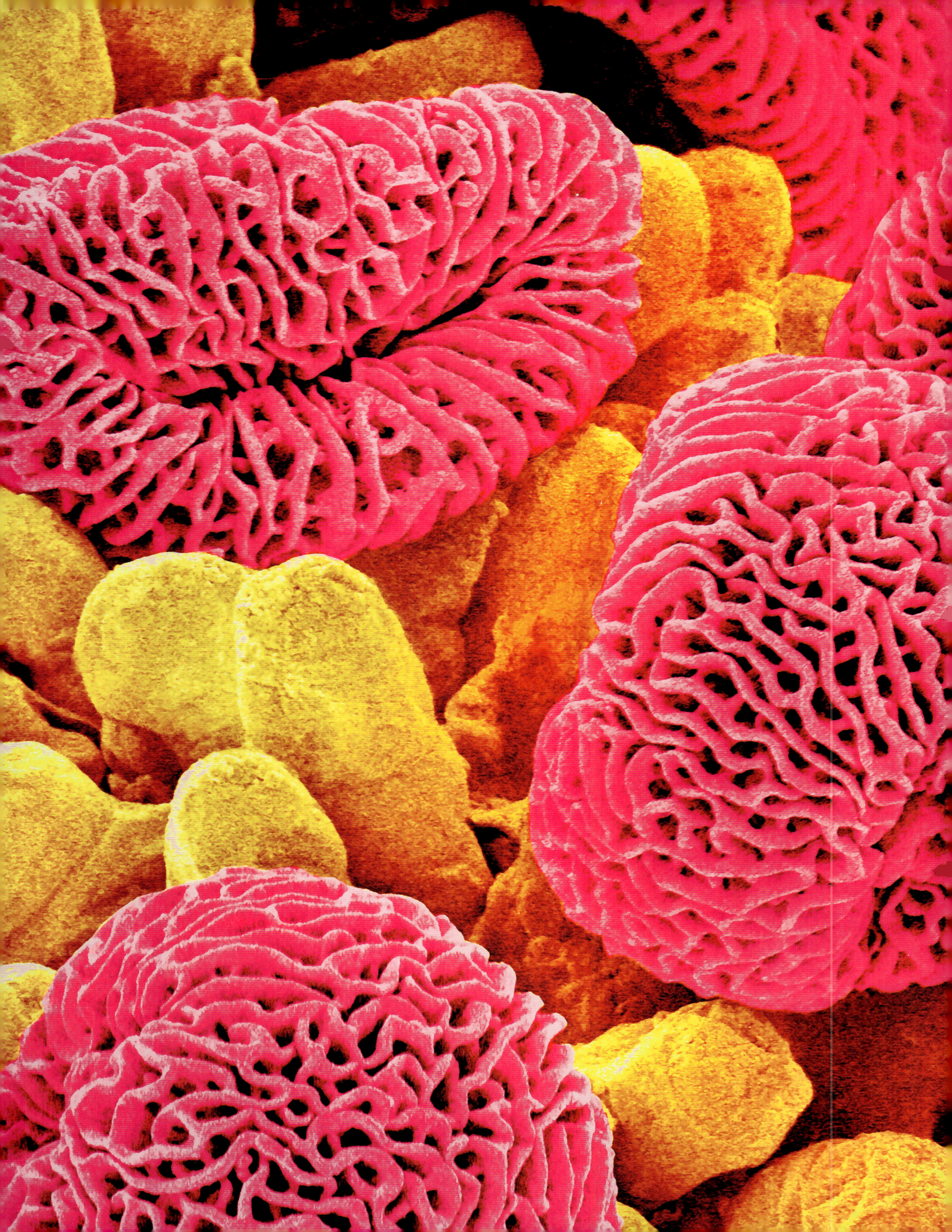

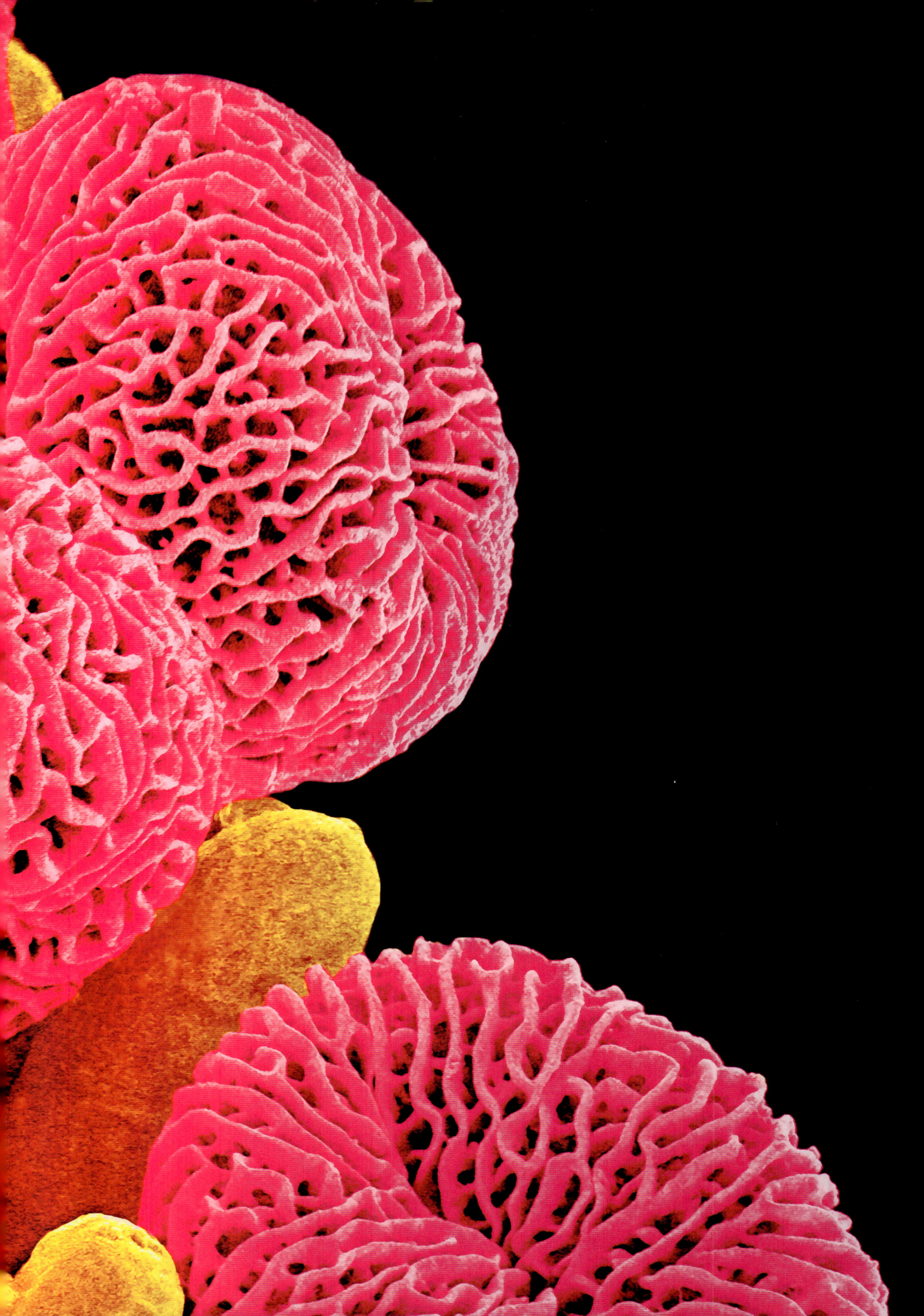

ERSTER SCHRITT ANS LICHT

KEIMUNG

Die Keimung eines Samens ist die Grundlage allen Pflanzenlebens. Um sich in eine Pflanze zu verwandeln, muss das Samenkorn einen Keimling ausbilden, der durch die Samenschale nach außen dringt: Während dieses Vorgangs wurde hier ein Samenkorn vom Mangold verewigt.

Der Samen ist eine sinnreiche Einrichtung, trägt er doch alle Nahrungsreserven in sich, die die Pflanze braucht, um sich anfangs zu entwickeln. Alles beginnt mit der Wasseraufnahme: Der Samen saugt sich mit Wasser voll, das er aus der Erde zieht. Dann wächst die Wurzel, bis sie aus dem Samenkorn sprießt. Das auffällige Haarbüschel spielt eine wesentliche Rolle bei der Entwicklung: Es nimmt so viel Wasser und Nährstoffe wie möglich auf.

Dank der vielen feinen Haare kann die Keimwurzel ihre Kontaktfläche mit der Erde vergrößern und so die für sie optimale Wassermenge herausziehen. Die Wurzel zeigt nach unten, während sie anfangs nach oben wuchs. Darin steckt eine der überraschenden Fähigkeiten des Samens: Die Wurzel reagiert auf die Schwerkraft und kann sich daher unterirdisch besser in die Tiefen der Erde eingraben. Bis die Sprossachse aus dem Samen austritt und die Photosynthese wirkt, schöpft die Pflanze ihre Nährstoffe aus den Keimblättern, den großen fleischigen grünen Teilen, bis diese Reserven aufgebraucht sind. Danach werden die beiden ersten Laubblätter (Primärblätter) der Pflanze gebildet.

 | x **130** | 3,7 mm |

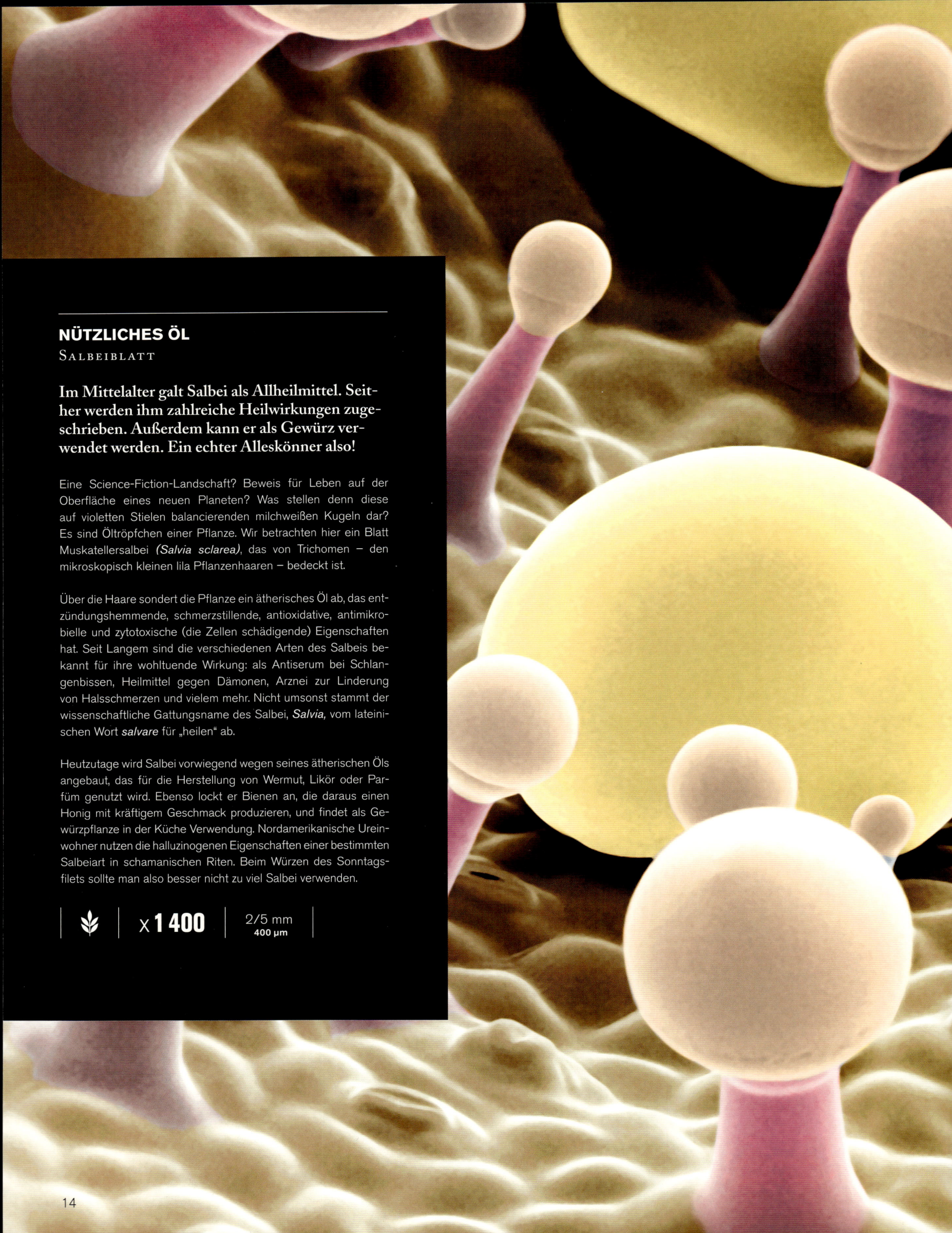

NÜTZLICHES ÖL
S ALBEIBLATT

Im Mittelalter galt Salbei als Allheilmittel. Seither werden ihm zahlreiche Heilwirkungen zugeschrieben. Außerdem kann er als Gewürz verwendet werden. Ein echter Alleskönner also!

Eine Science-Fiction-Landschaft? Beweis für Leben auf der Oberfläche eines neuen Planeten? Was stellen denn diese auf violetten Stielen balancierenden milchweißen Kugeln dar? Es sind Öltröpfchen einer Pflanze. Wir betrachten hier ein Blatt Muskatellersalbei *(Salvia sclarea)*, das von Trichomen – den mikroskopisch kleinen lila Pflanzenhaaren – bedeckt ist.

Über die Haare sondert die Pflanze ein ätherisches Öl ab, das entzündungshemmende, schmerzstillende, antioxidative, antimikrobielle und zytotoxische (die Zellen schädigende) Eigenschaften hat. Seit Langem sind die verschiedenen Arten des Salbeis bekannt für ihre wohltuende Wirkung: als Antiserum bei Schlangenbissen, Heilmittel gegen Dämonen, Arznei zur Linderung von Halsschmerzen und vielem mehr. Nicht umsonst stammt der wissenschaftliche Gattungsname des Salbei, *Salvia,* vom lateinischen Wort *salvare* für „heilen" ab.

Heutzutage wird Salbei vorwiegend wegen seines ätherischen Öls angebaut, das für die Herstellung von Wermut, Likör oder Parfüm genutzt wird. Ebenso lockt er Bienen an, die daraus einen Honig mit kräftigem Geschmack produzieren, und findet als Gewürzpflanze in der Küche Verwendung. Nordamerikanische Ureinwohner nutzen die halluzinogenen Eigenschaften einer bestimmten Salbeiart in schamanischen Riten. Beim Würzen des Sonntagsfilets sollte man also besser nicht zu viel Salbei verwenden.

✿ | **×1 400** | 2/5 mm
400 µm

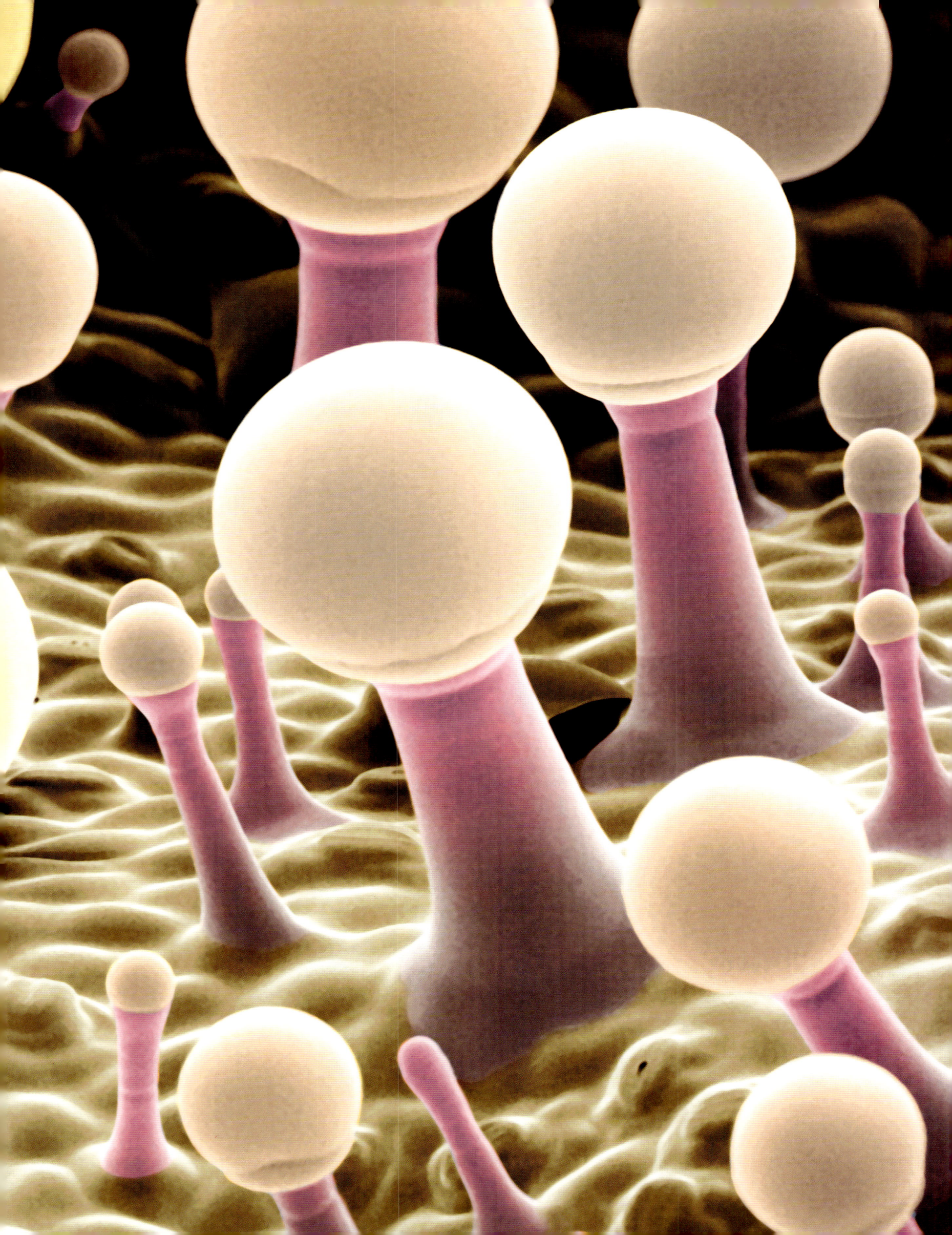

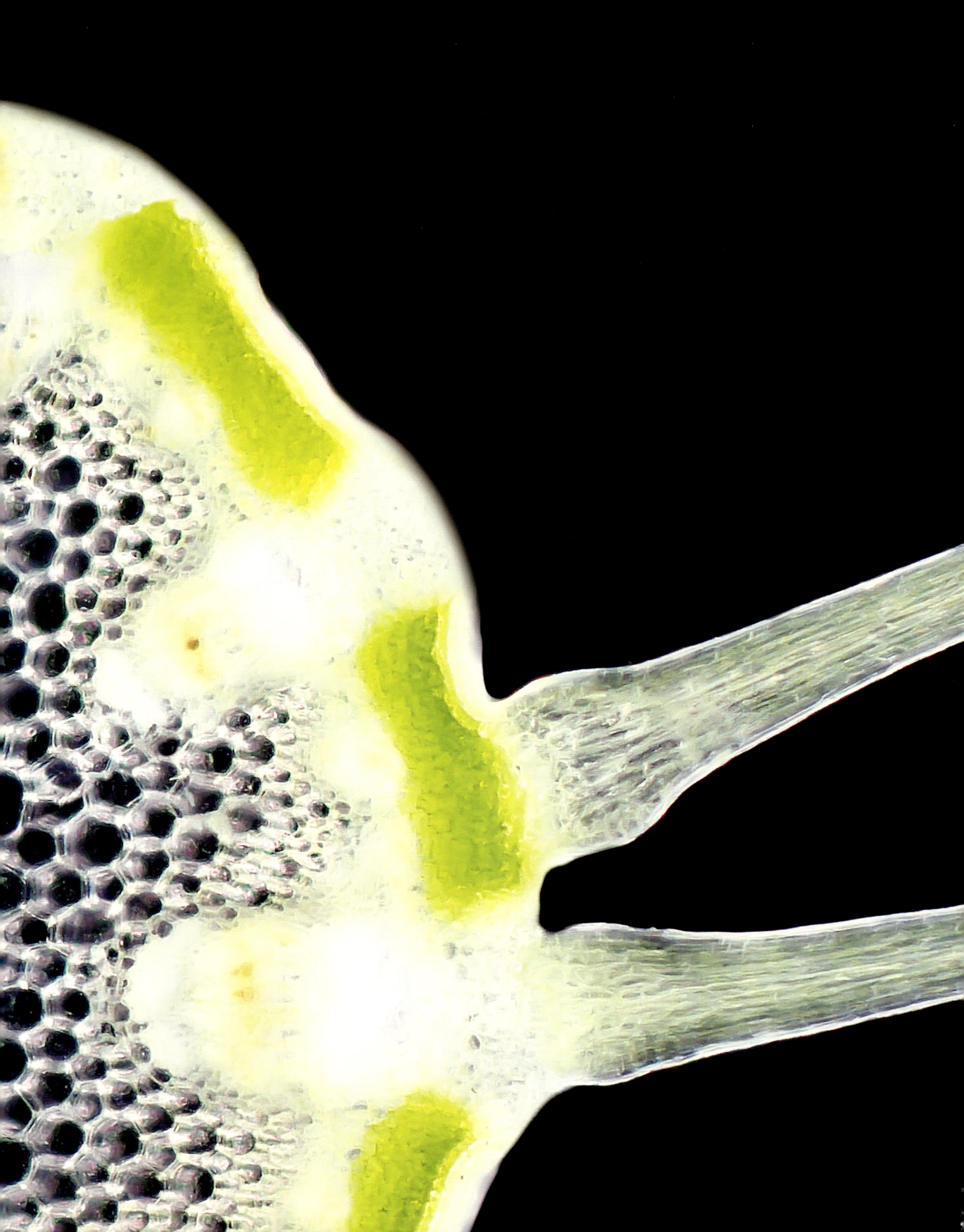

PFLANZLICHE SCHNECKE
RAUE GÄNSEDISTEL

Die Natur ist trügerisch – vor allem, wenn man sie in einem ungewöhnlichen Maßstab betrachtet. Wenn eine Pflanze ihre Farbpigmente enthüllt und als Tier daherkommt, ergibt das ein überraschendes Bild – und bringt dem Fotografen den zweiten Preis beim Fotowettbewerb „Nikon Small World" 2009 ein.

Welcher Regen hat diese durchsichtige Schnecke zum Vorschein kommen lassen? Keiner, denn diese weißen Hörner mit den roten Enden sind die Haare einer Pflanze, der Rauen Gänsedistel *(Sonchus asper)*. Die Verwandte des Löwenzahns wächst, wie anderes Unkraut, in der Umgebung von Bauernhöfen.

Gerd A. Günther, der Fotograf der Mikroskopaufnahme, betrachtete den Querschnitt durch einen Blütenstängel, den zwei Pflanzenhaare zieren. Die Rotfärbung weist auf das Vorhandensein von Anthocyanen hin. Das sind Farbpigmente, die die Pflanze vor UV-Licht schützen. Aufgrund ihrer lichtabsorbierenden Eigenschaften locken diese Pigmente für die Bestäubung notwendige Insekten und andere Tiere an. In der Lebensmittelindustrie werden sie als natürliche Farbstoffe eingesetzt. Das gelbgrüne Chlorophyll am Rand des Stängels spielt eine Rolle bei der Photosynthese, bei der es die Lichtenergie absorbiert und in biochemische Energie in Form von Kohlenhydraten umwandelt. Links im Bild, in der Mitte des Stängels, erkennt man, schwarz mit weißem Rand, zahlreiche sechseckige Gefäße. Sie transportieren den Nahrungssaft – Wasser und Mineralien – aus dem Boden in die oberen Pflanzenteile.

Das Bild zeigt nicht die gezähnten bzw. dornigen Blätter der Rauen Gänsedistel, die ihr zu ihrem Namen verhalfen. Aus den jungen Blättern kann man indessen einen wohlschmeckenden Salat machen!

 | X **200** | 2,2 mm

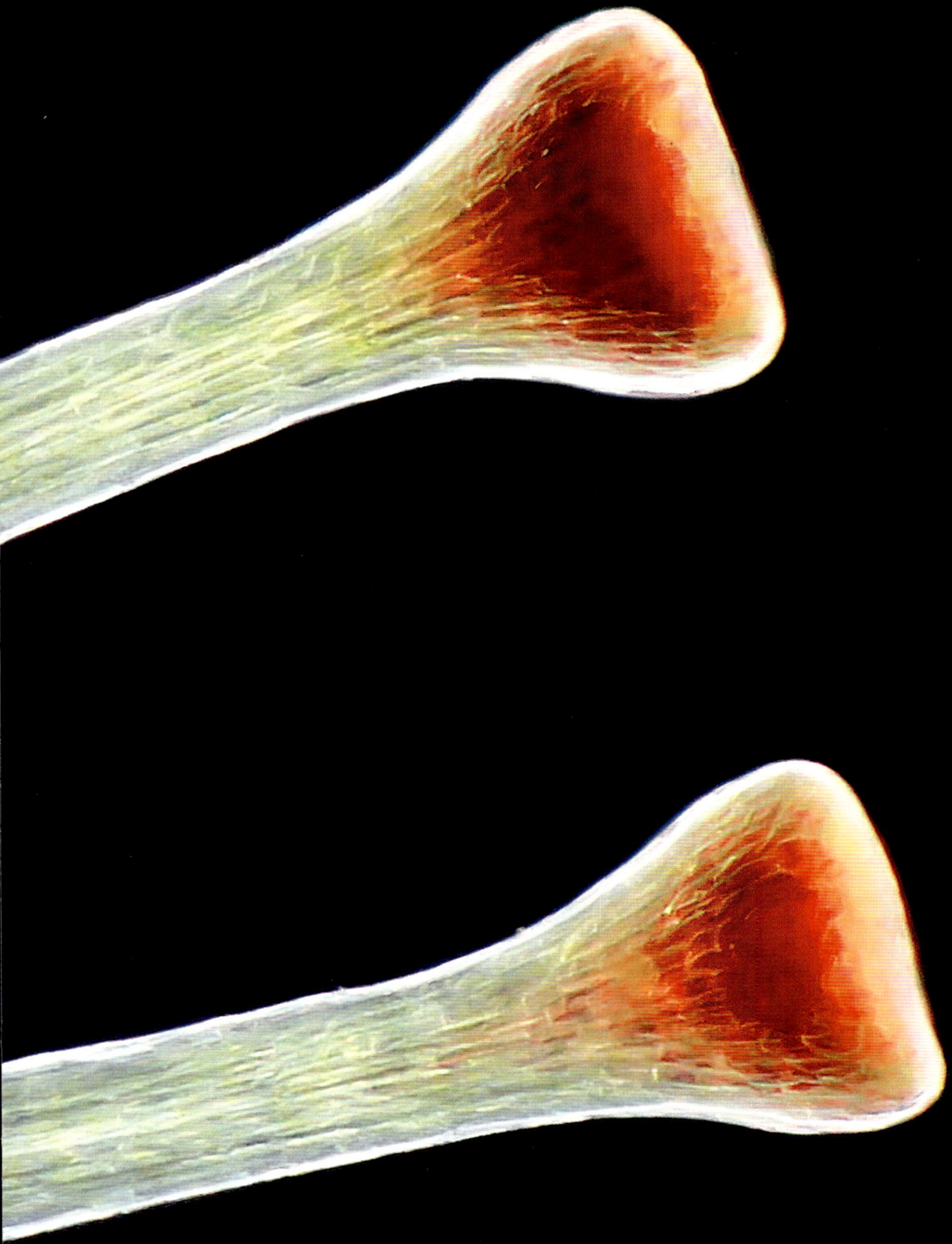

SESAM, ÖFFNE DICH!

Stoma einer Ackerbohne

Geheimnisvolles Auge oder Tor zu einer fremd- artigen Welt? Eher Letzteres, denn hier handelt es sich um das Stoma oder die Spaltöffnung einer Ackerbohne, auch Dicke Bohne genannt. An der Blattoberfläche regulieren Stomata den Gasaus- tausch der Pflanze mit der Umgebungsluft.

Stomata sind winzige Poren an der Blattunterseite – richtige Türen, die sich kontrolliert öffnen. Ihre Aufgabe besteht darin, den Ein- und Austritt verschiedener Gase zu regulieren, darun- ter Kohlendioxid, Sauerstoff und Wasserdampf. So wandeln die Pflanzen während der Photosynthese Lichtenergie in biochemi- sche Energie um, wofür sie Kohlendioxid (CO_2) benötigen. Die- ses Gas aber befindet sich in der umgebenden Luft, während die Pflanzen es in ihrem Inneren brauchen. Doch daran soll es nicht scheitern: Sie müssen nur dafür sorgen, dass die Stomata sich öffnen und somit für den Einlass des Gases sorgen.

Hier wirkt die Findigkeit der kleinen Löcher Wunder: Die bei- den einander gegenüberliegenden bohnenförmigen Zellen sind Schließzellen. Sie schließen zwischen sich eine Spaltöffnung ein, die je nach Zellinnendruck geschlossen oder geöffnet ist. Wenn die Zellen mit Wasser gefüllt sind, wölbt sich ihre Innenwand, die dicker ist als die Außenwand, nach innen, und durch den Zell- innendruck öffnet sich der Spalt. So kann CO_2 einströmen. Weil aber der Wasserdampf ebenfalls durch die Öffnung austritt und der Wassergehalt in der Pflanze nicht zu stark absinken darf, muss die Pflanze die Stomata auch schließen können. Sobald kein Wasser mehr in den Schließzellen ist und diese schlaff geworden sind, berühren sich ihre Innenwände, und die Poren schließen sich.

 | X **5 800** | 1/13 mm
75 µm

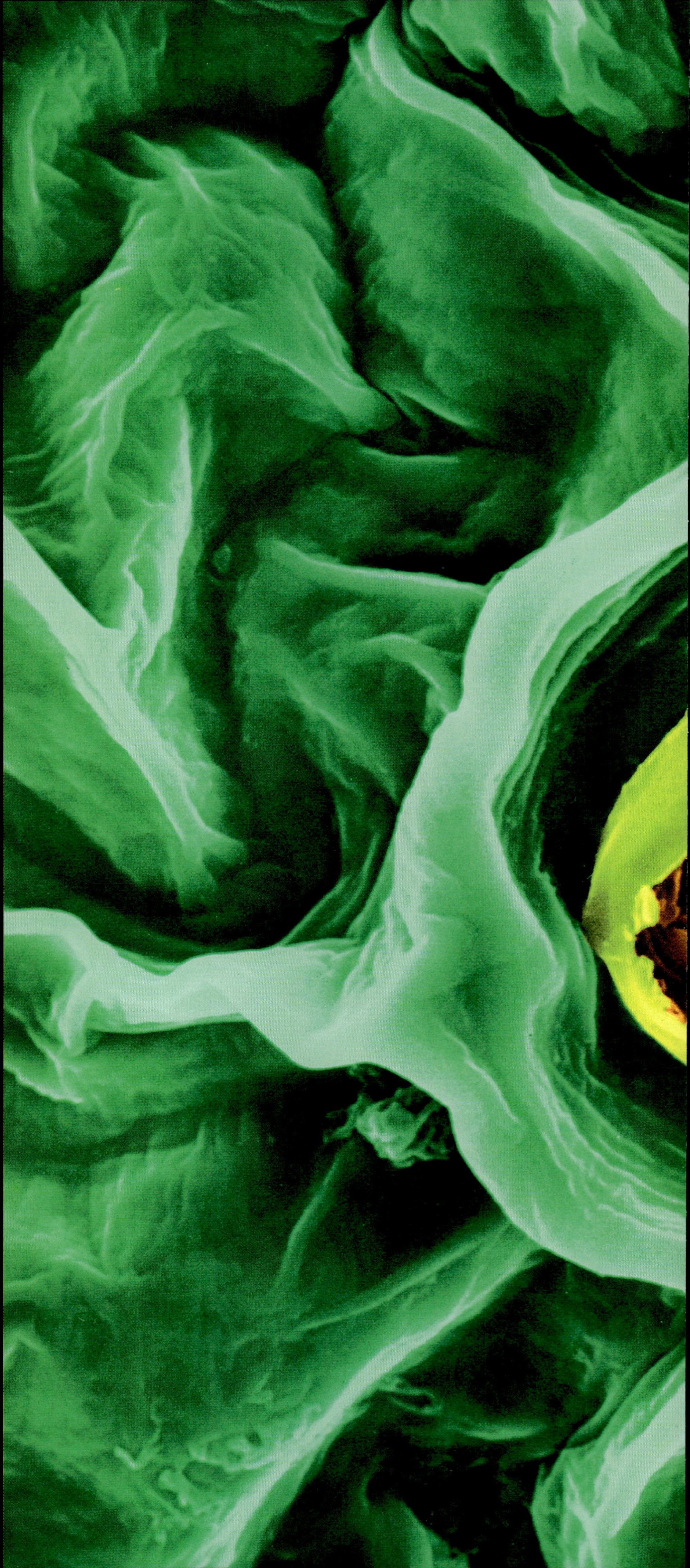

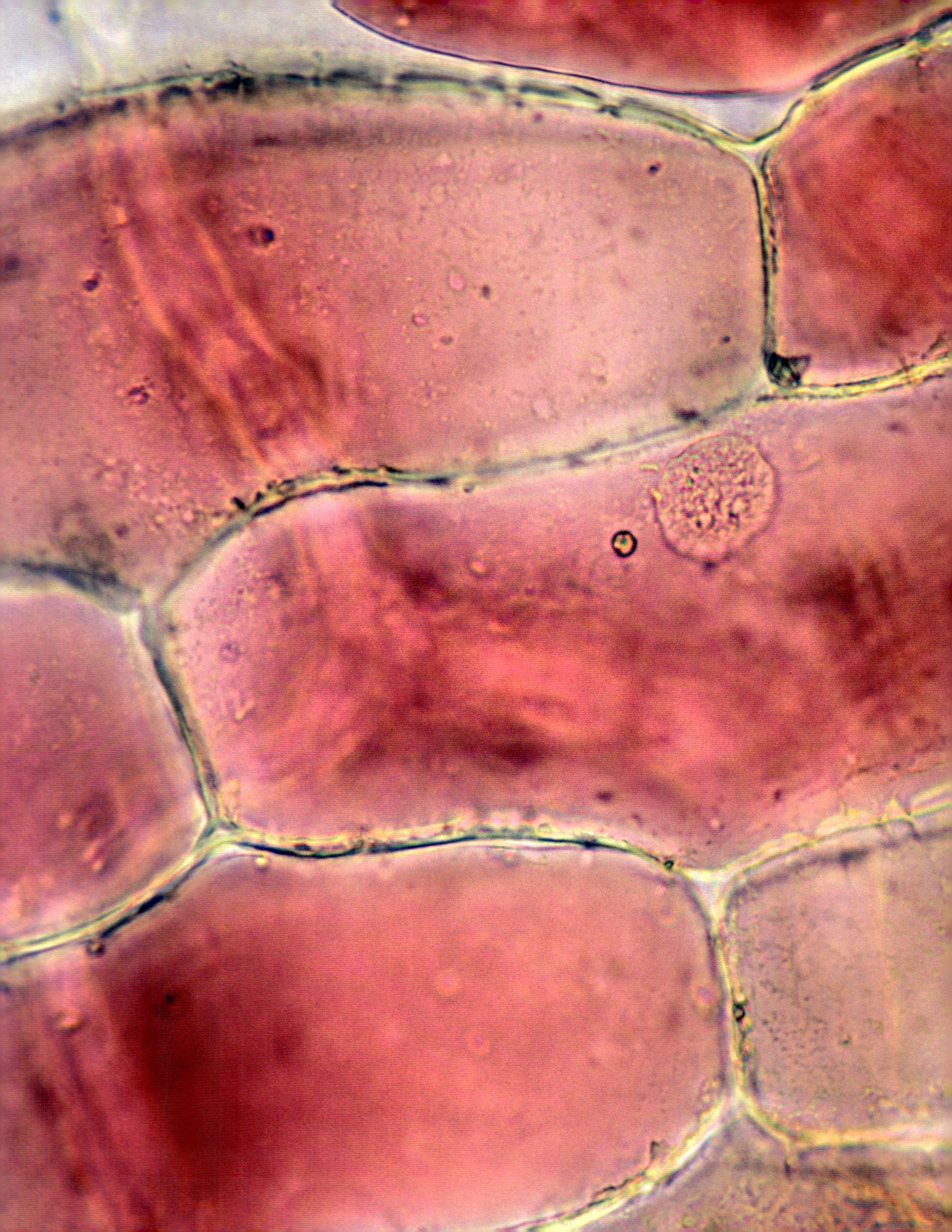

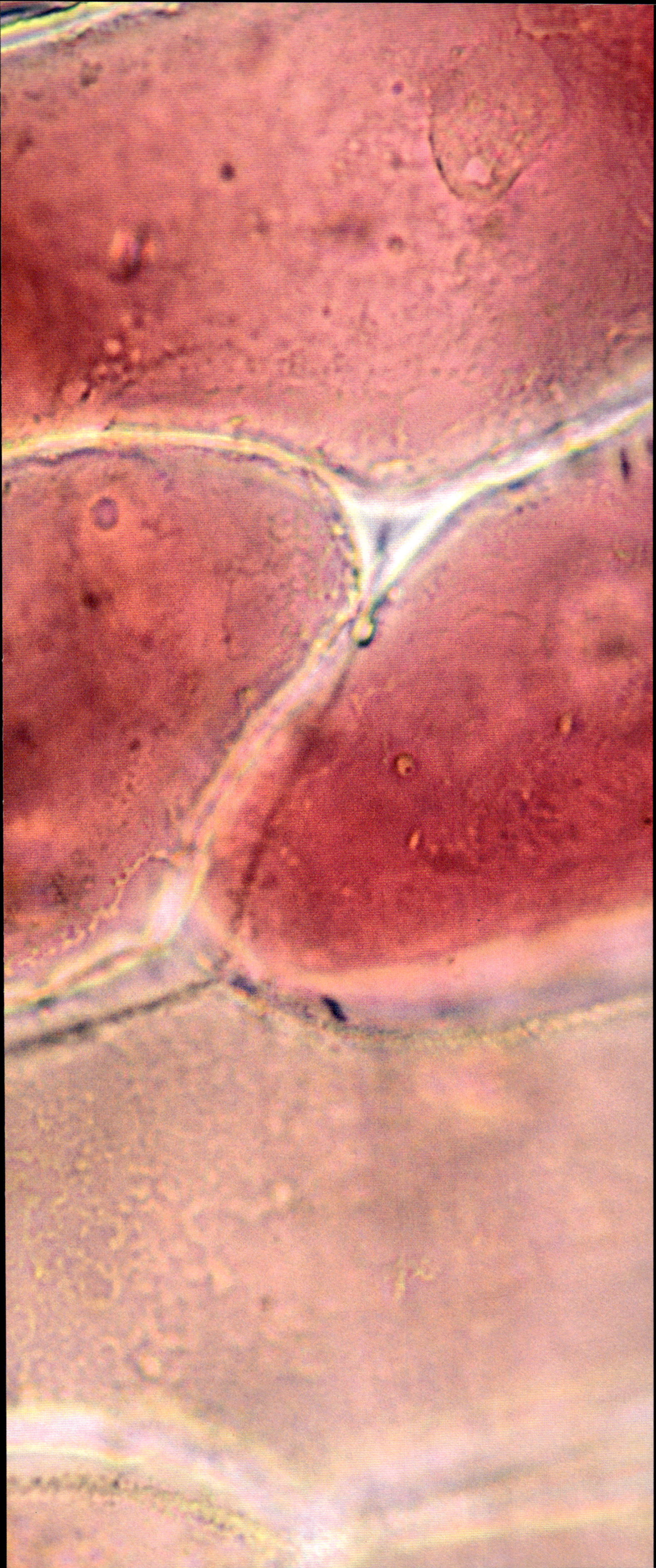

FLÖTENMEMBRAN
Zwiebelhaut

Wenn wir sie schneiden, bringt sie uns zum Weinen. Trotzdem stellen diese stark vergrößerten Zellen einer Zwiebelhaut ein schönes Studienobjekt in der Pflanzenbiologie dar.

Dies ist ein Musikinstrument. Zumindest ein Teil davon – eine Membran, die früher bei der Herstellung des Mirlitons, auch Zwiebelflöte genannt, eine Rolle spielte. Sie erkennen noch nicht, worum es sich handelt? Vielleicht hilft dieser Hinweis: Diese Membran umgibt eine Knolle, die Tränen fließen lässt, wenn man sie schneidet. Es handelt sich schlicht um die Haut einer roten Zwiebel. Man sieht sehr gut die verschiedenen Zellen, aus denen sie sich zusammensetzt. Zwiebelzellen, in der Größenordnung eines Zehntelmillimeters, erfreuen sich großer Beliebtheit beim Mikroskopieren.

Begrenzt durch eine dicke Zellwand, fügen sich die Zellen dicht an dicht in der Art von Pflastersteinen zusammen und bilden eine undurchdringliche Schutzschicht. Im Inneren der Zelle ist der Zellkern, der die Chromosomen enthält, sichtbar. Ihn umgibt die Vakuole (der Zellsaftraum), die mit Wasser vollgesaugt ist und das ganze Zellinnere einnimmt: Dieser Speicherraum enthält neben Kohlenhydraten und Ionen auch Wasser. Im Fall von Trockenheit tritt das Wasser aus der Vakuole aus, und die Zelle wird schlaff.

Warum muss man nun aber beim Schneiden einer Zwiebel weinen? Weil dabei die in der Zellwand enthaltene schwefelhaltige Aminosäure Isoalliin freigesetzt wird, die die Schleimhäute reizt. Die einzigen Methoden, dieses Phänomen zu vermeiden, bestehen darin, jemand anderen mit der Aufgabe zu betrauen oder eine Schwimmbrille zu tragen.

 | **x 1 400** | 1/3 mm
350 µm

RAFFINIERTE TRICKS IM SAND
Blatt des Strandhafers

Unter schwierigen Lebensbedingungen, insbesondere Trockenheit, entfaltet der Strandhafer einen ungeahnten Einfallsreichtum. Werfen wir einmal einen genaueren Blick auf seine Blätter!

Wer im Sand lebt, muss Wasserverluste begrenzen. Vor dieser Herausforderung steht auch der Strandhafer, den man vor allem auf den Dünen der Atlantikküste findet. So zeigt dieser Schnitt senkrecht zur Blattachse, wie die Pflanze sich angepasst hat: Ihre Blätter können sich selbst einrollen.

Entsprechend dem Grad der Luftfeuchtigkeit öffnen oder schließen sie sich der Länge nach zu einer Art Rohr. Die obere Epidermis (das äußere Abschlussgewebe des Blatts), links in Rot, besteht aus einer dicken Kutikula (wasserundurchlässige Wachsschicht) und aus Sklerenchym (Festigungsgewebe). Damit werden Zellen bezeichnet, die erst abgestorben fertig ausgebildet sind: Die Zellwände sind verdickt und oft mit Lignin verstärkt. Durch diese Struktur kann der Strandhafer dem Windschliff durch verwehte Sandkörner Widerstand bieten. Das empfindlichere Blattinnere ist vor Wind geschützt, wenn das Blatt eingerollt ist. Vor allem die untere Epidermis ist mit Haaren gespickt, die wie Netze in der Lage sind, den Wasserdampf zurückzuhalten. In der Mitte jeder Windung sieht man die Leitbündel: Das rot gefärbte Xylem (Holzteil) leitet Wasser und Mineralien aus dem Boden in die Pflanze, während das blaue Phloem (Bastteil) die Assimilate, die nährende Kohlenhydrate enthalten, in alle Teile der Pflanze leitet.

Wegen seines ausgedehnten Wurzelwerks wird Strandhafer gern als Erosionsschutz zur Befestigung von Dünen und zur Eindämmung der Sandverwehung angepflanzt, beispielsweise auf den Ostfriesischen Inseln oder in den französischen Landes.

✿ | X **190** | 2,7 mm

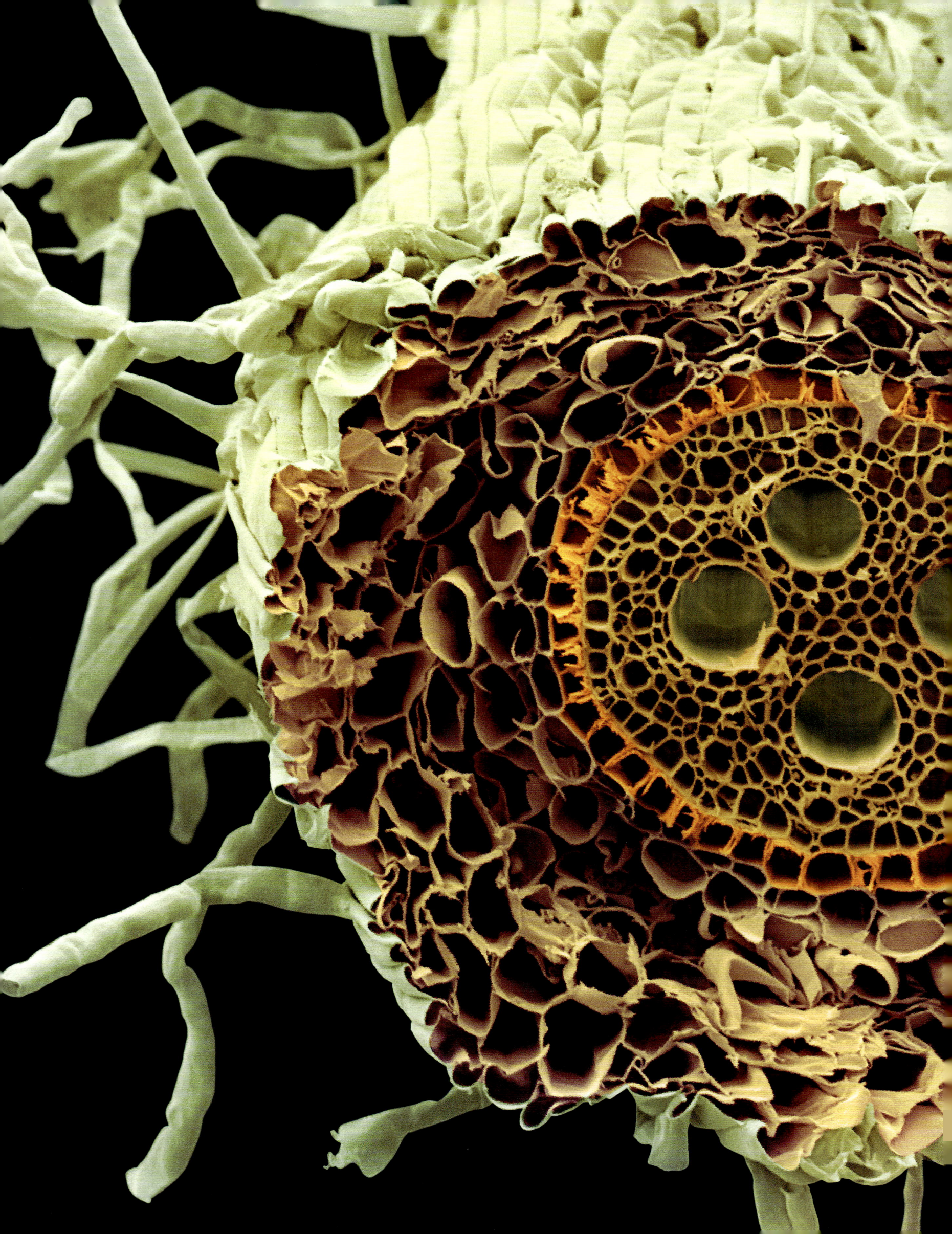

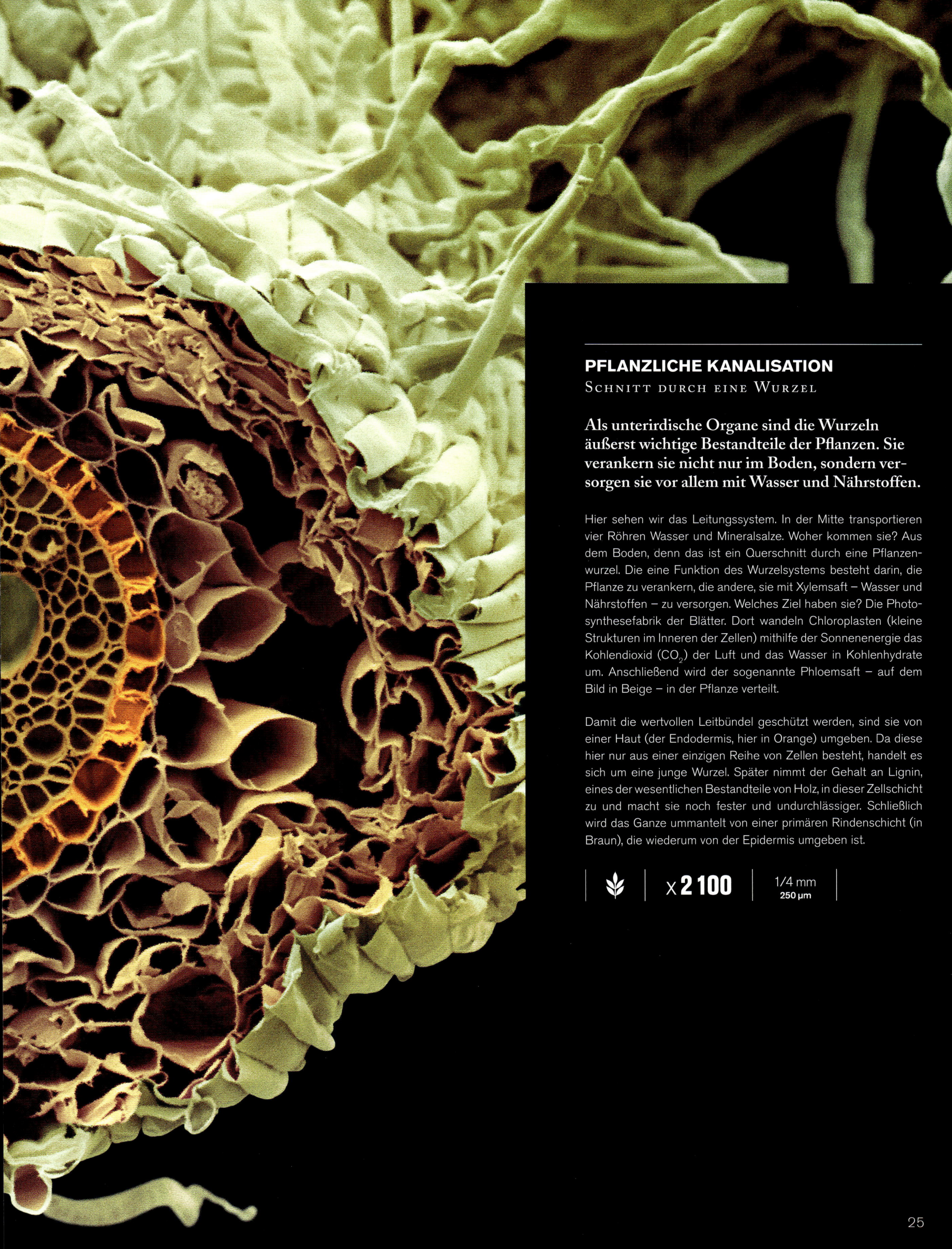

PFLANZLICHE KANALISATION
Schnitt durch eine Wurzel

Als unterirdische Organe sind die Wurzeln äußerst wichtige Bestandteile der Pflanzen. Sie verankern sie nicht nur im Boden, sondern versorgen sie vor allem mit Wasser und Nährstoffen.

Hier sehen wir das Leitungssystem. In der Mitte transportieren vier Röhren Wasser und Mineralsalze. Woher kommen sie? Aus dem Boden, denn das ist ein Querschnitt durch eine Pflanzenwurzel. Die eine Funktion des Wurzelsystems besteht darin, die Pflanze zu verankern, die andere, sie mit Xylemsaft – Wasser und Nährstoffen – zu versorgen. Welches Ziel haben sie? Die Photosynthesefabrik der Blätter. Dort wandeln Chloroplasten (kleine Strukturen im Inneren der Zellen) mithilfe der Sonnenenergie das Kohlendioxid (CO_2) der Luft und das Wasser in Kohlenhydrate um. Anschließend wird der sogenannte Phloemsaft – auf dem Bild in Beige – in der Pflanze verteilt.

Damit die wertvollen Leitbündel geschützt werden, sind sie von einer Haut (der Endodermis, hier in Orange) umgeben. Da diese hier nur aus einer einzigen Reihe von Zellen besteht, handelt es sich um eine junge Wurzel. Später nimmt der Gehalt an Lignin, eines der wesentlichen Bestandteile von Holz, in dieser Zellschicht zu und macht sie noch fester und undurchlässiger. Schließlich wird das Ganze ummantelt von einer primären Rindenschicht (in Braun), die wiederum von der Epidermis umgeben ist.

X **2 100**   1/4 mm
250 µm

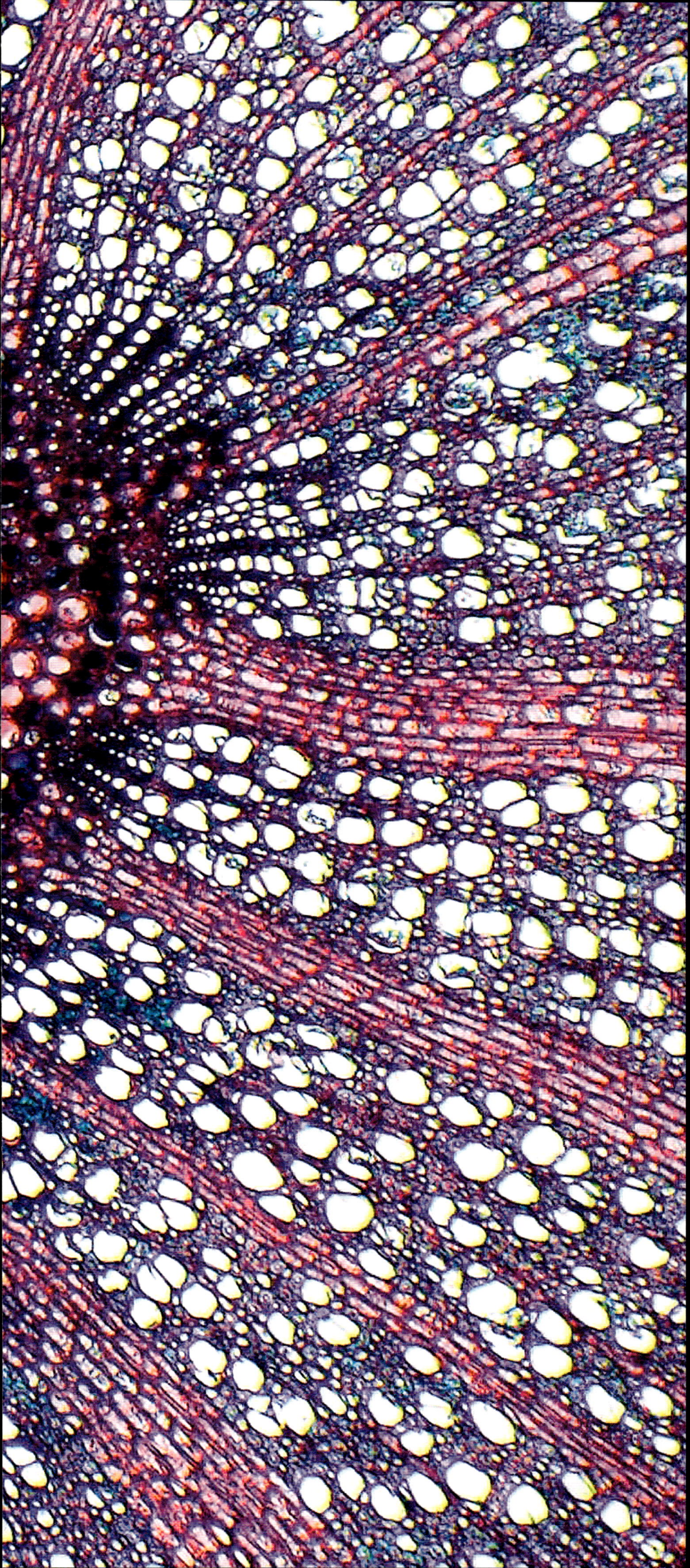

HERZ IM BAUM
Querschnitt durch eine Buche

Im Inneren der Bäume befinden sich Zellen und Gefäße, die sich im Lauf der Zeit entwickeln. Mitunter sind sie zu poetischen Figuren angeordnet, wie sie hier von den Forschern auf das Bild gebannt wurden.

Welche Verliebten haben sich hier verewigt? Der Zufall und die Natur! Ersterer hat diese Herzform einer Buchenknospe hervorgebracht, in der die Anlagen für einen Kurz- oder einen Langtrieb angelegt sind. Letztere hat sie groß werden lassen und dabei dieses Muster ausgeprägt. Rings um die Anhäufung runder Zellen, die das Mark bilden, fügen sich andere Zellarten zum eigentlichen Holz zusammen.

Die rosa Streifen, die zu strahlen scheinen, stellen das Parenchymgewebe dar, in dem Stärke, die Energiereserve der Pflanzen, gespeichert wird. Zwischen den einzelnen Strahlen befinden sich große Xylemgefäße in Weiß: Ihre Aufgabe ist es, Wasser und Mineralsalze – den Xylemsaft – von den Wurzeln in die Blätter zu transportieren. Phloemgefäße unter der Rinde (hier nicht sichtbar) verteilen dann den zuckerhaltigen Phloemsaft in die Organe, die ihn benötigen (Triebe, Blüten, Früchte usw.). Die kleinen runden Zellen in der Mitte des Xylems geben dem Baum Festigkeit.

Das Unglaublichste an diesem Bild ist, dass bei der Aufnahme nochmals der Zufall am Werk war: Bruno Clair, dem wir dieses Foto verdanken, wollte lediglich das Holz betrachten, als dieses Baumherz unter dem Objektiv seines Mikroskops erschien. Er hat es zu unserer Augenfreude festgehalten.

✹ | **x 260** | 1,6 mm |

MYSTERIÖSE FIGUREN
Kronblatt einer Orchidee

Orchideen sind geheimnisvolle Blumen: Wer würde glauben, dass ihre Kronblätter gar nicht so glatt sind, wie sie aussehen? Während einige Wildformen am Fuß des Eiffelturms wachsen, lässt sich die kostbare tropische Gewürzvanille nun auch an windgeschützten, feuchtwarmen Standorten in gemäßigten Klimazonen anbauen.

Die sonderbaren Strukturen, die man hier sieht, sind Pflanzenhaare. Genauer: Trichome, mit denen die Kronblätter einer Orchidee aus der Gattung *Cymbidium* überzogen sind. Sie schützen die Pflanze vor Parasiten und dem Austrocknen.

Neben *Phalaenopsis* ist *Cymbidium* eine der in Europa am häufigsten kultivierten Orchideengattungen. Die Pflanzen lassen sich leicht halten und faszinieren Orchideenfreunde vor allem durch ihre schillernden Farben – Bonbonrosa wie hier, Grün, Gelb, Rot, gesprenkelt oder einfarbig. Außerdem erfreuen sie ihre Fans auch durch ihre lange Blütezeit von bis zu zehn Wochen.

Zur Gattung *Cymbidium* zählen etwa 50 verschiedene Spezies, die zur großen Familie der Orchideengewächse (Orchidaceae) mit nicht weniger als 25000 Arten gehören. Der Großteil davon bevorzugt tropische und subtropische Regionen, doch manche fühlen sich auch in Europa wohl, sogar am Fuß des Eiffelturms. Allein in der Metropole Paris haben Botaniker sechs wilde Orchideenarten bestimmt. Bei uns kennt man unter anderem Frauenschuh (*Cypripedium* sp.), Hundswurz (*Anacamptis* sp.) und die Knabenkräuter (*Dactylorhiza* sp., *Orchis* sp.).

Auf ein breiteres Interesse stoßen andere Arten wie die Gewürzvanille, die sowohl von Feinschmeckern als auch von der Industrie nachgefragt wird. Die schöne, aus Mexiko stammende *Vanilla planifolia* hat das Geheimnis ihrer Bestäubung lange bewahrt. Erst 1841 fand Edmond Albius, ein Plantagensklave der damaligen Île Bourbon – heute die Insel Réunion – im Indischen Ozean eine Methode zur künstlichen Befruchtung. Die natürlichen Pollenüberträger der Pflanze sind einige mittelamerikanische Bienen- und Kolibriarten. Heute wird jede Vanillepflanze, die außerhalb Zentralamerikas wächst, manuell bestäubt.

 | X **160** | 2,8 mm

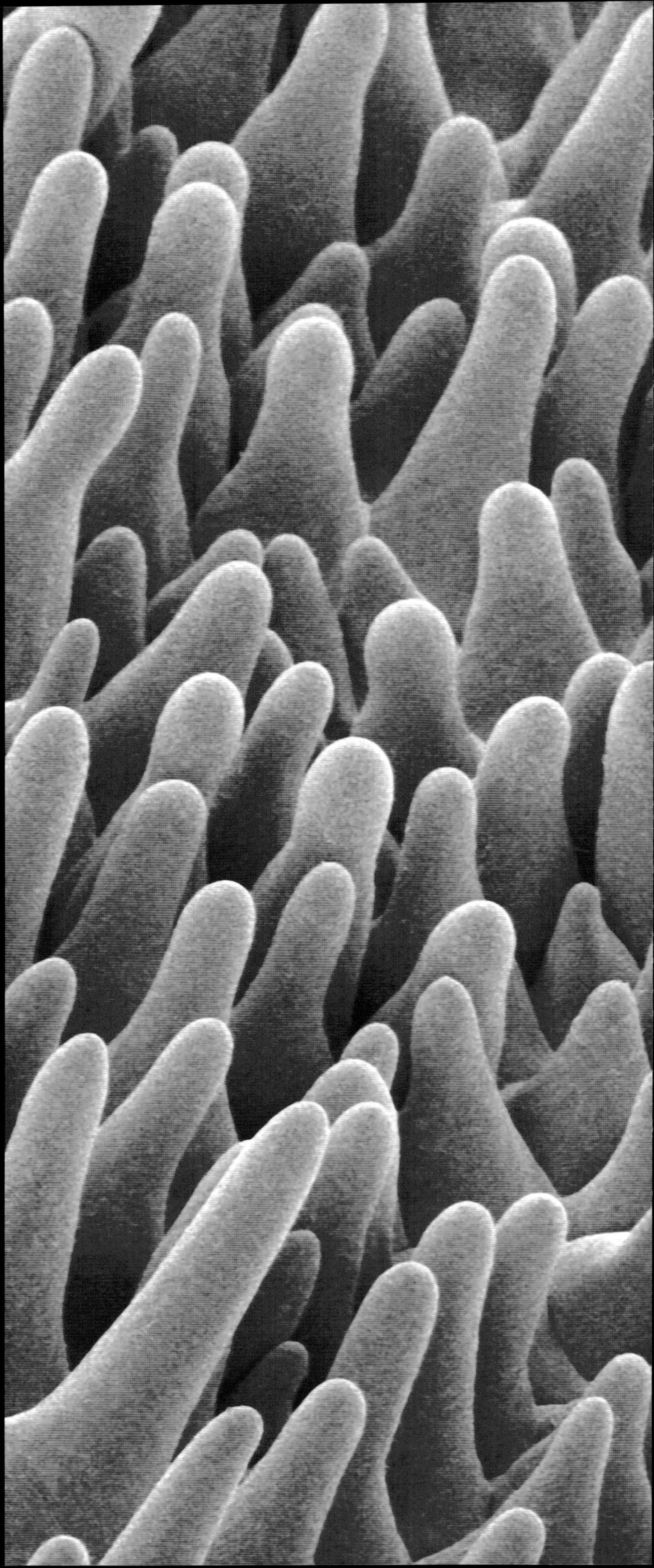

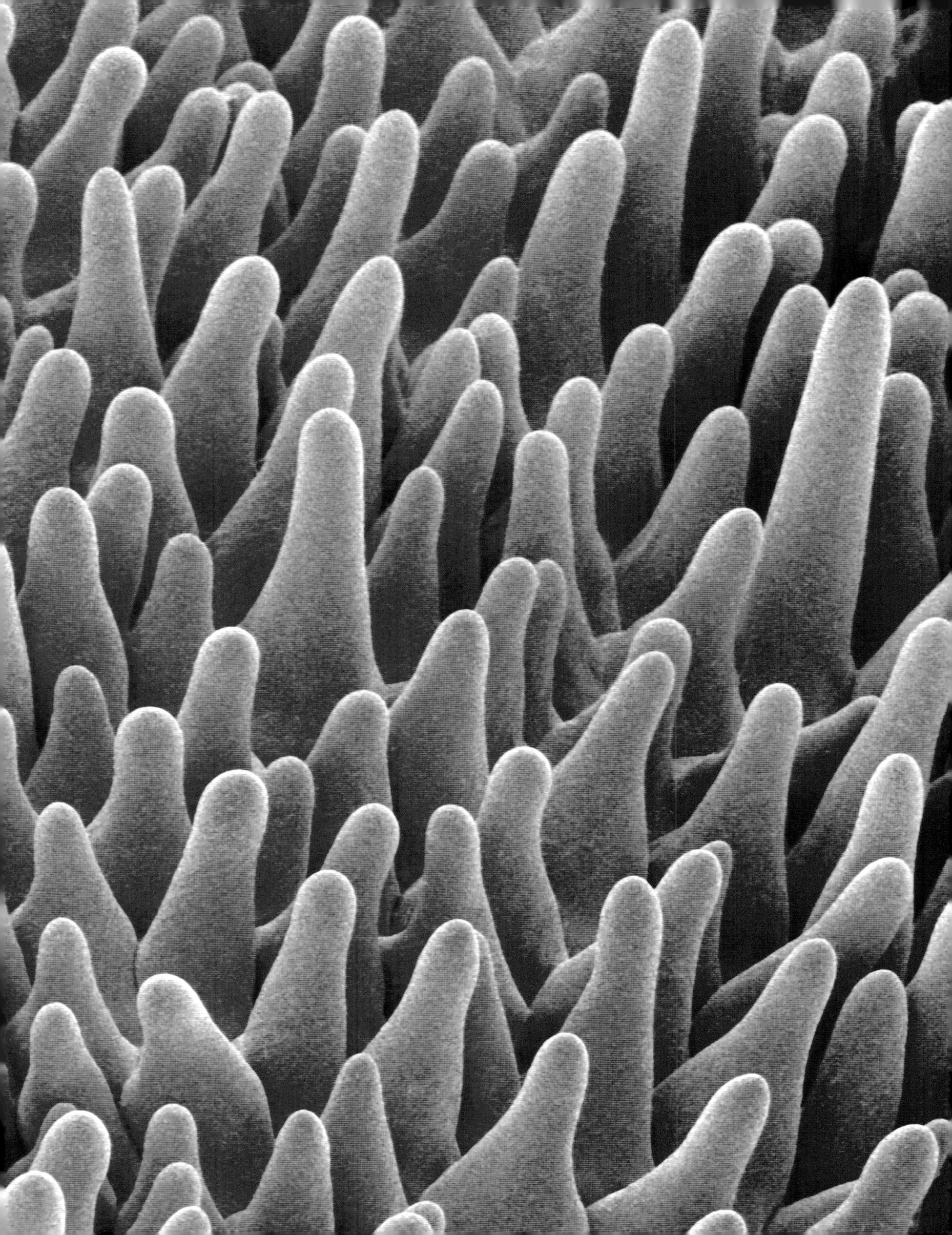

BRENNENDE HARPUNEN

Brennhaare einer Blumennessel

Trotz ihres zarten Aussehens wissen sich Blumennesselgewächse zu verteidigen. Mit ihren Brennhaaren können sie noch heftigere Schmerzen verursachen als Brennnesseln.

Für welchen grässlichen Feind sind wohl diese gefährlichen Harpunen bestimmt? Für Pflanzenfresser beispielsweise, die versuchen, eine Pflanze aus der Familie der Blumennesselgewächse (Losaceae) abzuweiden.

Zu ihrer Verteidigung haben sich die Blumennesseln mit einem Arsenal von Brennhaaren gerüstet. Doch das Wort „Haar" wird ihrer Wirkung nicht ganz gerecht. Diese Stachel, die aus einer einzigen Zelle bestehen, sind nicht etwa biegsam, sondern starr; so bohren sie sich durch die Epidermis eines jeden Lebewesens, das sie berührt. Die Auswüchse an ihrem Ende funktionieren wie ein Widerhaken und verankern das Haar in der Haut. Da das Haar an seiner Basis fest mit der Pflanze verbunden ist und ebenso fest in demjenigen steckt, der sie berührt bzw. abweidet, kann es nur abbrechen – und dabei Moleküle mit Reizstoffen entleeren. Der Schmerz ist heftiger, als wenn man eine Brennnessel berührt, und kann tagelang anhalten.

Glücklicherweise sind die wehrhaften Blumennesseln von Natur aus nicht bei uns verbreitet. Sie kommen hauptsächlich in Mittel- und Südamerika vor.

 | X **2 600** | 1/7 mm
150 µm

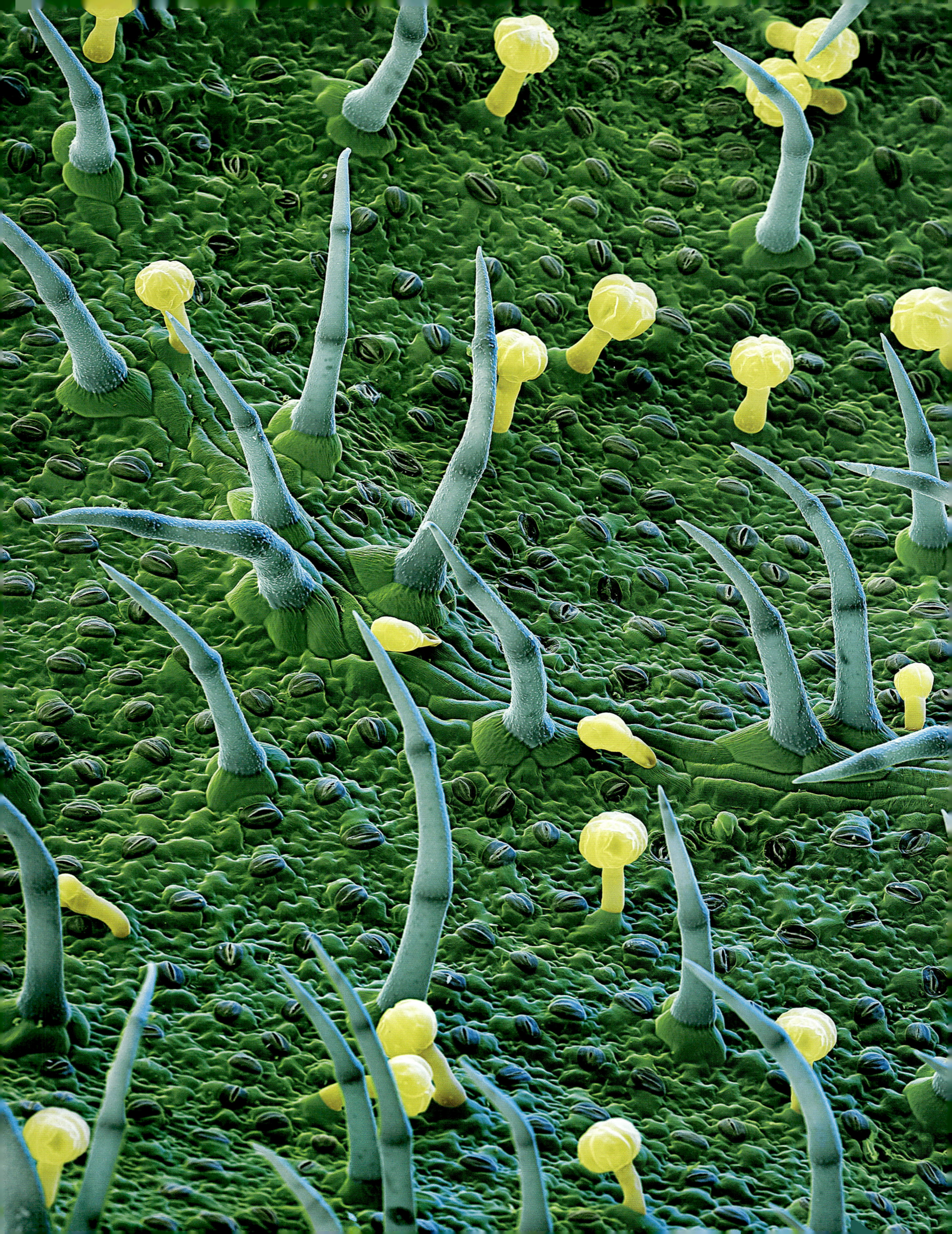

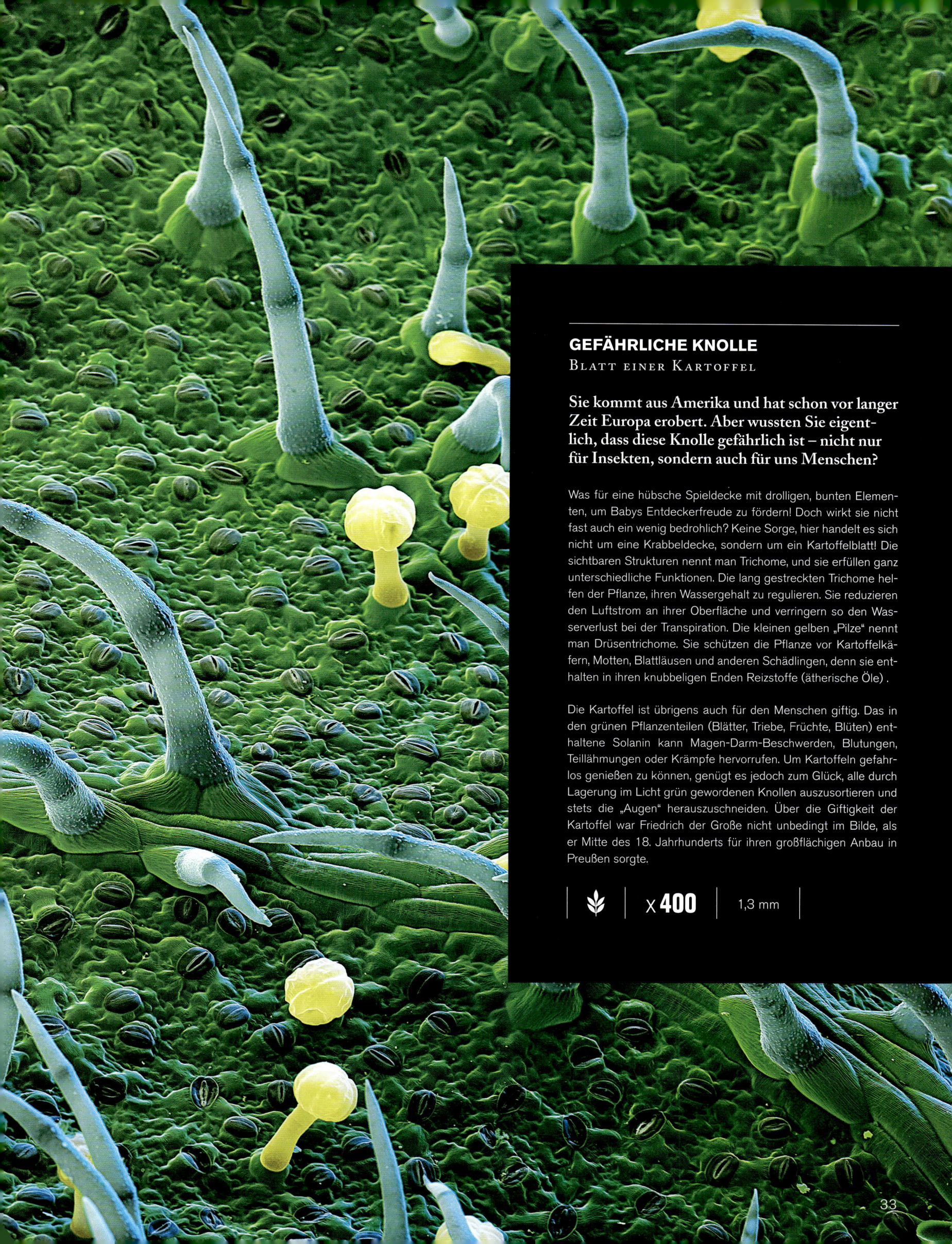

GEFÄHRLICHE KNOLLE
BLATT EINER KARTOFFEL

Sie kommt aus Amerika und hat schon vor langer Zeit Europa erobert. Aber wussten Sie eigentlich, dass diese Knolle gefährlich ist – nicht nur für Insekten, sondern auch für uns Menschen?

Was für eine hübsche Spieldecke mit drolligen, bunten Elementen, um Babys Entdeckerfreude zu fördern! Doch wirkt sie nicht fast auch ein wenig bedrohlich? Keine Sorge, hier handelt es sich nicht um eine Krabbeldecke, sondern um ein Kartoffelblatt! Die sichtbaren Strukturen nennt man Trichome, und sie erfüllen ganz unterschiedliche Funktionen. Die lang gestreckten Trichome helfen der Pflanze, ihren Wassergehalt zu regulieren. Sie reduzieren den Luftstrom an ihrer Oberfläche und verringern so den Wasserverlust bei der Transpiration. Die kleinen gelben „Pilze" nennt man Drüsentrichome. Sie schützen die Pflanze vor Kartoffelkäfern, Motten, Blattläusen und anderen Schädlingen, denn sie enthalten in ihren knubbeligen Enden Reizstoffe (ätherische Öle) .

Die Kartoffel ist übrigens auch für den Menschen giftig. Das in den grünen Pflanzenteilen (Blätter, Triebe, Früchte, Blüten) enthaltene Solanin kann Magen-Darm-Beschwerden, Blutungen, Teillähmungen oder Krämpfe hervorrufen. Um Kartoffeln gefahrlos genießen zu können, genügt es jedoch zum Glück, alle durch Lagerung im Licht grün gewordenen Knollen auszusortieren und stets die „Augen" herauszuschneiden. Über die Giftigkeit der Kartoffel war Friedrich der Große nicht unbedingt im Bilde, als er Mitte des 18. Jahrhunderts für ihren großflächigen Anbau in Preußen sorgte.

X **400**   1,3 mm

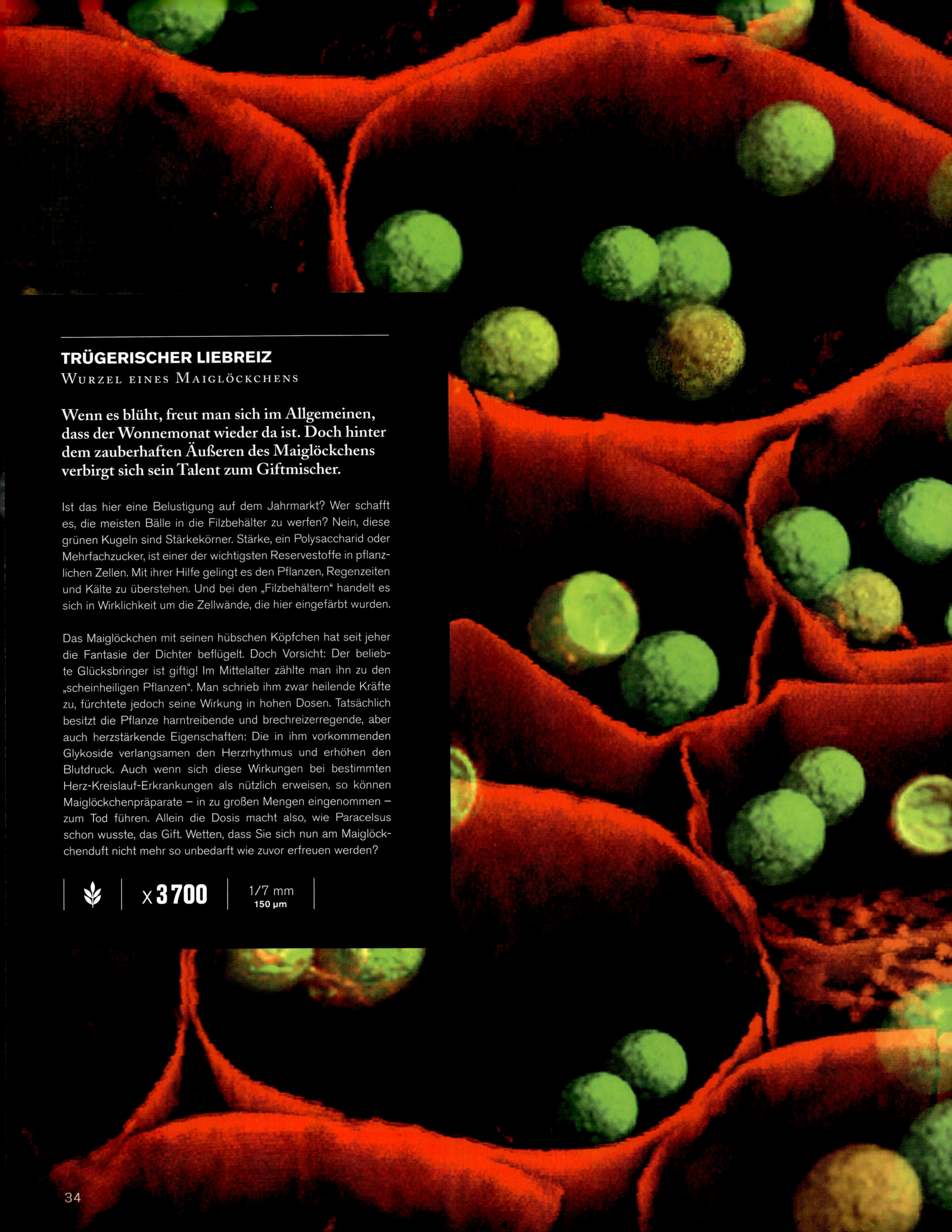

TRÜGERISCHER LIEBREIZ
Wurzel eines Maiglöckchens

Wenn es blüht, freut man sich im Allgemeinen, dass der Wonnemonat wieder da ist. Doch hinter dem zauberhaften Äußeren des Maiglöckchens verbirgt sich sein Talent zum Giftmischer.

Ist das hier eine Belustigung auf dem Jahrmarkt? Wer schafft es, die meisten Bälle in die Filzbehälter zu werfen? Nein, diese grünen Kugeln sind Stärkekörner. Stärke, ein Polysaccharid oder Mehrfachzucker, ist einer der wichtigsten Reservestoffe in pflanzlichen Zellen. Mit ihrer Hilfe gelingt es den Pflanzen, Regenzeiten und Kälte zu überstehen. Und bei den „Filzbehältern" handelt es sich in Wirklichkeit um die Zellwände, die hier eingefärbt wurden.

Das Maiglöckchen mit seinen hübschen Köpfchen hat seit jeher die Fantasie der Dichter beflügelt. Doch Vorsicht: Der beliebte Glücksbringer ist giftig! Im Mittelalter zählte man ihn zu den „scheinheiligen Pflanzen". Man schrieb ihm zwar heilende Kräfte zu, fürchtete jedoch seine Wirkung in hohen Dosen. Tatsächlich besitzt die Pflanze harntreibende und brechreizerregende, aber auch herzstärkende Eigenschaften: Die in ihm vorkommenden Glykoside verlangsamen den Herzrhythmus und erhöhen den Blutdruck. Auch wenn sich diese Wirkungen bei bestimmten Herz-Kreislauf-Erkrankungen als nützlich erweisen, so können Maiglöckchenpräparate – in zu großen Mengen eingenommen – zum Tod führen. Allein die Dosis macht also, wie Paracelsus schon wusste, das Gift. Wetten, dass Sie sich nun am Maiglöckchenduft nicht mehr so unbedarft wie zuvor erfreuen werden?

✿ | X **3700** | 1/7 mm
150 µm

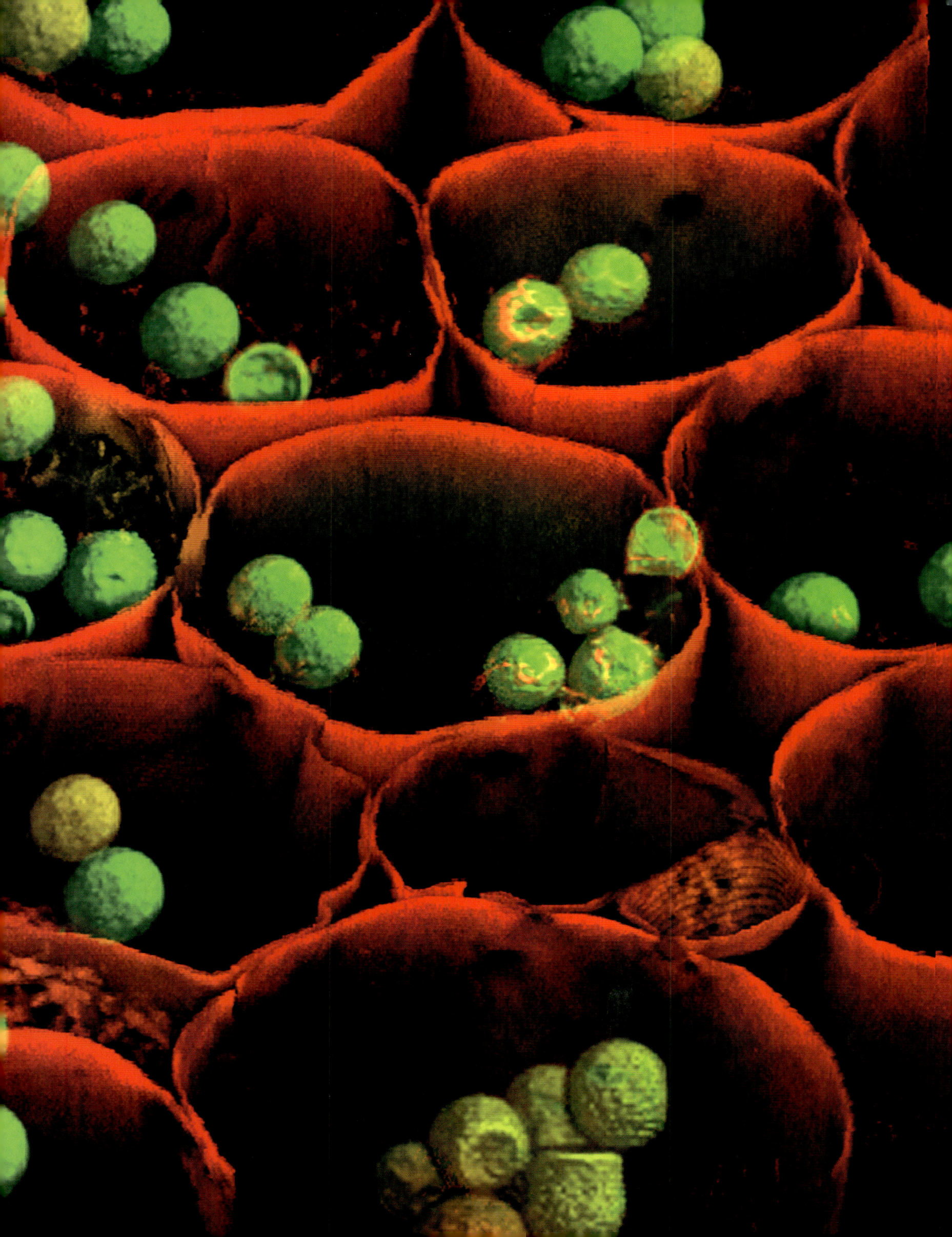

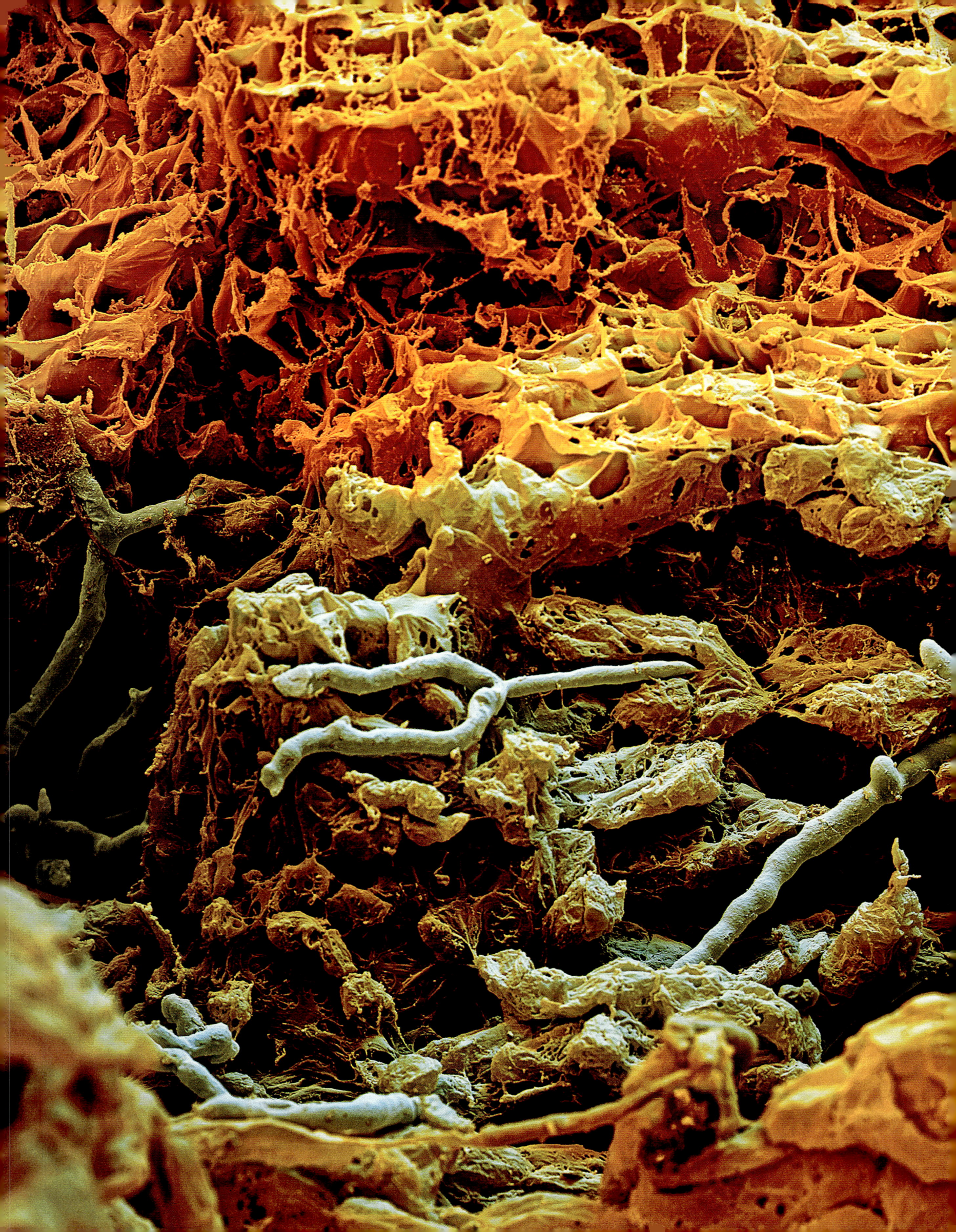

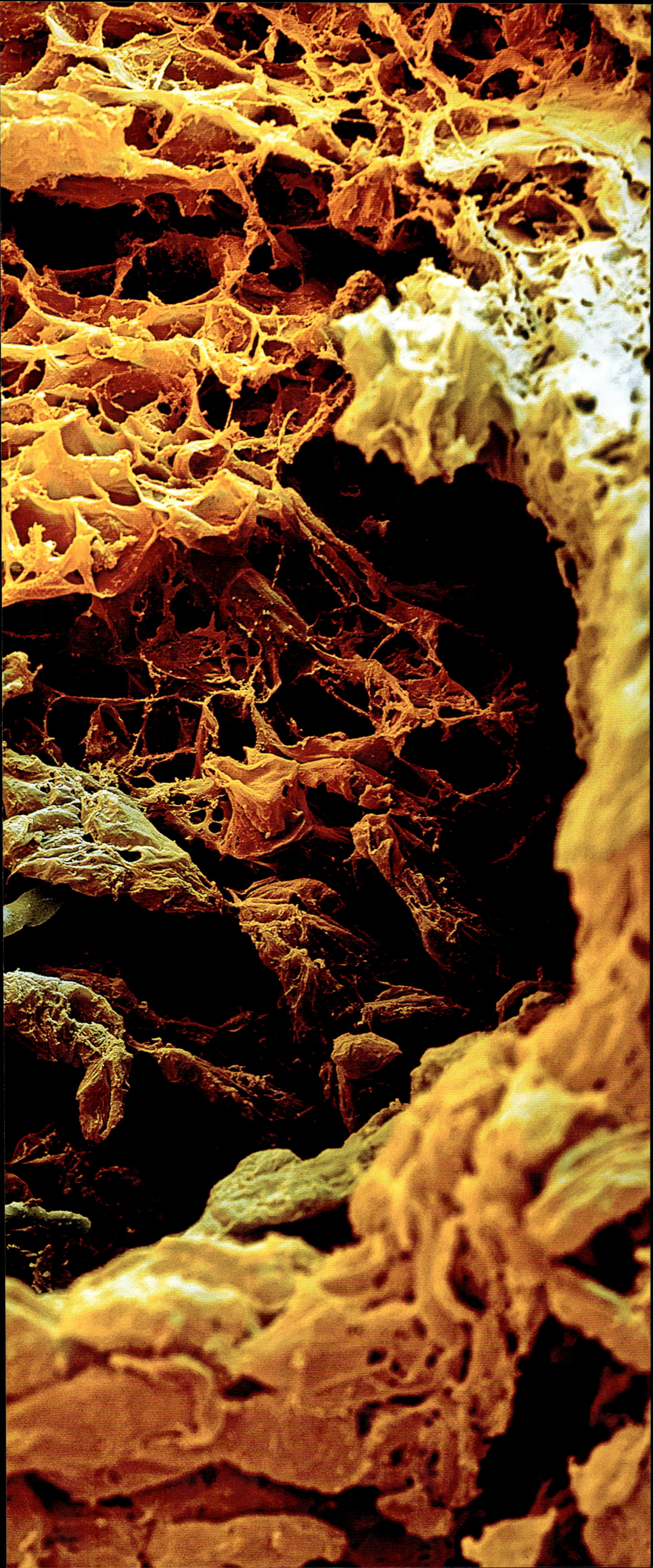

MORD IM PFLANZENREICH
Fäulnisbildung an einer Karotte

Pflanzen müssen sich gegen oberirdische Schädlinge wehren, doch auch im Boden lauert eine Reihe weiterer Gefahren. Diese Karotte liefert ein anschauliches Beispiel dafür.

Vor unseren Augen ereignet sich eine Szene stummer Gewalt. Eine unschuldige Karotte wird von einem Pilz angegriffen. In der Mitte, etwas links, erkennt man die Fäden des Aggressors: ein Myzel oder der vegetative Teil eines Pilzes. Für den Bereich der Karotte, der damit in Kontakt gerät (in Dunkelbraun), kommt jede Hilfe zu spät: Mittels Enzymen hat das Myzel die Zellwände angegriffen und sich von der organischen Substanz ernährt. Solche sogenannten nekrotrophen Pilze ernähren sich parasitär von den abgestorbenen Zellen ihres Wirts, die sie entweder selbst erzeugt oder vorgefunden haben.

Die orangefarbenen Zellen oben auf dem Bild sind noch unversehrt, doch ihr Überleben ist nur eine Frage der Zeit. In Kürze werden sich die Myzelien ausbreiten und die gesamte essbare Wurzel besiedeln. Auf der makroskopischen, also mit bloßem Auge sichtbaren, Ebene zeigt sich der Pilzbefall an den verdorbenen Stellen in Schwarz oder Weiß, je nach der Art des angreifenden Pilzes. Es gibt übrigens eine ganze Reihe von Schädlingen, die eine Karotte befallen, etwa Schwarzfäule *(Alternaria radicina)*, Weißfäule *(Sclerotinia sclerotiorum)* oder Möhrenschwärze *(Alternaria dauci)*.

 × **670** | 2/3 mm
780 µm

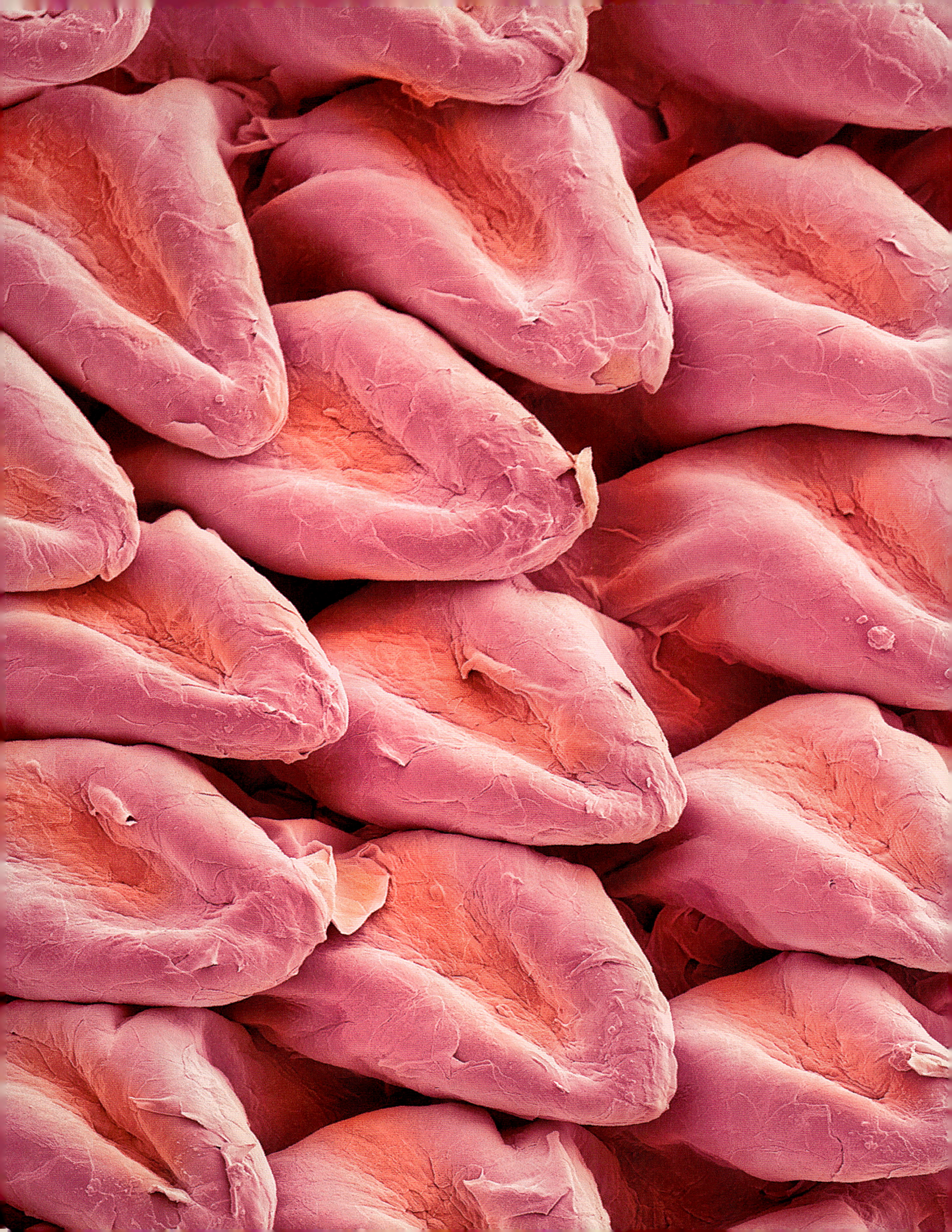

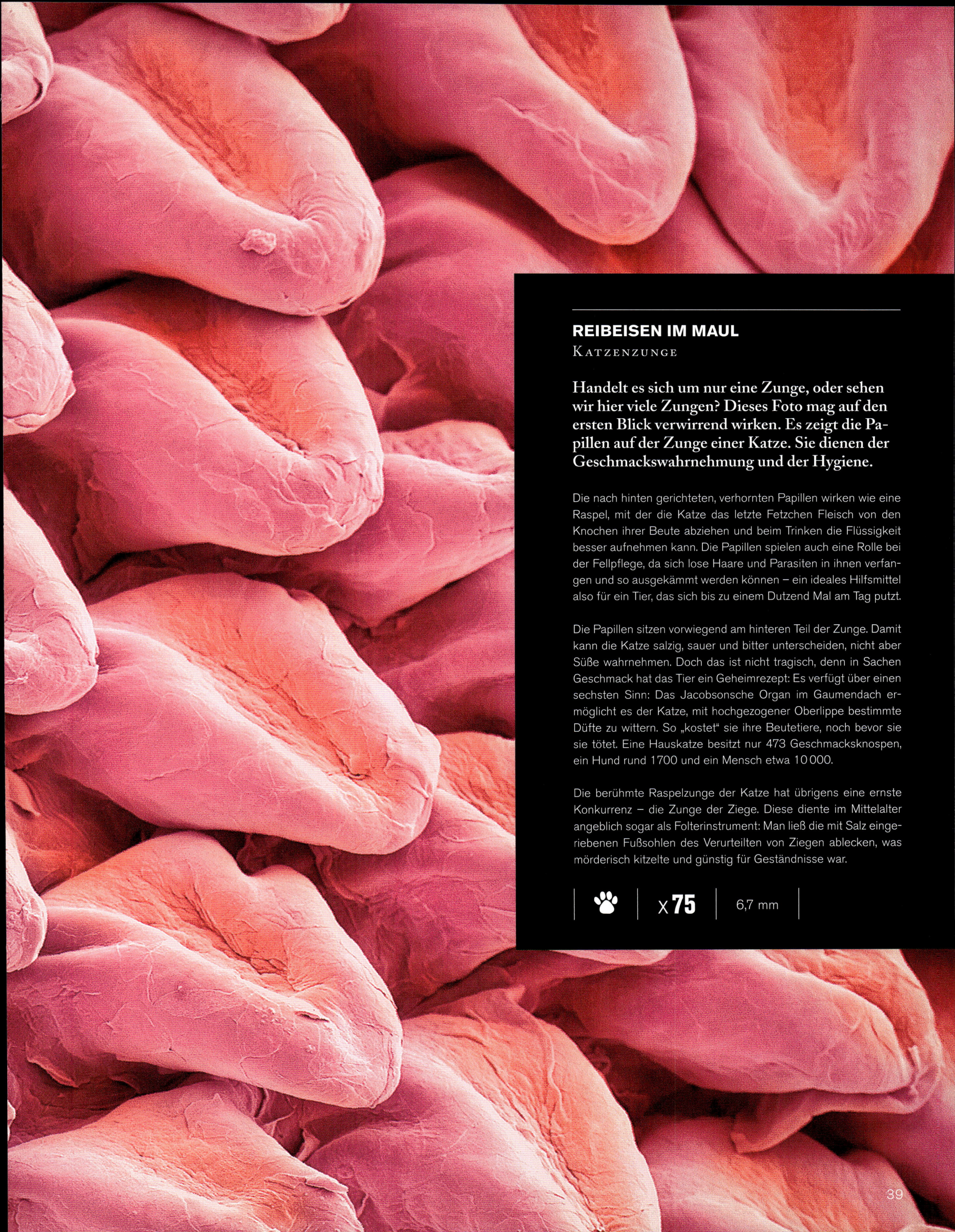

REIBEISEN IM MAUL
Katzenzunge

Handelt es sich um nur eine Zunge, oder sehen wir hier viele Zungen? Dieses Foto mag auf den ersten Blick verwirrend wirken. Es zeigt die Papillen auf der Zunge einer Katze. Sie dienen der Geschmackswahrnehmung und der Hygiene.

Die nach hinten gerichteten, verhornten Papillen wirken wie eine Raspel, mit der die Katze das letzte Fetzchen Fleisch von den Knochen ihrer Beute abziehen und beim Trinken die Flüssigkeit besser aufnehmen kann. Die Papillen spielen auch eine Rolle bei der Fellpflege, da sich lose Haare und Parasiten in ihnen verfangen und so ausgekämmt werden können – ein ideales Hilfsmittel also für ein Tier, das sich bis zu einem Dutzend Mal am Tag putzt.

Die Papillen sitzen vorwiegend am hinteren Teil der Zunge. Damit kann die Katze salzig, sauer und bitter unterscheiden, nicht aber Süße wahrnehmen. Doch das ist nicht tragisch, denn in Sachen Geschmack hat das Tier ein Geheimrezept: Es verfügt über einen sechsten Sinn: Das Jacobsonsche Organ im Gaumendach ermöglicht es der Katze, mit hochgezogener Oberlippe bestimmte Düfte zu wittern. So „kostet" sie ihre Beutetiere, noch bevor sie sie tötet. Eine Hauskatze besitzt nur 473 Geschmacksknospen, ein Hund rund 1700 und ein Mensch etwa 10 000.

Die berühmte Raspelzunge der Katze hat übrigens eine ernste Konkurrenz – die Zunge der Ziege. Diese diente im Mittelalter angeblich sogar als Folterinstrument: Man ließ die mit Salz eingeriebenen Fußsohlen des Verurteilten von Ziegen ablecken, was mörderisch kitzelte und günstig für Geständnisse war.

🐾 | ×**75** | 6,7 mm

EIN SELTSAMER VOGEL

Eierstock einer Maus

Beim Mikroskopieren wetteifern Wissenschaftler bisweilen mit Künstlern. Ein Beispiel ist dieses Bild vom Eierstock einer Maus. Forschern ist es gelungen, Eierstockzellen geschlechtsreifer Mäuse durch das Ausschalten eines einzigen Gens in hodenähnliche Zellen umzuwandeln.

Ein Kunstwerk aus bunten Aufklebern, das den Kopf eines Vogels mit gekrümmtem Schnabel darstellt? Keineswegs! Hier wird der Eierstock einer Maus im Embryonalstadium betrachtet. Wie sind die Fotografen zu diesem farbigen Bild gelangt? Mithilfe von Antikörpern, also Proteinen des Immunsystems, deren besondere Fähigkeit darin besteht, bestimmte Moleküle ausfindig zu machen und sich darauf festzusetzen.

Das erste Protein, auf das ein Antikörper abzielt, ist das FOXL2-Gen, das bei der geschlechtlichen Differenzierung des Eierstocks eine Rolle spielt. Das zweite angepeilte Molekül ist ein Enzym, das bei der Biosynthese der Steroidhormone (Östrogene, Progesteron) vorkommt. Nachdem die Zielstrukturen von ihren jeweiligen Antikörpern markiert sind, wird in einem zweiten Schritt ein Antikörper aufgetragen, der sich gegen den ersten richtet. Dieser Sekundärantikörper ist hier mit einem Enzym gekoppelt und löst die Farbentstehung mit einer Enzym-Substrat-Reaktion aus. Wieder entsteht ein sichtbarer Farbstoff. Dank dieser Technik, der Immunhistochemie (Indirekte Methode) oder Indirekten Immunfluoreszenz (IIF), erscheint FOXL2 in Grün und das Enzym in Rot. Blau eingefärbt sind die Zellkerne. Ist das nicht so etwas wie … technologische Kunst?

 | x **920** | 2/3 mm / **600 µm**

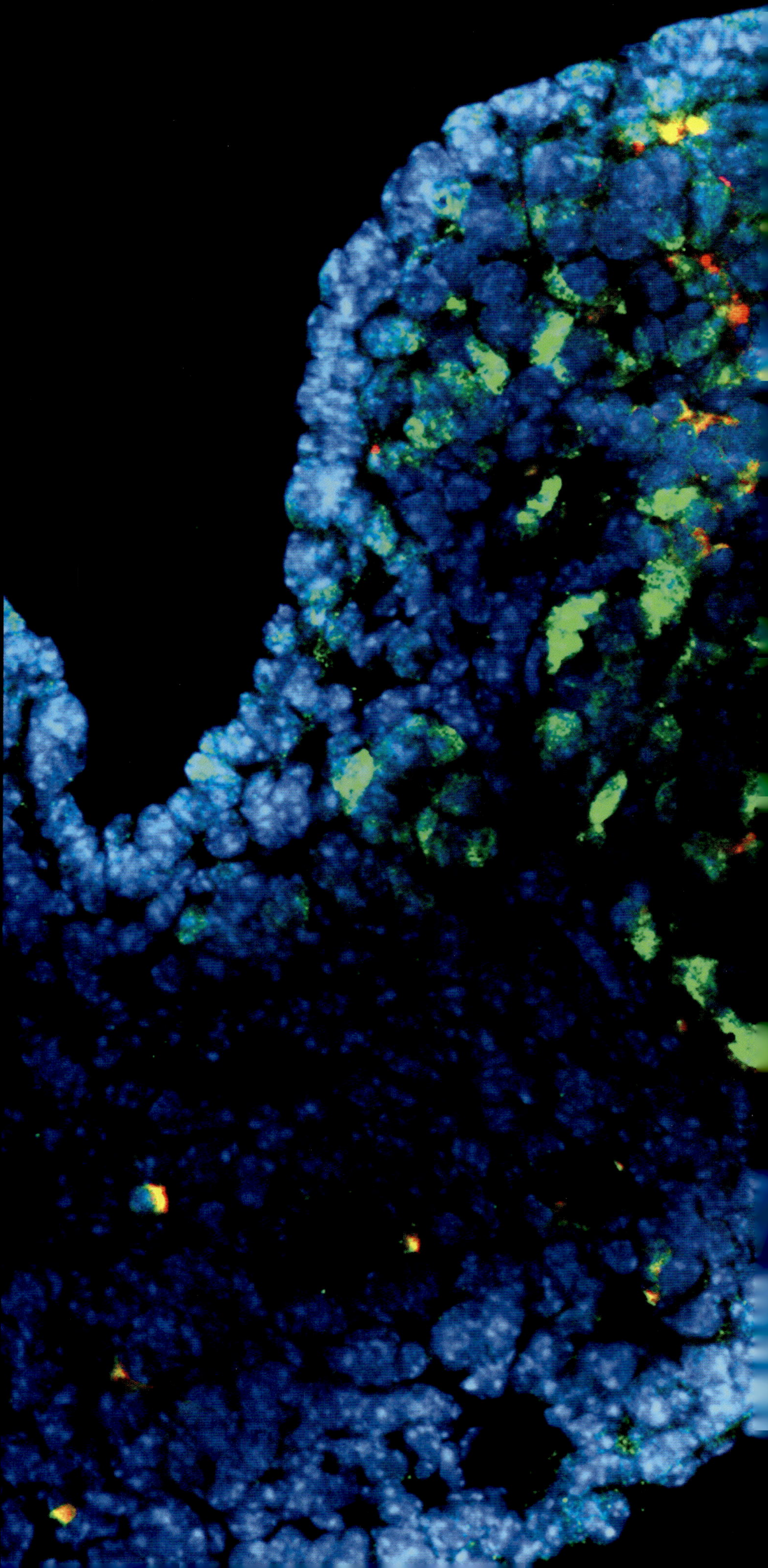

40

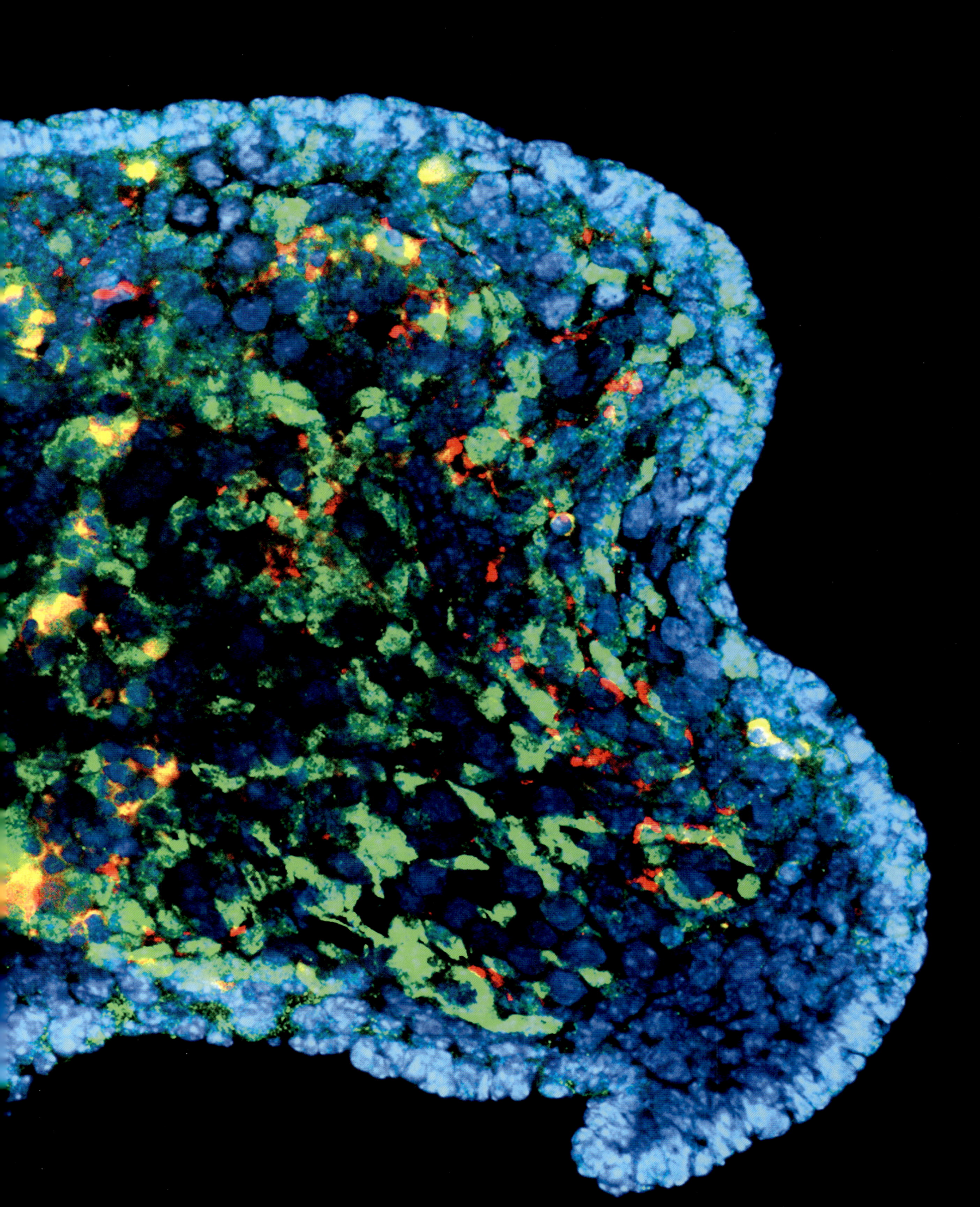

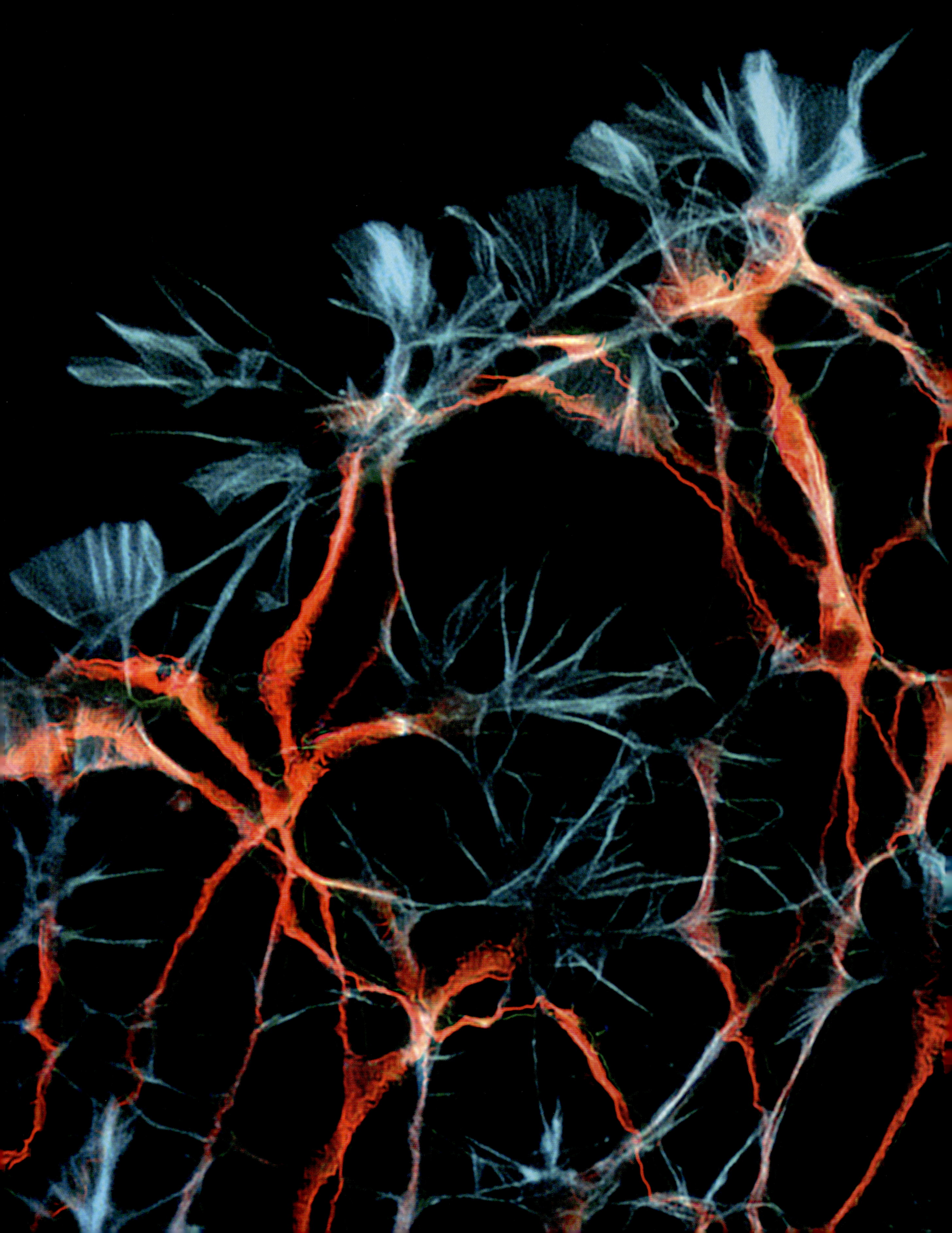

KOMMUNIKATIONSZENTRALE
Nervenzellen einer Ratte

Nervenzellen (Neuronen) geben nicht nur schöne Bilder voller Arabesken ab, sie sind vor allem Experten für Kommunikation mit effizienten Arbeitsstrategien. Hier sehen wir Nervenzellen einer Ratte im Embryonalstadium.

Die Bilder auf dieser und der folgenden Doppelseite stellen Neuronen dar, also auf Kommunikation spezialisierte Zellen. Sensorische Neuronen (oder afferente Nervenzellen), wie auf diesem Bild, erhalten Informationen von den Rezeptoren der Sinnesorgane, etwa über Temperatur, Helligkeit, Druck auf die Haut etc. Ihre Aufgabe ist es, die Daten an das Gehirn weiterzuleiten.

Hier sind die Neuronen im Embryonalstadium, also in der Entwicklung; sie suchen sich noch ihren Platz im Gehirn. Woher weiß man das? Wegen der blauen Fächer, in die sich die langen roten Fasern einfügen. Mittels einer speziellen Färbung können die verschiedenen Moleküle sichtbar gemacht werden. Vom Ende der in vollem Wachstum befindlichen jungen Neuronen gehen Fortsätze aus, die das Terrain sondieren und zu anderen Neuronen Kontakt halten: Sie sind in Blau dargestellt. Die roten Anteile sind Nervenfasern, die den Nervenzellen ihre typische Form geben.

Das folgende Bild (28 000-fach vergrößert) zeigt ebenfalls embryonale Neuronen einer Ratte. Die Zellkörper wurden mithilfe des Grün fluoreszierenden Proteins (GFP) – eines Quallenproteins, das bei Anregung mit blauem oder ultraviolettem Licht grün fluoresziert – dargestellt. Die roten Fortsätze sind die Axone, die für die Übertragung des Aktionspotenzials einer Nervenzelle zuständig sind; sie leiten es zu den Synapsen und damit an andere Nervenzellen weiter und sorgen so für den Datenaustausch.

🐾 | ✕ **3 400** | 1/7 mm
150 µm

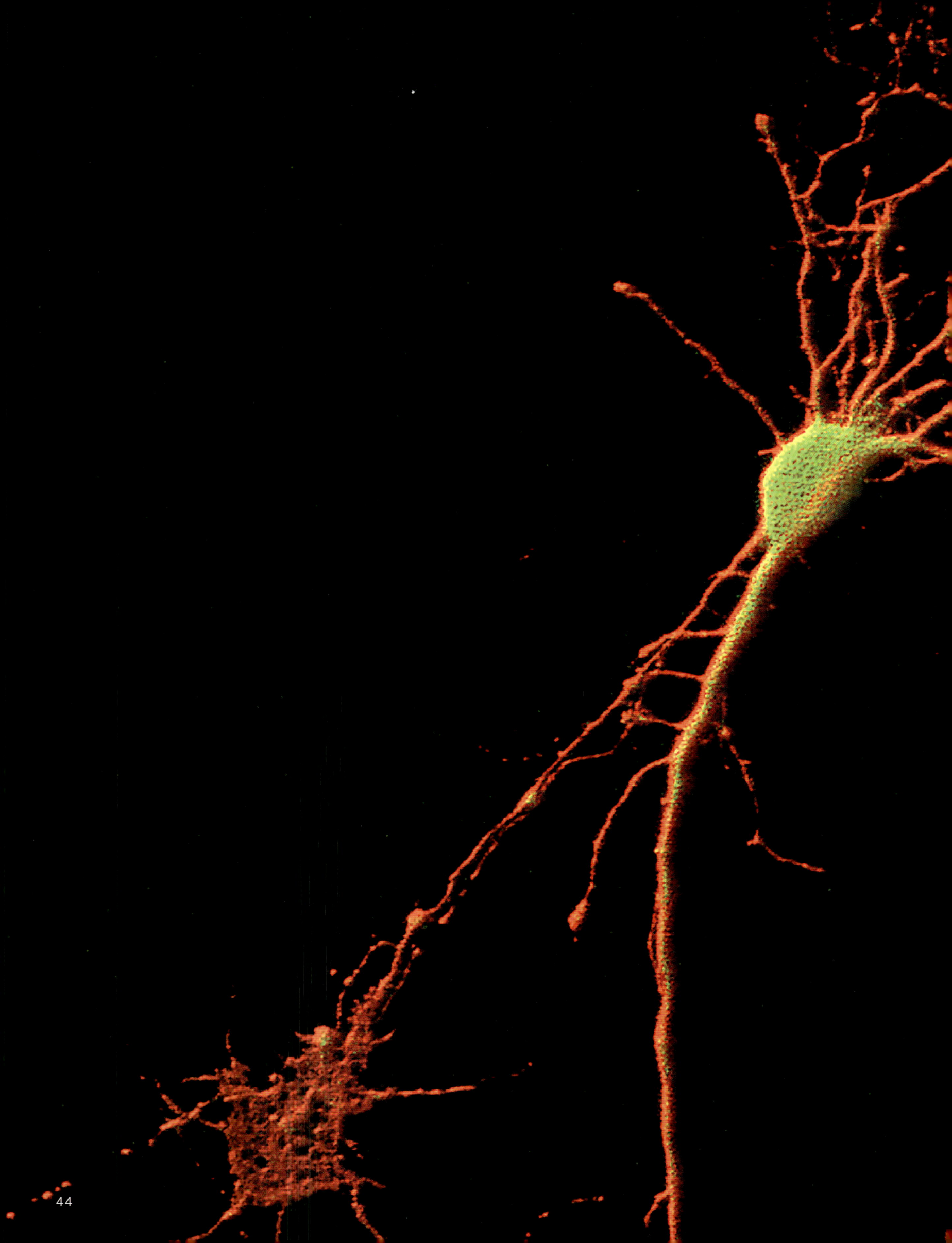

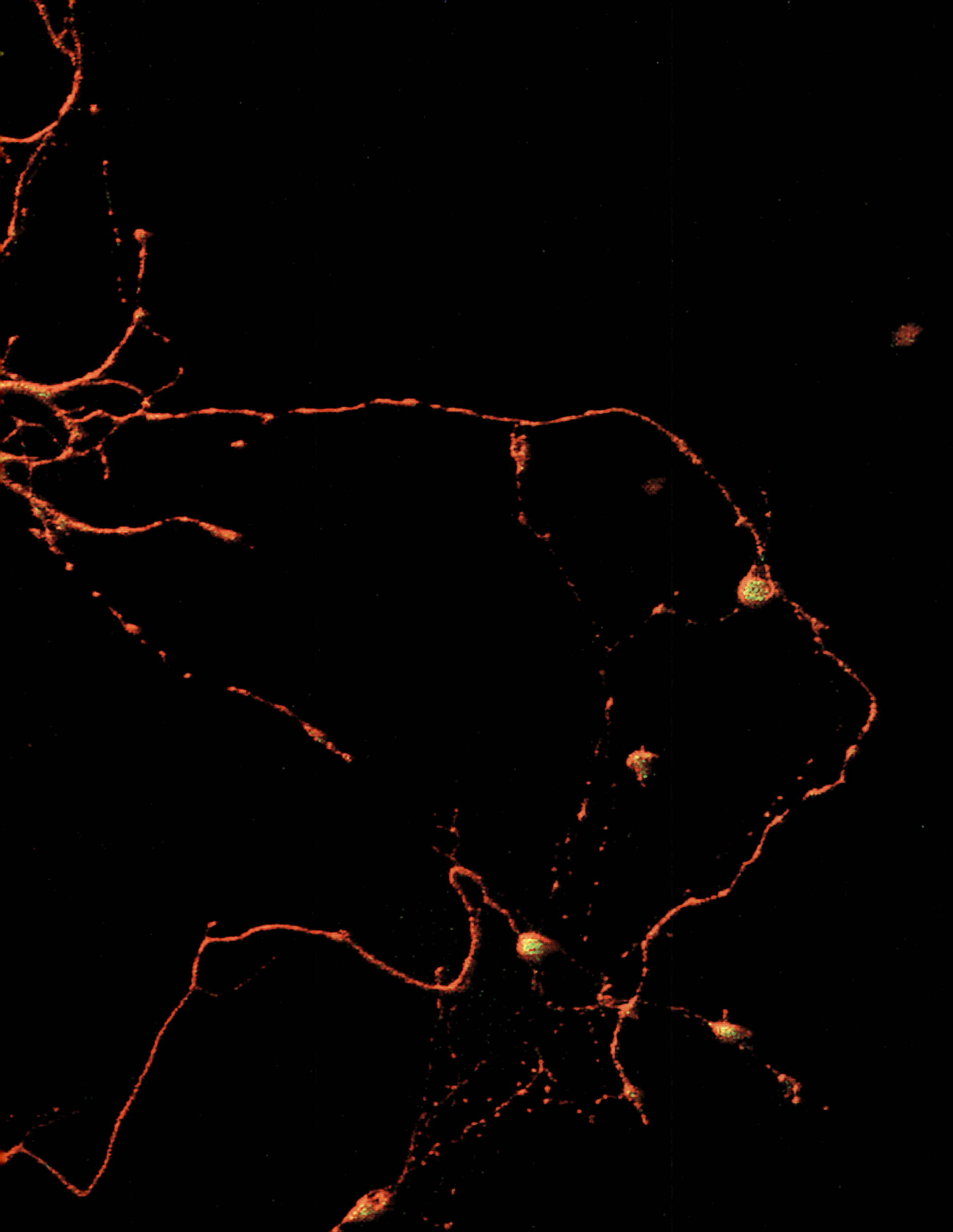

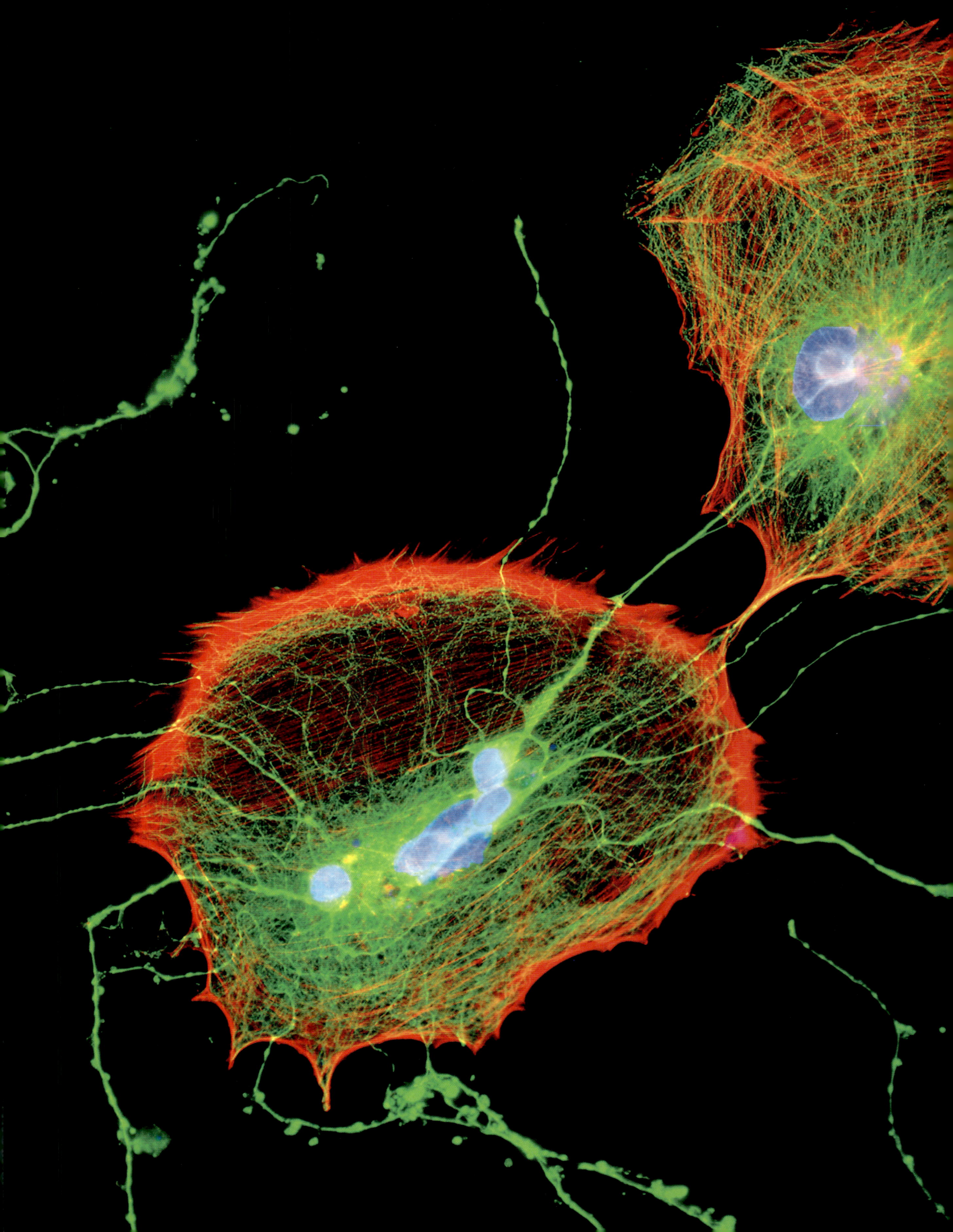

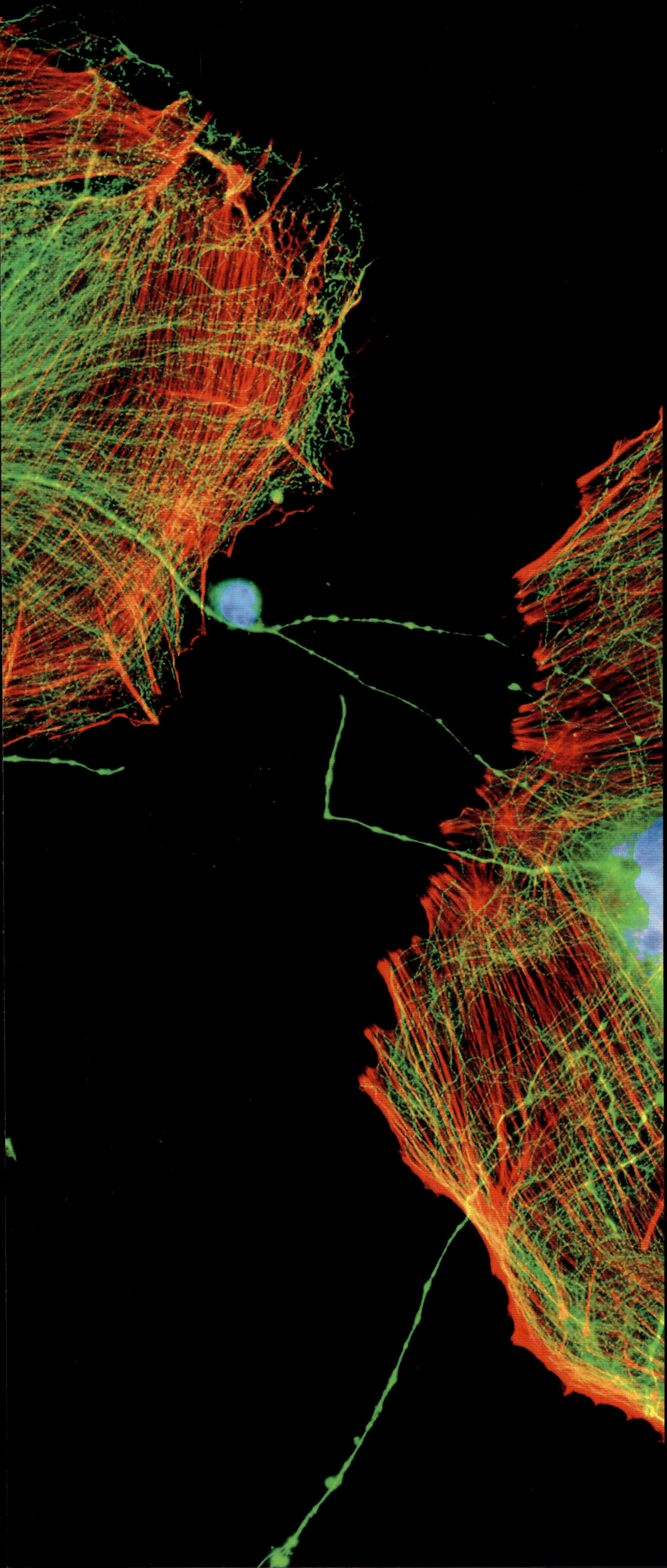

NERVENSTERN
Gliazelle

Sie machen zwar den größten Teil unseres Gehirns aus, doch bislang hat ihnen die Wissenschaft nur eine untergeordnete Bedeutung beigemessen. Dennoch dürften die Gliazellen weitaus interessanter sein, als es den Anschein hat.

Diese dynamischen „Jakobsmuscheln" sind in unserem Gehirn zu Hause. Es handelt sich nicht um klassische Neuronen, sondern um Gliazellen, die insgesamt rund 90 Prozent der Zellen des menschlichen Gehirns ausmachen. Die vielen wirren grünen Fäden sind Mikrotubuli: Tausende röhrenförmige Proteinfilamente reihen sich zu schienenähnlichen Gebilden aneinander. An ihnen entlang werden die Vesikel (in der Zelle gelegene rundliche Bläschen) durch die Zellen transportiert. Die grünen Aktinfilamente, auch Mikrofilamente genannt, fungieren als inneres Skelett und stabilisieren die Zellen mechanisch. Die Zellkerne wurden blau eingefärbt.

Wozu dienen Gliazellen nun? Sie machen den Neuronen das Leben leichter. Einerseits bilden sie ein Stützgerüst für die Nervenzellen, indem sie den Raum zwischen ihnen ausfüllen. Ihren Namen verdanken sie dem Merkmal „klebrig", abgeleitet aus dem griechischen Wort *gloios* für „Leim". Andererseits führen sie ihnen die erforderlichen Nährstoffe zu. Neueren Erkenntnisse zufolge tun Gliazellen sogar noch mehr: Wissenschaftler haben herausgefunden, dass sie, ebenso wie die Neuronen, miteinander kommunizieren und auch beim Informationsaustausch zwischen den Neuronen mitwirken. Dies ist übrigens eines der neuen, angesagten Forschungsgebiete innerhalb der Neurowissenschaften.

 | × **16 000** | 1/32 mm
30 µm

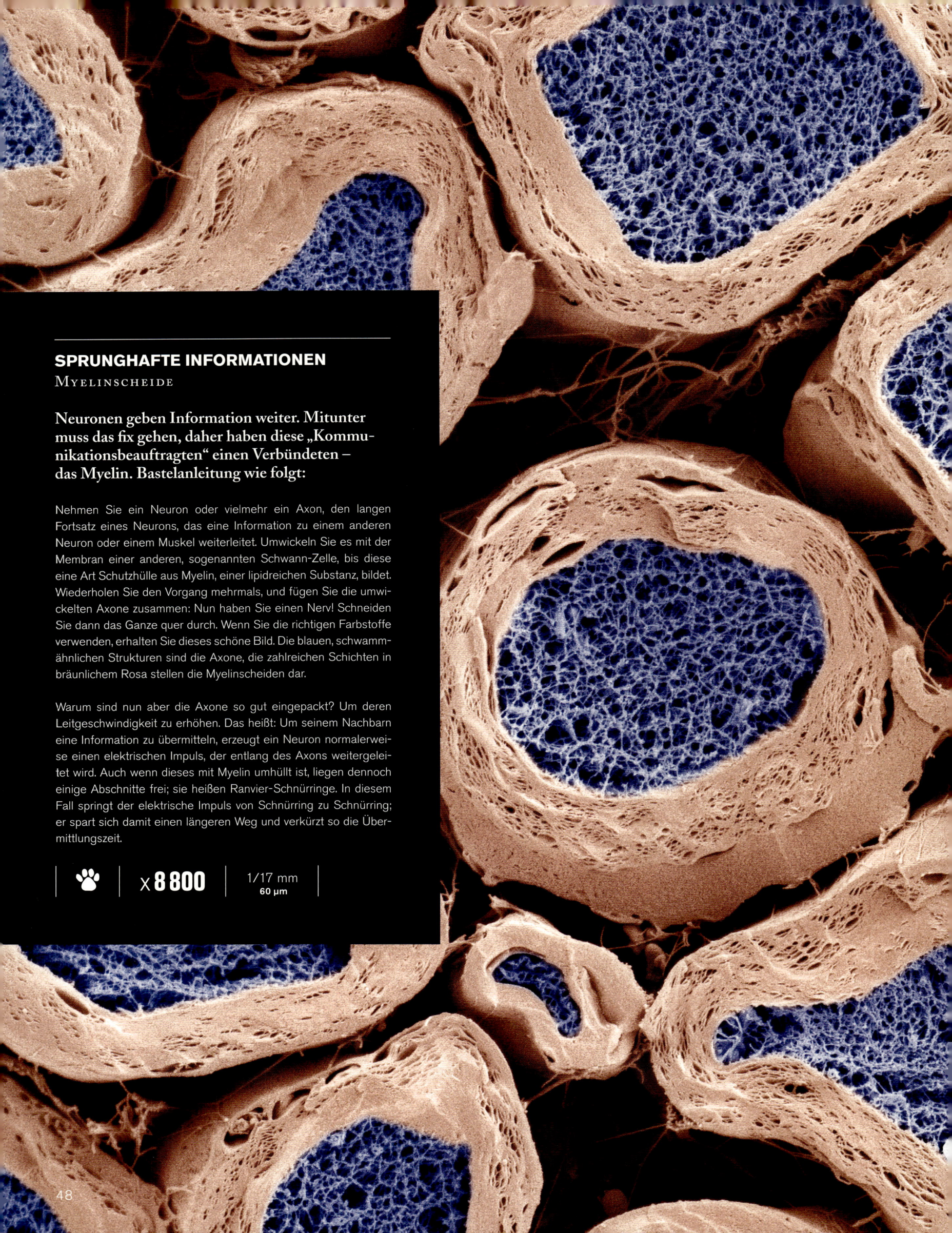

SPRUNGHAFTE INFORMATIONEN
MYELINSCHEIDE

Neuronen geben Information weiter. Mitunter muss das fix gehen, daher haben diese „Kommunikationsbeauftragten" einen Verbündeten – das Myelin. Bastelanleitung wie folgt:

Nehmen Sie ein Neuron oder vielmehr ein Axon, den langen Fortsatz eines Neurons, das eine Information zu einem anderen Neuron oder einem Muskel weiterleitet. Umwickeln Sie es mit der Membran einer anderen, sogenannten Schwann-Zelle, bis diese eine Art Schutzhülle aus Myelin, einer lipidreichen Substanz, bildet. Wiederholen Sie den Vorgang mehrmals, und fügen Sie die umwickelten Axone zusammen: Nun haben Sie einen Nerv! Schneiden Sie dann das Ganze quer durch. Wenn Sie die richtigen Farbstoffe verwenden, erhalten Sie dieses schöne Bild. Die blauen, schwammähnlichen Strukturen sind die Axone, die zahlreichen Schichten in bräunlichem Rosa stellen die Myelinscheiden dar.

Warum sind nun aber die Axone so gut eingepackt? Um deren Leitgeschwindigkeit zu erhöhen. Das heißt: Um seinem Nachbarn eine Information zu übermitteln, erzeugt ein Neuron normalerweise einen elektrischen Impuls, der entlang des Axons weitergeleitet wird. Auch wenn dieses mit Myelin umhüllt ist, liegen dennoch einige Abschnitte frei; sie heißen Ranvier-Schnürringe. In diesem Fall springt der elektrische Impuls von Schnürring zu Schnürring; er spart sich damit einen längeren Weg und verkürzt so die Übermittlungszeit.

🐾 | x **8 800** | 1/17 mm
60 µm

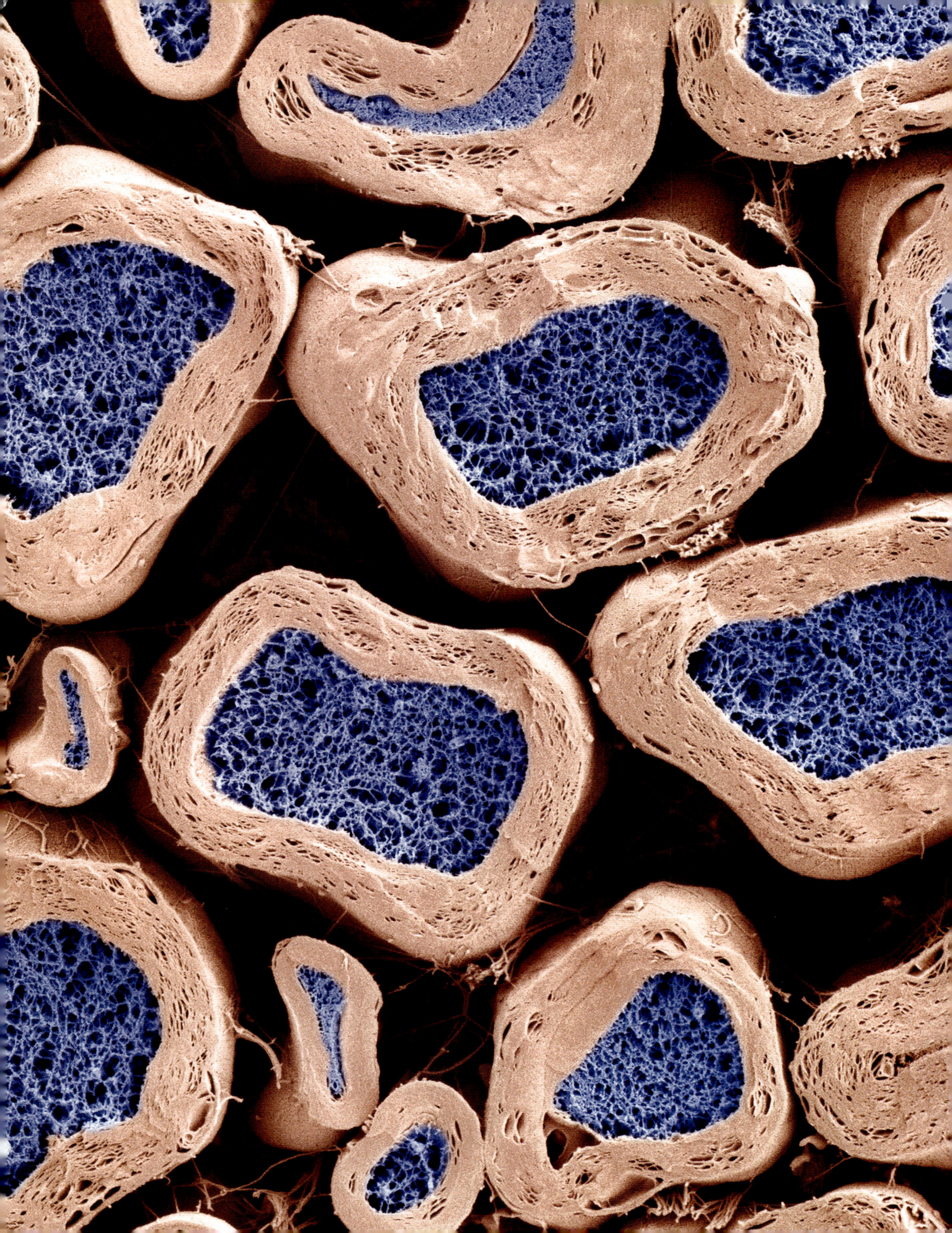

WOLKE DES LEBENS
DNA-Ausfällung

Im Inneren jeder Zelle ist der Code des Lebens in einem Biomolekül enthalten: der Desoxyribonukleinsäure, kurz DNA. Wissenschaftler isolieren sie, um sie zu untersuchen und Lösungen für genetische Erkrankungen zu finden.

Eine Qualle vom Meeresgrund oder ein Sternennebel ferner Galaxien? Nichts von alledem. Dieses schwebende Gespinst ist eine Ausfällung von DNA, dem Hauptbestandteil der Chromosomen.

Die im Zellkern enthaltene DNA trägt alle genetischen Informationen, die jedes Lebewesen zum Leben braucht. Die Verkettung kleiner molekularer Bausteine, Nukleotide genannt, bestimmt den genetischen Code. Nach dieser Regel können Proteine – Makromoleküle, die entscheidend dafür sind, dass Zellen normal funktionieren – genau zum richtigen Zeitpunkt zusammengebaut werden. Es kommt jedoch vor, dass aufgrund einer Anomalie diese korrekte Funktionsweise mehr oder weniger schwerwiegend beeinträchtigt wird. So führt das Vorhandensein eines zusätzlichen Chromosoms zu Trisomie, oder der Austausch einer einzelnen Nukleinbase gegen eine andere (Punktmutation) hat ein verstümmeltes Protein zur Folge, das seine Aufgaben nicht mehr erfüllen kann.

Um solche Funktionsstörungen zu untersuchen, müssen die Forscher die DNA aus den Zellen extrahieren. Dafür wird das betreffende Gewebe mechanisch, die Zell- und Kernmembranen durch die Tensidwirkungen von Detergenzien (Spülmitteln) zerstört. Die in den Spülmitteln enthaltenen Enzyme (Proteasen) zerstören außerdem begleitende Proteine. Auch für diejenigen Proteine, die noch die bekannte DNA-Struktur in Form einer Doppelhelix aufweisen, gibt es kein Entkommen. Das so von seinem Proteinpanzer befreite Molekül entfaltet sich dann zu dieser schönen Wolke, die zur allgemeinen Freude im Reagenzglas erscheint, wo sie nur den Raum von einem Kubikzentimeter einnimmt. Es fällt nicht leicht, sich vorzustellen, dass die DNA einer einzigen Zelle des menschlichen Körpers ganze zwei Meter lang ist!

 | x **50** | 9 mm

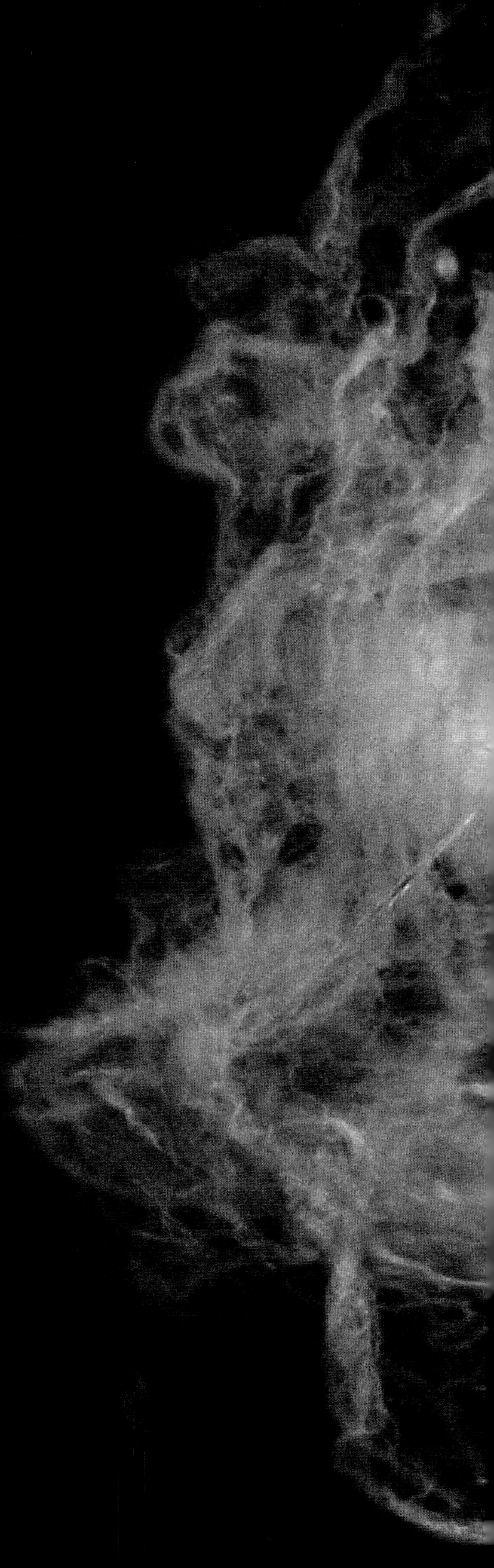

HAARIGE SENSOREN
Fühler eines Nachtfalters

Um sich zurechtzufinden und vor allem um ihre Nahrung aufzuspüren, verlassen sich Schmetterlinge nicht so sehr auf ihre Augen. Vielmehr benutzen sie ihre beiden Fühler, mit denen sie Gerüche wahrnehmen.

Seidige Feder oder Farnwedel? Keines von beiden. Diese Aufnahme stellt einen Ausschnitt aus dem Fühler eines männlichen Nachtfalters dar. Woher weiß man das so genau? Weil bei den Schmetterlingen (Ordnung Lepidoptera) die Fühler äußerst wichtige Sinnesorgane sind. Sie enthalten unzählige Geruchsrezeptoren, mit deren Hilfe sich Nahrungspflanzen und Partner erriechen lassen. Bei den Nachtfaltern sind diese Sensoren noch weiter entwickelt als bei den Tagfaltern. Kein Wunder, denn der Sehsinn ist ihnen in der Dunkelheit von keinem großen Nutzen. Durch die vielfachen Verästelungen der mit Fühlhaaren ausgestatteten Fühler wird die Oberfläche vergrößert und das Orten von Duftmolekülen noch effektiver. Insbesondere die Männchen können die von den Weibchen abgegebenen Pheromone (Sexuallockstoffe) selbst auf große Distanz wahrnehmen.

So wie wir mit unseren beiden Ohren stereofon hören, können Schmetterlinge mit ihren Fühlern, die zu beiden Seiten des Kopfes sitzen, „stereo" riechen, also die Quelle eines Duftes exakt lokalisieren. Und weil es bei diesen Insekten auf eine Originalität mehr oder weniger nicht ankommt, sitzen ihre Geschmacksorgane an den Füßen!

x **160**   3,2 mm

ZUGRIFF UNTER WASSER
Saugnapf eines Kalmars

Wie alle Tintenfische haben auch Kalmare gleich mehrere Arme mit lauter Saugnäpfen, die um ihren Mund herum angeordnet sind. Und diese Saugnäpfe könnten mit ihrem gruseligen Aussehen unsere Albträume bevölkern.

Stellen Sie sich vor, Sie schwimmen gemütlich im Meer, und plötzlich saugen sich unzählige kleine Münder an Ihrer Haut fest! So würde es sich anfühlen, wenn Sie ein Kalmar als Beute auserkoren hätte. Mithilfe der vielen Saugnäpfe, mit denen seine beiden Fangarme besetzt sind, fängt das Weichtier seine Nahrung. Und um seinen Zugriff noch erfolgreicher zu machen, sind die winzigen, im Durchmesser nur 400 Mikrometer großen Saugnäpfe am Rand durch Hornringe (hier in Weiß eingefärbt) verstärkt.

Kalmare besitzen, wie die Sepien, neben den beiden Fangarmen weitere acht Arme, die allerdings kürzer als die Fangarme sind. Die Tiere bewegen sich vor allem nach dem Rückstoßantrieb fort: Über einen Trichter pressen sie blitzschnell Wasser aus der Mantelhöhle und schießen so rückwärts davon. Dieser Antrieb ist typisch für die Klasse der Kopffüßer (Cephalopoda, von griech. *képhalé,* „Kopf", und *podos*, „Fuß"), bei denen alle Arme den Mund umkränzen. Nach der Zahl ihrer Arme werden die Kopffüßer in Achtarmige (Octobrachia) und Zehnarmige Tintenfische (Decabrachia) unterschieden.

Wenn die Weichtiere sich bedroht fühlen, ergreifen sie die Flucht. Dabei stoßen sie eine schwarze Wolke aus, indem sie ihren Tintenbeutel entleeren. Der Angreifer soll die Tintenwolke mit dem Beutetier verwechseln, was dem Kopffüßer Zeit zur Flucht gibt. Kalmare sind auch als Nahrungsmittel beliebt; auf Speisekarten werden sie häufig als Calamari angeboten.

Für dieses Bild erhielten die Forscherinnen beim „International Science and Engineering Visualization Challenge 2008" eine lobende Erwähnung in der Kategorie Fotografie. Der Wettbewerb zeichnet Bilder aus, die zur besseren Verständlichkeit von Forschungsergebnissen beitragen.

 | X **420** | 1,2 mm

KÖNIGIN DER VERSUCHSTIERE

Atemloch einer Taufliege

Die Taufliege (Gattung *Drosophila*) ist für die Forschung in zweierlei Hinsicht interessant: Sie lässt sich leicht züchten, und sie hat mit dem Menschen einige Gene gemeinsam. Ein Glücksfall für die Genforschung.

Zum Atmen hat der Mensch Lungen, der Fisch Kiemen und die Larve der Taufliege ... Stigmata. Das sind Öffnungen nach außen, die unter dem Mikroskop drei Höcker aufweisen. Derjenige, der einem Handschuh gleicht, ist offen, sodass die Luft einströmen und sich über ein System von Tracheen (Luftkanälen) im Organismus verteilen kann, während die beiden anderen geschlossen sind und keine Luft hindurchlassen. Dieses Atmungssystem, das für Insekten und andere danach benannte Tracheentiere charakteristisch ist, stellt in der Tierwelt eine Besonderheit dar.

Hier auf diesem Bild befindet sich die Larve in ihrem letzten Entwicklungsstadium. Später wird sich ihre Außenhaut zu einer Puppe verdicken und die letzte Phase in der Umwandlung zum erwachsenen Tier einläuten. Insgesamt beträgt der Zeitraum vom Ei bis zur fertig entwickelten Taufliege nur neun Tage. In einem Jahr können 25 Generationen aufeinanderfolgen. Auf den Menschen umgerechnet wären das 625 Jahre.

Der rasante Fortpflanzungsrhythmus ist eine der hervorstechendsten Eigenschaften der *Drosophila*, die weltweit zum „Labortier Nummer eins" avancierte: Man kann sie leicht züchten, und ihre vier Chromosomenpaare lassen sich gut untersuchen. Da einige ihrer Gene erstaunliche Ähnlichkeit mit den Genen höherer Organismen, zum Beispiel des Menschen, aufweisen, ist sie das ideale Forschungsobjekt der Genetiker. Die winzige Taufliege, von der etliche Mutanten beschrieben wurden, hat es also faustdick hinter den Ohren!

 | x **1 600** | 1/3 mm
300 µm

SEIDIGE TECHNOLOGIE
SPINNSPULEN EINER WEBSPINNE

Dank ihrer spezifischen Organe sind die Spinnen einzigartige Weberinnen. Ihre Seide ist von so hoher Qualität, dass man bereits vieles unternommen hat, sie für die Industrie nachzubilden.

Bei dem hier fotografierten Prozess sehen wir eine Spitzentechnologie im Einsatz. Die blau eingefärbten Fäden sind Seidenfibrillen, also kleine, dünne Fasern, die gerade produziert werden: Wir betrachten die Unterseite des Hinterleibs einer Webspinne. Mithilfe der Spinndrüsen erzeugt das Tier den kostbaren Faden für sein Netz. Sobald die flüssige Seidenlösung in den Drüsen durch winzige Poren, die Spinnspulen – hier orange eingefärbt –, nach draußen gedrückt wird, verfestigt sie sich. Die Seidenfibrillen verbinden sich dann zu einem dünnen, klebrigen Faden.

Spinnenseide ist, bezogen auf ihr Gewicht, belastbarer als Stahl und elastischer als Nylon: Ein gartenschlauchdicker Faden könnte das Gewicht einer Boeing 737 tragen. Für ihre außergewöhnlichen Eigenschaften interessieren sich Ingenieure jeder Fachrichtung. Sie träumen davon, Spinnenseide künstlich herzustellen und sie beispielsweise anstelle von Aramidfasern (Kevlar) für kugelsichere Westen zu verwenden. Leider lassen sich Webspinnen nicht so leicht züchten wie die Raupen des Seidenspinners. Durch ihr Territorialverhalten und ihre räuberische Lebensweise kann es zu Revierkämpfen und Kannibalismus kommen. Gentechniker haben sich daher entschieden, die Natur anderweitig zu manipulieren. Indem sie Ziegen Spinnenseide-Gene einpflanzen, wollen sie die Huftiere dazu bringen, in ihrer Milch die Proteine von Spinnenseide zu produzieren.

X **7 000**   1/14 mm
70 µm

58

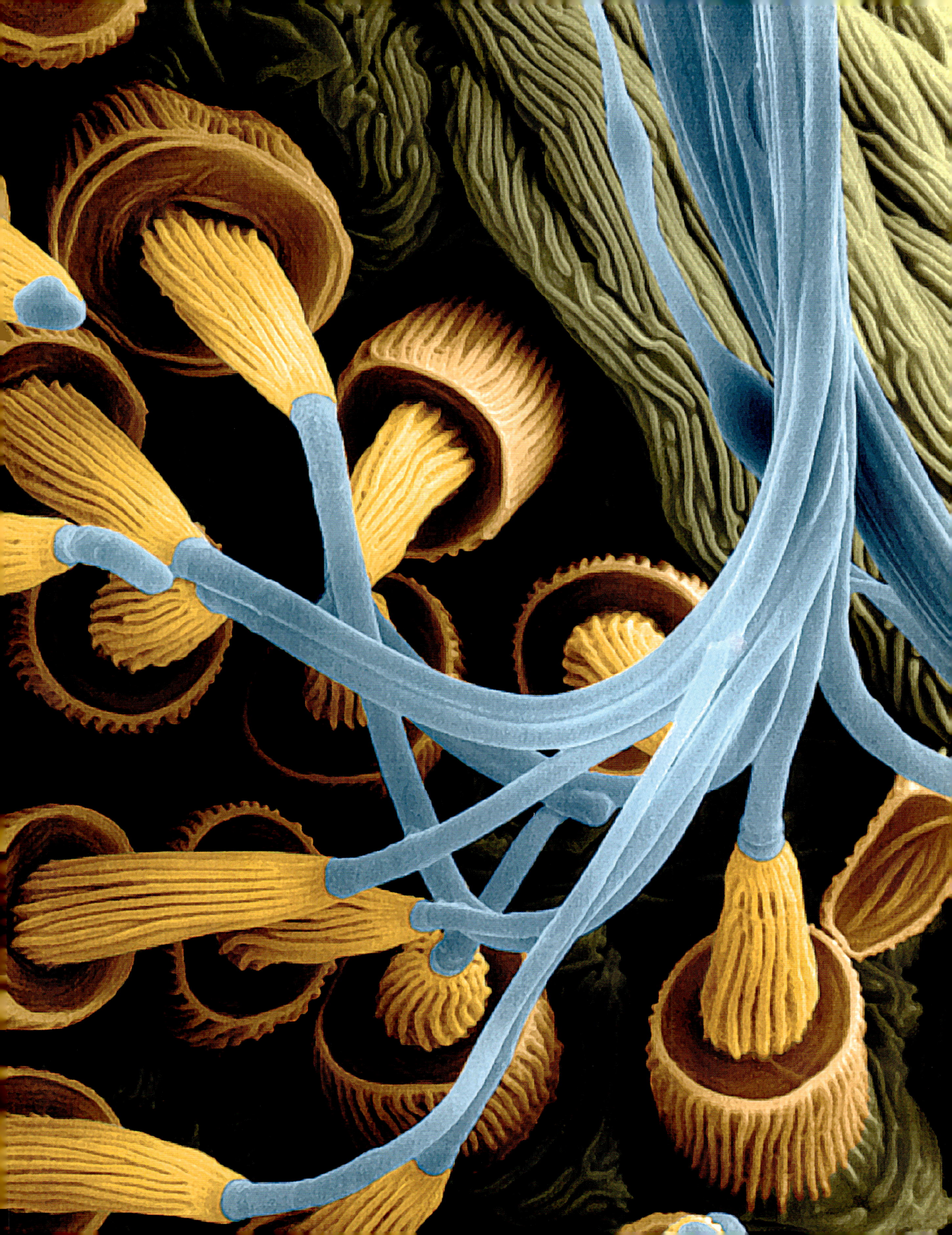

KRIPPE FÜR FALTERBABYS

SCHMETTERLINGSEIER NACH DEM
SCHLÜPFEN DER RAUPEN

Betrachtet man die Unterseite von Blättern aufmerksam, entdeckt man dort oft traubenförmige Gebilde in vielerlei Formen und Farben. Meist handelt es sich dabei um Schmetterlingseier.

Alarm im Himbeerstrauch! Die Kinderstube ist leer, die Kleinen sind verschwunden! Es sind nur noch die Eischalen übrig, die aussehen, als hätte man ihnen den Deckel abgenommen. Wer hat sie wohl geplündert? Wer hat Schuld? Etwa die weiblichen Schmetterlinge, die die leidige Angewohnheit haben, ihre im Entstehen begriffene Nachkommenschaft nach der Eiablage unbeaufsichtigt zu lassen? Zum Glück hat sich hier kein Drama ereignet, die Raupen sind nur schon geschlüpft! Die Schmetterlingslarven haben die Eischale, die sie umgab, aufgeschnitten und ihre schützende Hülle verlassen. Dann haben sie sich von den Blättern des Himbeerstrauchs ernährt, auf dem das Weibchen die Eier schlauerweise abgelegt hatte. Je nach Art sind Schmetterlingseier unterschiedlich geformt: Sie können kugelig, walzenförmig oder länglich sein, und ein Weibchen kann bis zu 1000 Eier pro Saison legen.

Nach mehreren Häutungen beginnt die Raupe mit der Verpuppung. Manche Arten umgeben sich dabei mit einem Gespinst aus Seide, dem Kokon. Darin durchlaufen die Larven ihre letzte und eindrucksvollste Metamorphose zum fertigen Schmetterling. Meist entwickeln sich Weibchen. Diese geben anschließend Pheromone in die Atmosphäre ab, molekulare Duftstoffe, um Männchen anzulocken. Nach der Paarung legt das Weibchen seine Eier geschützt vor den Blicken von Fressfeinden ab – beispielsweise an einen Stängel oder an die Unterseite eines Blattes geklebt –, und die Geschichte beginnt von Neuem.

 | X **300** | 1,7 mm

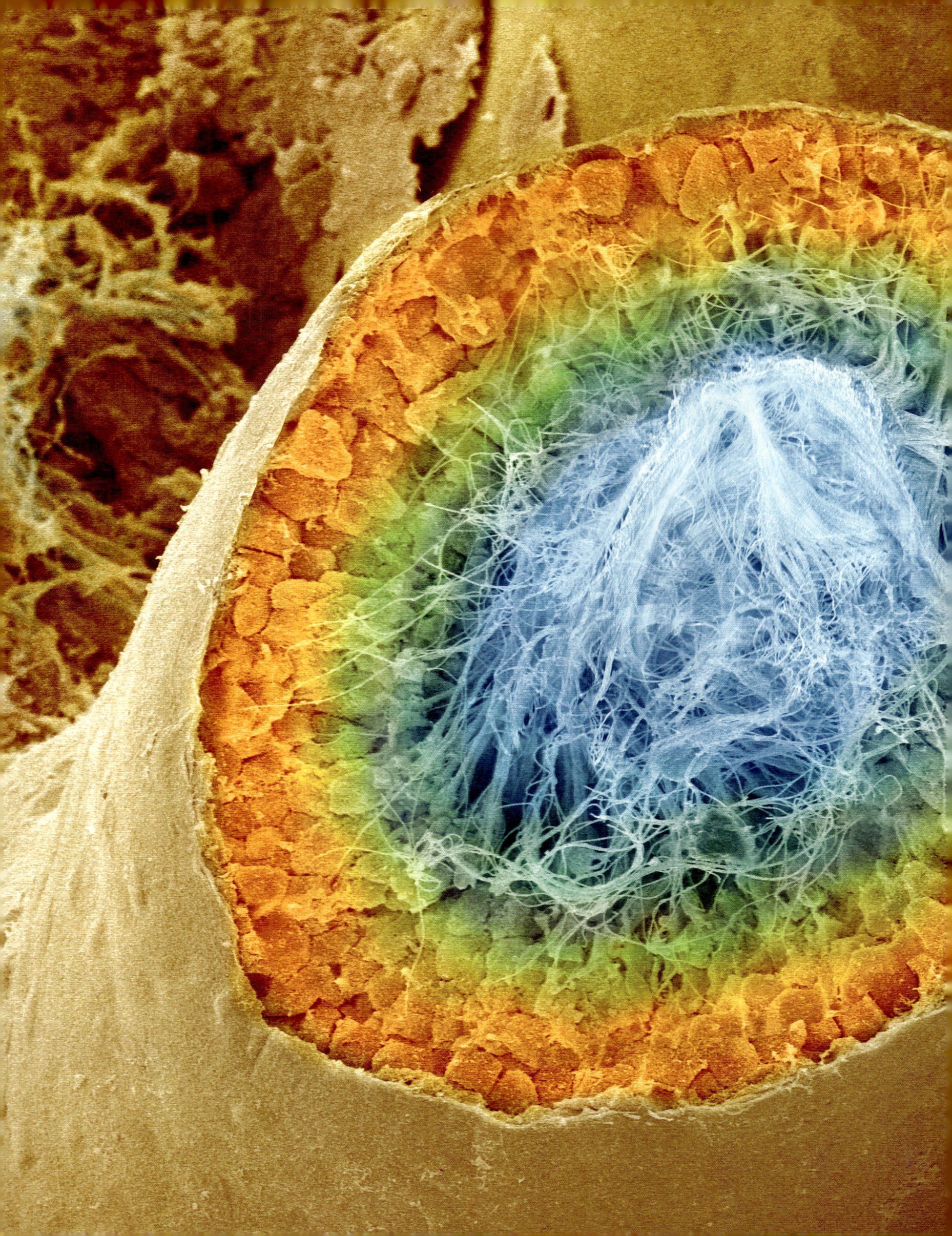

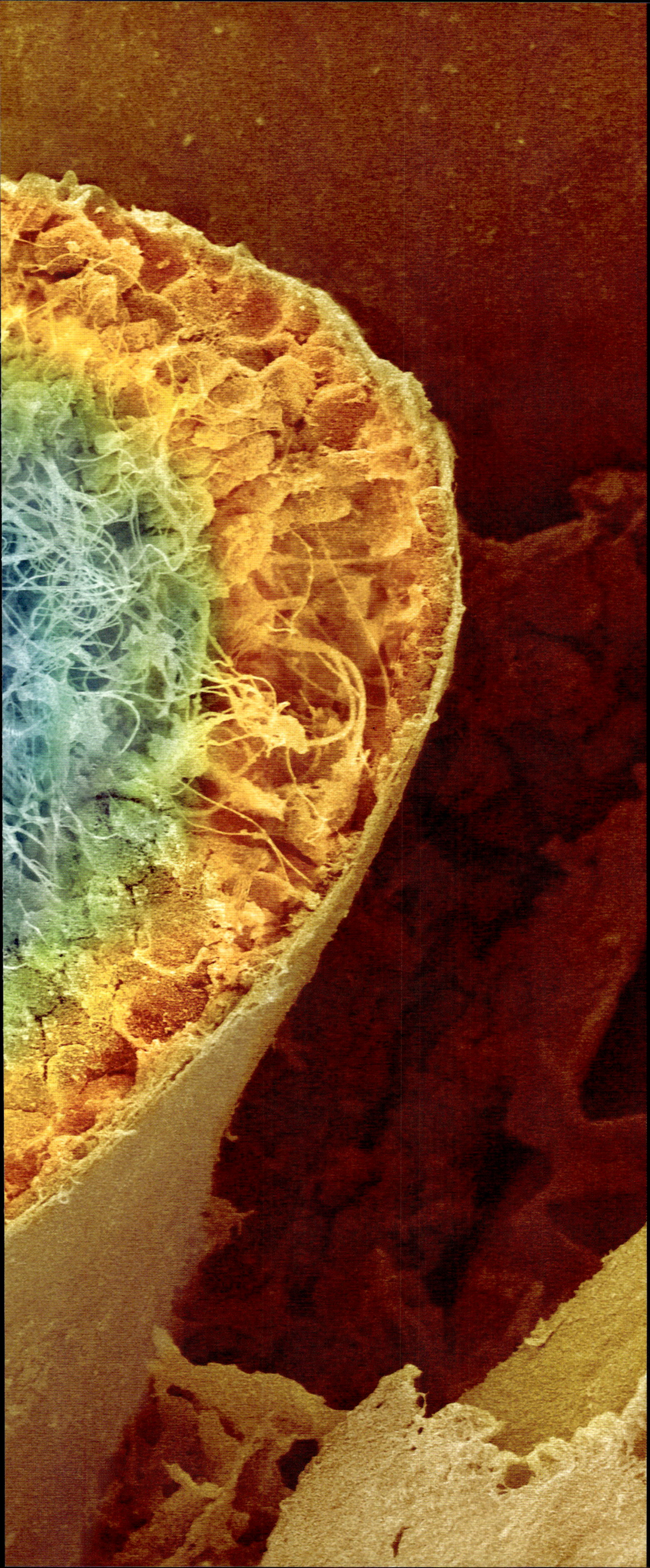

SELTSAME KAULQUAPPEN
Spermienbildung bei einer Ratte

Bei den meisten erwachsenen Säugetieren werden kontinuierlich Spermien gebildet. Dies wird von Hormonen gesteuert, den Botenstoffen des Organismus. Allerdings können auch Umweltfaktoren verändernd darauf einwirken.

Nahaufnahme von einem äußerst eindrucksvollen biologischen Vorgang: Im Hoden einer Ratte verwandeln sich Zellen in Samenzellen (Spermien oder Spermatozoen). Der mehrstufige Reifungsvorgang der Spermatogenese beginnt an der Basis der Hodenkanälchen, mit den orangefarbenen Zellen, und endet in deren Innenraum, mit den bläulichen Fasern. Bei der Ratte dauert es 48 Tage, bis ein sogenanntes Spermatogonium, eine Ursamenzelle, zu einem Spermium herangereift ist. Beim Mann dauert der Vorgang etwa 72 Tage.

Bei allen Säugetieren wird die Spermienproduktion von drei Hormonen gesteuert. Diese biochemischen Botenstoffe werden von spezialisierten Zellen produziert, um in anderen Organen eine spezifische Wirkung zu erzielen. Beim Mann werden diese Hormone in der Pubertät aktiv und bleiben es bis zum Lebensende. Sie regen die Produktion von durchschnittlich 100 Millionen Spermien pro Tag an.

Es gibt noch weitere Faktoren, die die Spermienbildung beeinflussen. So spielt beispielsweise die Temperatur eine wichtige Rolle. Ist sie zu hoch, verlangsamt sich der Reifungsprozess. Daher befinden sich die Hoden bei vielen Säugetieren und beim Menschen außerhalb der Bauchhöhle im Hodensack, wo es kühler ist. Stress, Nikotin- und Alkoholkonsum, Übergewicht, Bewegungsmangel, bestimmte Chemikalien wie Pestizide, Nahrungsmittelzusatzstoffe, Dioxine und viele weitere Substanzen wirken sich schädlich auf die Samenproduktion des Mannes aus. Allerdings weiß man bis heute über ihre genaue Wirkung noch nicht vollständig Bescheid.

 | ✕ **630** | 2/3 mm
700 µm

FANTASTISCHES SEHORGAN
FLIEGENAUGE

Dieses bienenwabenähnliche Muster ist ein Ausschnitt eines Fliegenauges, das sich aus Hunderten Facetten zusammensetzt. Dank dieser besonderen Struktur verfügt das Tier über eine außergewöhnliche Sehfähigkeit.

Wie alle Insekten besitzt die Fliege ein Augenpaar, das aus zahlreichen sechseckigen Facetten besteht. Jede Facette entspricht einem Einzelauge. Die Taufliege (*Drosophila* sp.) hat pro Seite 700 Einzelaugen, manche Arten haben bis zu 3000. Diese Einzelaugen, auch Ommatidien genannt, sind stets gleich groß. Je größer die Fliege ist, desto mehr Ommatidien besitzt sie. In jedem Einzelauge befinden sich acht Fotorezeptoren – das sind lichtempfindliche Sinneszellen, die die eingehenden Lichtreize neuronal verarbeiten.

Die halbkugelförmig angeordneten Ommatidien blicken jeweils in eine geringfügig andere Richtung und übermitteln ihr eigenes Bild: Auf diese Weise sieht die Fliege also mosaikartig. Durch die Anordnung und den Aufbau ihrer Augen verfügt sie über ein stark vergrößertes Blickfeld, einen Rundumblick. Damit kann sie bewegte Objekte besser erkennen als die Mehrheit der anderen Tiere. Während beispielsweise das menschliche Auge nur etwa 20 Lichtblitze pro Sekunde wahrnimmt, unterscheidet das Auge der Fliege rund 200. Fliegen können auch hinter sich sehen und extrem schnell reagieren. Dafür sind sie kurzsichtig.

 | x **8 400** | 1/20 mm
50 µm

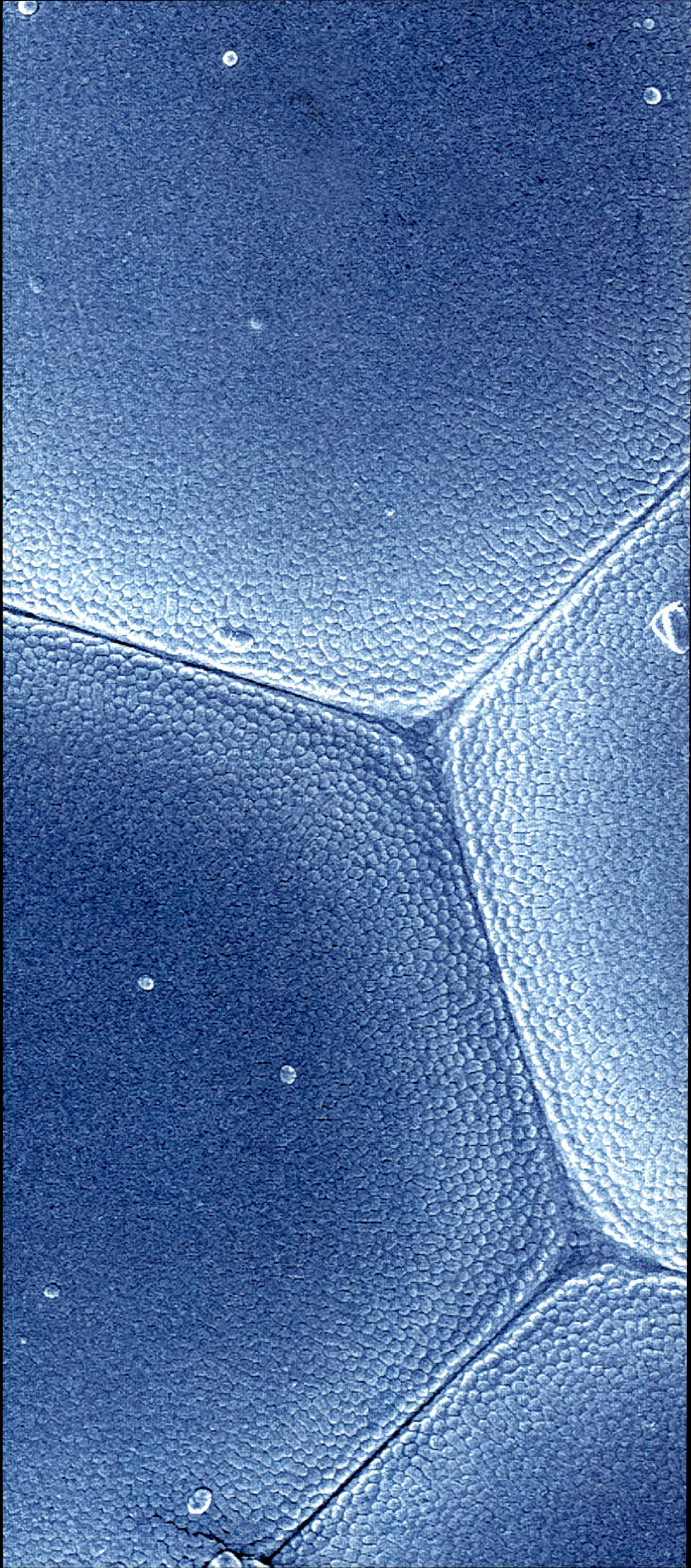

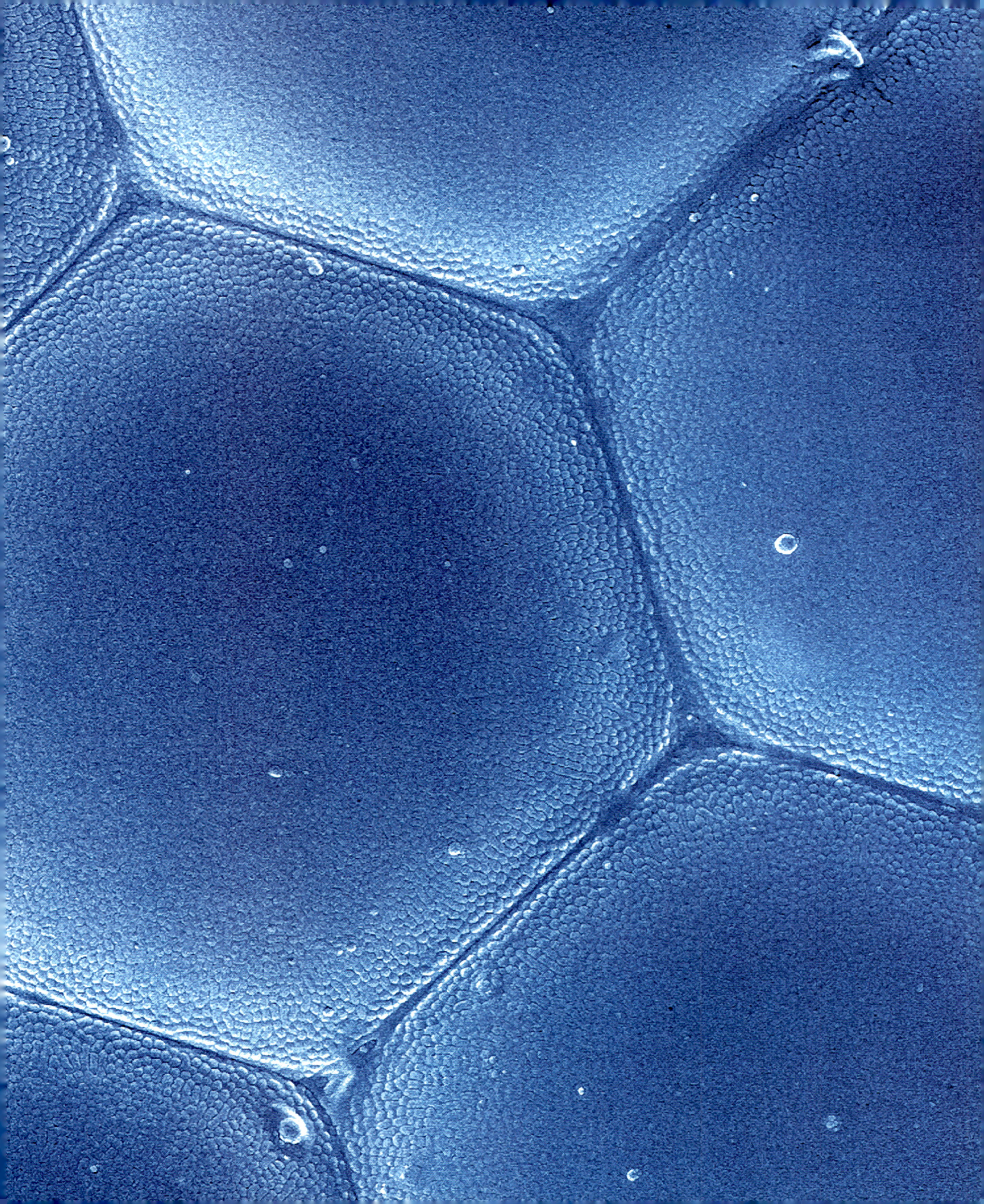

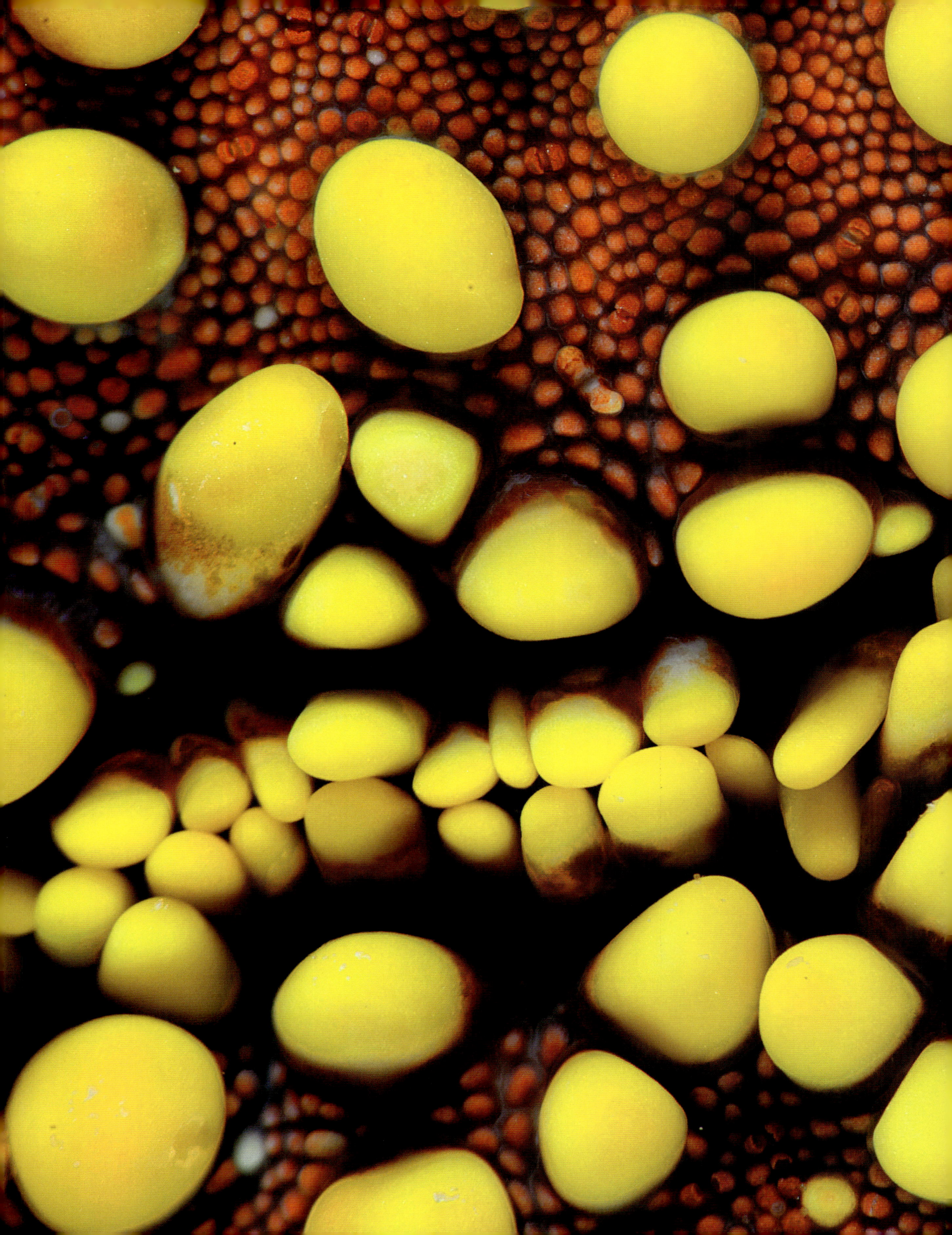

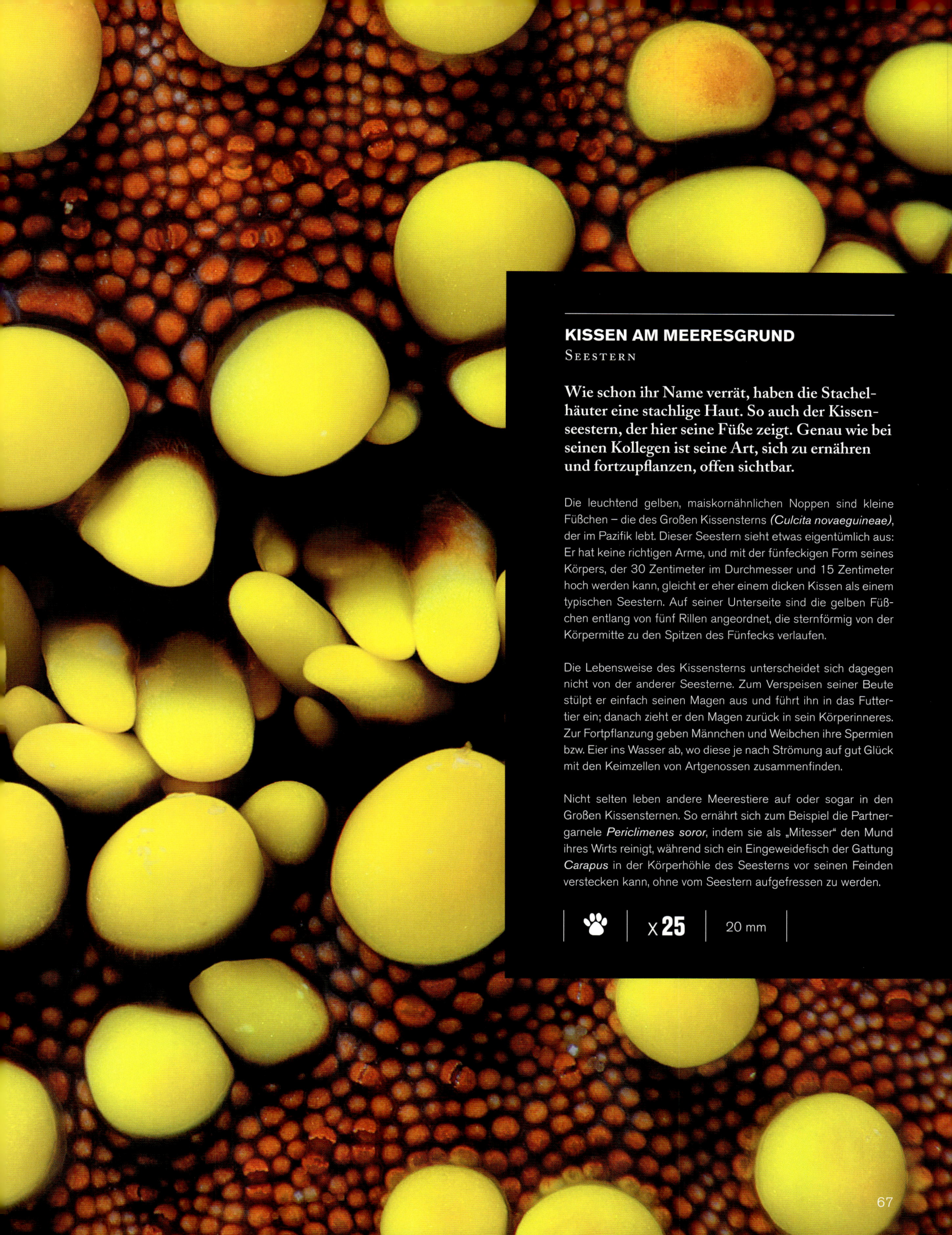

KISSEN AM MEERESGRUND
S**EESTERN**

Wie schon ihr Name verrät, haben die Stachel-häuter eine stachlige Haut. So auch der Kissen-seestern, der hier seine Füße zeigt. Genau wie bei seinen Kollegen ist seine Art, sich zu ernähren und fortzupflanzen, offen sichtbar.

Die leuchtend gelben, maiskornähnlichen Noppen sind kleine Füßchen – die des Großen Kissensterns *(Culcita novaeguineae)*, der im Pazifik lebt. Dieser Seestern sieht etwas eigentümlich aus: Er hat keine richtigen Arme, und mit der fünfeckigen Form seines Körpers, der 30 Zentimeter im Durchmesser und 15 Zentimeter hoch werden kann, gleicht er eher einem dicken Kissen als einem typischen Seestern. Auf seiner Unterseite sind die gelben Füßchen entlang von fünf Rillen angeordnet, die sternförmig von der Körpermitte zu den Spitzen des Fünfecks verlaufen.

Die Lebensweise des Kissensterns unterscheidet sich dagegen nicht von der anderer Seesterne. Zum Verspeisen seiner Beute stülpt er einfach seinen Magen aus und führt ihn in das Futter-tier ein; danach zieht er den Magen zurück in sein Körperinneres. Zur Fortpflanzung geben Männchen und Weibchen ihre Spermien bzw. Eier ins Wasser ab, wo diese je nach Strömung auf gut Glück mit den Keimzellen von Artgenossen zusammenfinden.

Nicht selten leben andere Meerestiere auf oder sogar in den Großen Kissensternen. So ernährt sich zum Beispiel die Partner-garnele *Periclimenes soror*, indem sie als „Mitesser" den Mund ihres Wirts reinigt, während sich ein Eingeweidefisch der Gattung *Carapus* in der Körperhöhle des Seesterns vor seinen Feinden verstecken kann, ohne vom Seestern aufgefressen zu werden.

🐾 | ✕**25** | 20 mm

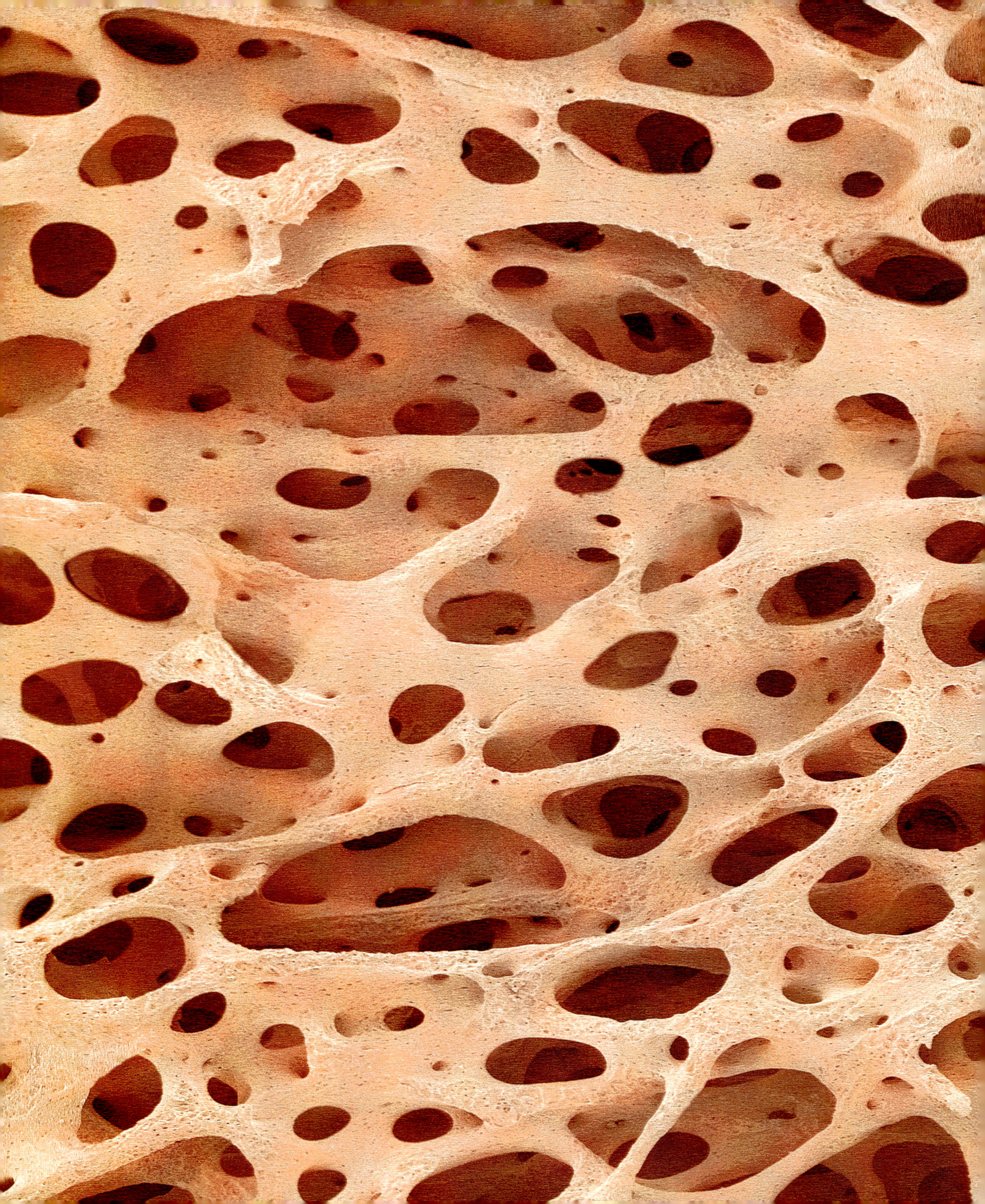

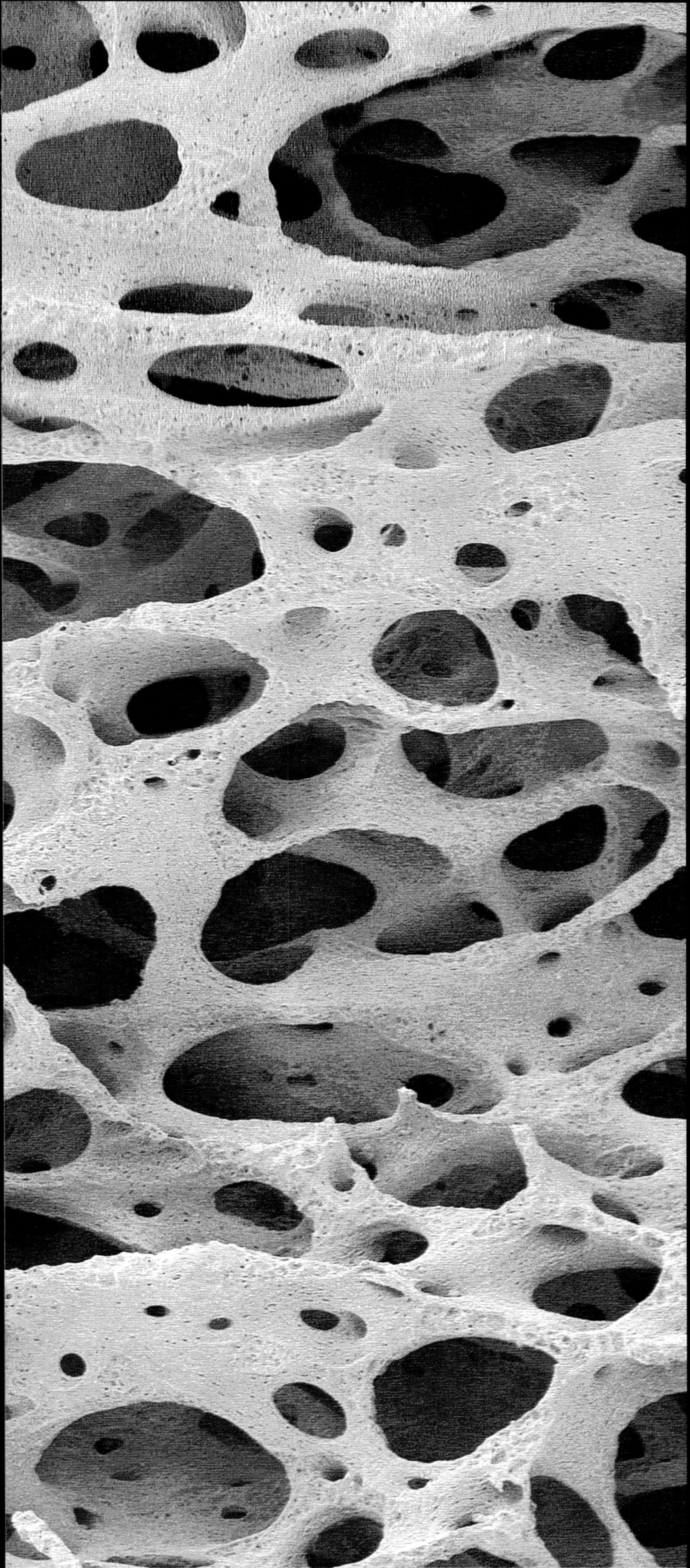

KOMISCHE KÄUZE

Hühnerknochen

**Vogelknochen sind hohl und teilweise luftge-
füllt, also leicht und widerstandsfähig zugleich.
Diese evolutionäre Anpassung war wohl ebenso
notwendig wie der nur einseitig ausgebildete
Eierstock bei weiblichen Vögeln, damit die Flug-
künstler ihre beeindruckenden Rekorde aufstel-
len konnten.**

Der Hühnerknochen hat, wie die meisten Vogelknochen, Ähnlichkeit mit einem Emmentaler: Er ist voller Löcher und gleicht
dadurch einem Schwamm. Dennoch machen diese Hohlräume
das Skelett nicht weniger stabil. Durch die Ausstülpungen der
Luftsäcke, die sich in die großen Röhrenknochen erstrecken, sind
diese Knochen pneumatisiert (luftgefüllt). Dieses Erscheinungs-
bild rüstet sie bestens für ihre Aufgaben – dem Körper ein sta-
biles Gerüst zu geben und bestimmte Organe zu schützen. Ein
weiterer Trumpf des gewichtsreduzierten Skeletts: Es erleichtert
das Fliegen. Das Huhn ist allerdings nicht gerade für seine Flugleistungen bekannt. Daran ist der Mensch schuld, der im Zuge
seiner Domestizierung und der gezielten Zucht dafür gesorgt hat,
dass das Huhn die Gewohnheit und die Fähigkeit dazu verlor.

Um das Fliegen zu erleichtern, musste der Körper der Vögel noch
weitere Veränderungen erfahren. Bei den meisten Arten verfügen die Weibchen nur über einen funktionsfähigen Eierstock,
während der zweite gar nicht ausgebildet ist. Ebenso hat sich der
Verdauungsapparat sowohl bei männlichen als auch bei weiblichen Tieren verkleinert. Der Dünndarm der Vögel ist, verglichen
mit dem bei Menschen, proportional kleiner.

Dank dieser Erleichterungen bringen Vögel ganz erstaunliche
Flugleistungen zustande. So kollidierte einmal ein Sperbergeier
(Gyps rueppellii) in sagenhaften 11 300 Metern Höhe mit einem
Linienflugzeug! Doch auch die Streckenrekorde können sich
sehen lassen. Pfuhlschnepfen *(Limosa lapponica)* zum Beispiel
können bei ihrem Flug von Alaska nach Neuseeland eine Strecke
von knapp 11 700 Kilometern ohne Pause zurücklegen.

 | x **40** | 11 mm

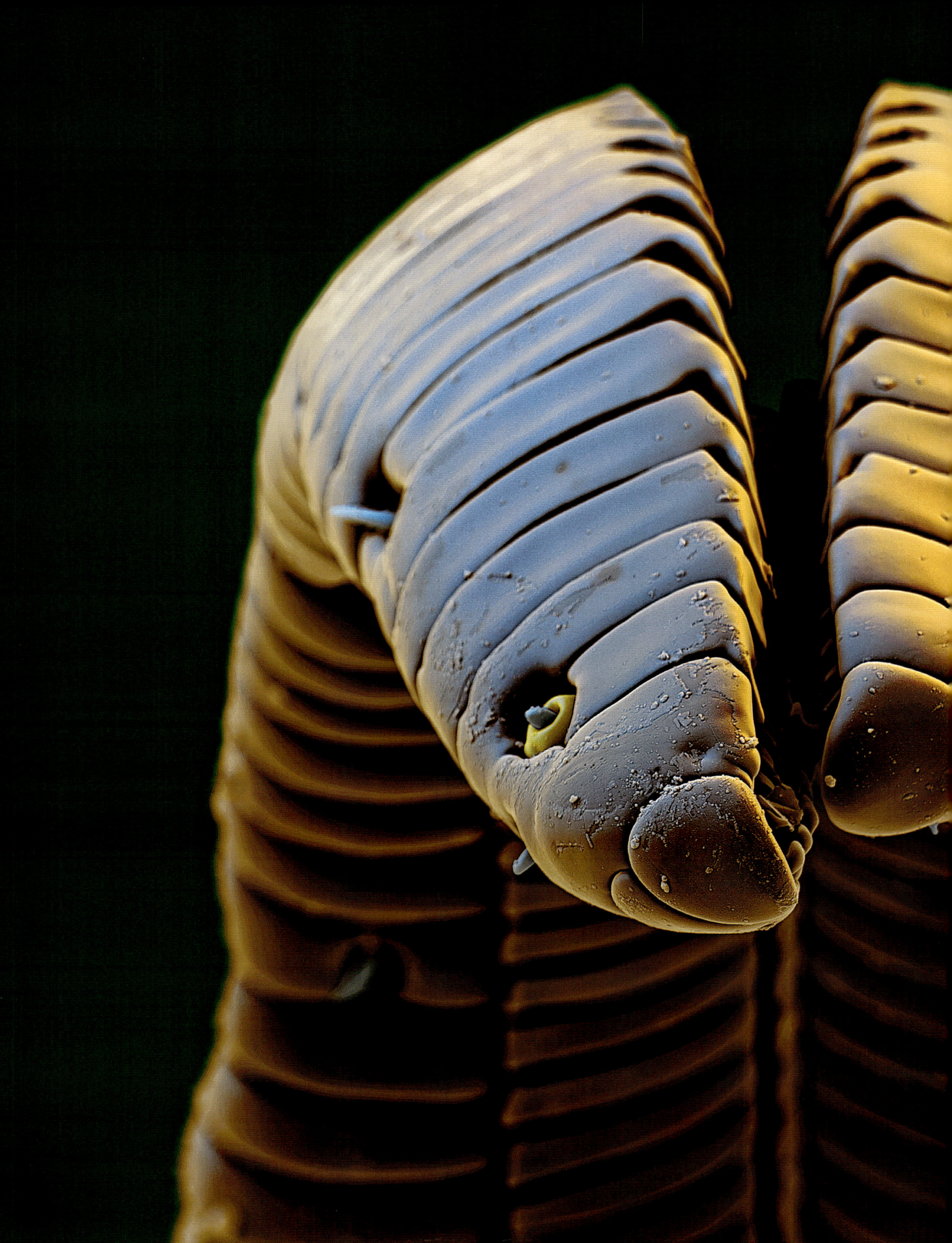

RÜSSELZUNGE

Saugrüssel des Taubenschwänzchens

Der auffällig lange Saugrüssel dieses Wanderfalters ist nicht die einzige Besonderheit: Sein Flugverhalten und seine Lebensweise machen ihn zu einem ganz erstaunlichen Schmetterling.

Welchem Albtraum ist diese Kreatur entsprungen, die sich hier dem Objektiv darbietet? Keinem! Das Bild zeigt die Spitze des Saugrüssels eines Taubenschwänzchens. Dieser Nachtfalter ist in mehr als einer Hinsicht interessant. Zunächst durch die Länge seines Saugrüssels, der ihm seinen wissenschaftlichen Gattungsnamen einbrachte: *Macroglossum*, von griech. *macro* für „groß" und *glossa* für „Zunge". Mit dem 25 Millimeter langen Rüssel saugt der Falter Nektar aus Blütenkelchen – und zwar dort, wo andere Insekten nicht hinkommen.

Der beim Anflug noch eingerollte Saugrüssel wird erst vollständig ausgefahren, wenn der Schmetterling über die Blüte fliegt, auf die er es abgesehen hat. Er bevorzugt meist weiße oder violette Blüten. Seine Flügel schlagen mit sehr hoher Frequenz; wie ein Kolibri steht der Falter im Schwirrflug vor den Blüten. Wegen seines Flugverhaltens wird er deshalb auch Kolibrischwärmer genannt. Ungewöhnlich für einen Nachtfalter ist auch, dass er tagaktiv ist. Mit seinen beiden Verwandten, dem Hummelschwärmer *(Hemaris fuciformis)* und dem Skabiosenschwärmer *(Hemaris tityus)*, gehört das Taubenschwänzchen zu den wenigen ausschließlich tagaktiven Schwärmerarten aus der Familie der Sphingidae.

 | X **2 000** | 1/5 mm
200 µm

GEZÄHNTE KÖRPERHÜLLE
Haihaut

Die scheinbar glatte Haut des Hais weist unter dem Mikroskop winzige gerillte Schuppen auf. Diese Struktur verleiht ihr so wertvolle Eigenschaften, dass der Mensch sich davon zur Konzeption sogenannter intelligenter Kleidung hat inspirieren lassen. So heißt es zumindest …

Eine Formation von Militärflugzeugen kurz vor dem Start? Die Nahaufnahme einer besonders aggressiven Waffe? Nichts von alledem: Das sind die Schuppen auf der Haut eines Hais. Wozu braucht er die? Damit er schneller schwimmen kann. Der Kurzflossen-Mako *(Isurus oxyrinchus)* zum Beispiel schwimmt mit einer Durchschnittsgeschwindigkeit von 50 Stundenkilometern. Angeblich erreichen manche Makohaie sogar Spitzengeschwindigkeiten von über 80 Stundenkilometern. Beachtliche Werte, wenn man bedenkt, dass ein Körper (Fisch, Schiffsrumpf oder Schwimmer), der sich durch das Medium Wasser bewegt, eine seiner Bewegung entgegengesetzte Kraft – den Strömungswiderstand – erfährt. Dieser Widerstand wird durch die Form und Lage der Hautzähnchen, so heißen die bläulichen Schuppen, verringert. Und so kommt der Hai im Wasser schneller voran.

Solche Eigenschaften bleiben dem Menschen natürlich nicht gleichgültig, und er dachte sich nutzbringende industrielle Anwendungen aus – etwa die Herstellung spezieller Schwimm- und Tauchanzüge oder Lackierungen für Schiffsrümpfe („Haihautimitation"), um bisherige Geschwindigkeitsrekorde zu brechen. Bei den Olympischen Spielen 2008 hatte Michael Phelps angekündigt, einen solchen „biomimetischen" Schwimmanzug zu tragen. Er gewann acht Goldmedaillen. Doch es scheint, als hätte der Schwimmer seine Spitzenleistungen nicht seiner Hightech-Bekleidung zu verdanken gehabt. Der Anzug sah keineswegs wie Haifischhaut aus. Marketing ist eben alles …

🐾 | x **350** | 1,5 mm

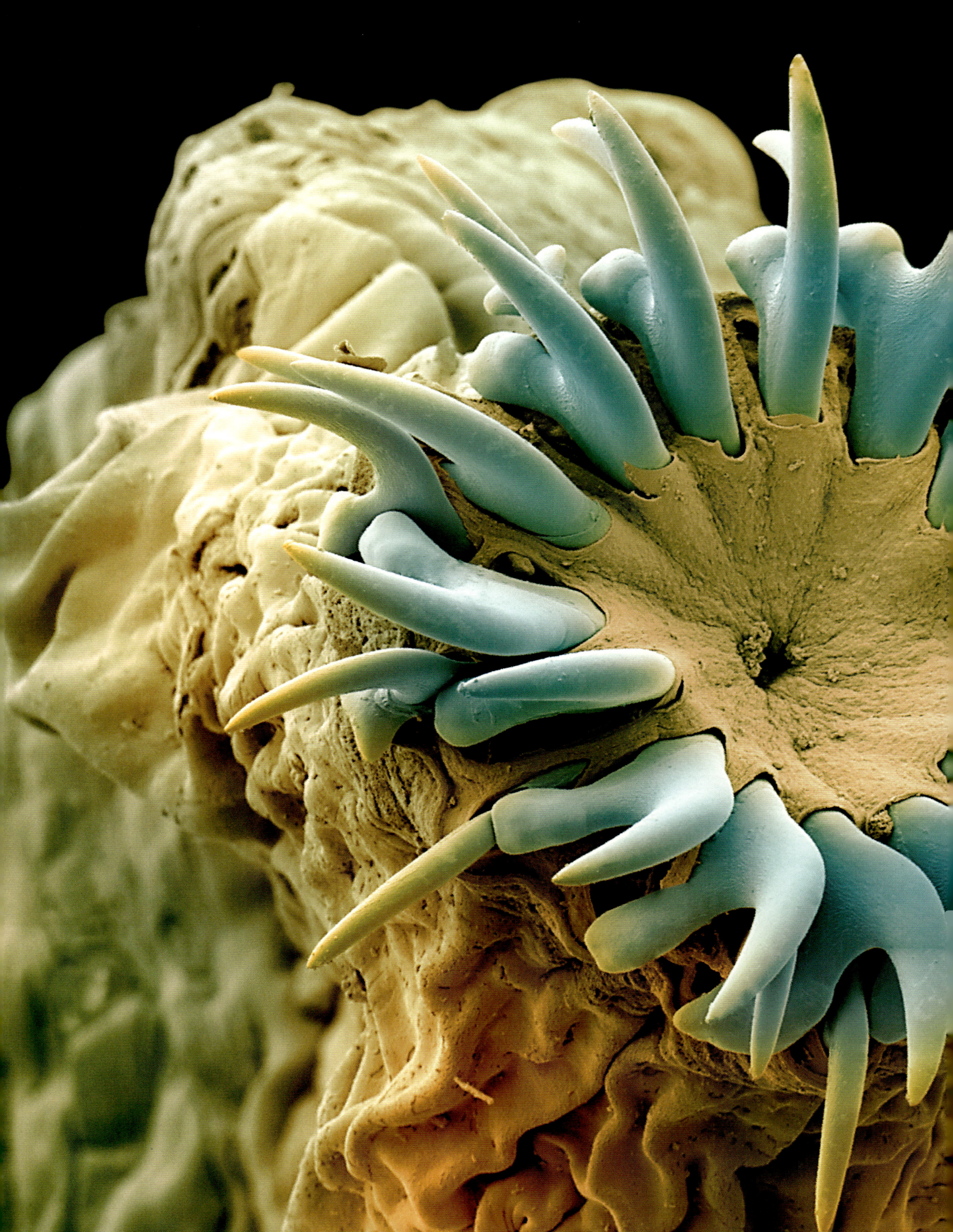

UNGEBETENER SCHMAROTZER
HUNDEBANDWURM

Der Hundebandwurm *Taenia pisiformis* hält sich während seines Lebenszyklus in verschiedenen Gedärmen auf, bis er ausgewachsen ist. Beim Hund kann er bis zu 70 Zentimeter lang werden.

Reisen bildet bekanntlich. Das haben die parasitisch lebenden Bandwürmer der Art *Taenia pisiformis* durchaus begriffen. Um sich zu entwickeln, wechseln sie von einem Tier zum anderen und profitieren dabei von ihren Wirten. Bei der bläulichen Halskrause, die auf den ersten Blick ganz hübsch aussieht, handelt es sich um einen Hakenkranz. Mehrere davon bilden den sogenannten Scolex, der dem Kopf des Bandwurms entspricht. Damit kann sich der Parasit an die Darmwand eines Säugetiers heften.

Taenia pisiformis verbringt sein Erwachsenenleben in einem Hund, Fuchs, Wolf oder einer Katze. In der Wärme des Körperinneren wächst und gedeiht er. Wie alle Parasiten tötet er seinen Wirt nicht, schmarotzt aber in ihm und schädigt ihn nachhaltig. Sein Körper ist flach und besteht aus mehreren Fortpflanzungsgliedern (Proglottiden). Reife, mit Eiern angefüllte Proglottiden lösen sich am Ende des Bandwurms durch Abschnürung ab. Pflanzenfresser sowie Flöhe oder Milben nehmen die Wurmeier mit der Nahrung auf und beherbergen den Bandwurm im Larvenstadium. Frisst ein Hund solche Zwischenwirte, entwickeln sich die Larven (auch Finnen genannt) in seinem Darm zu Würmern.

Ein ausgewachsener Vertreter der Art *Taenia pisiformis* wird bis zu 70 Zentimeter lang. Doch das ist gar nichts im Vergleich zu dem Fischbandwurm *Diphyllobothrium latum*, der in seltenen Fällen auch den Menschen als Endwirt befällt: Er kann eine Länge von über zwölf Metern erreichen! Falls Sie von einem heimgesucht werden sollten, nutzt es nichts, sich Hochprozentiges einzuflößen; nur spezielle Wurmmittel werden mit dem Parasiten fertig.

 | X **350** | 1,3 mm

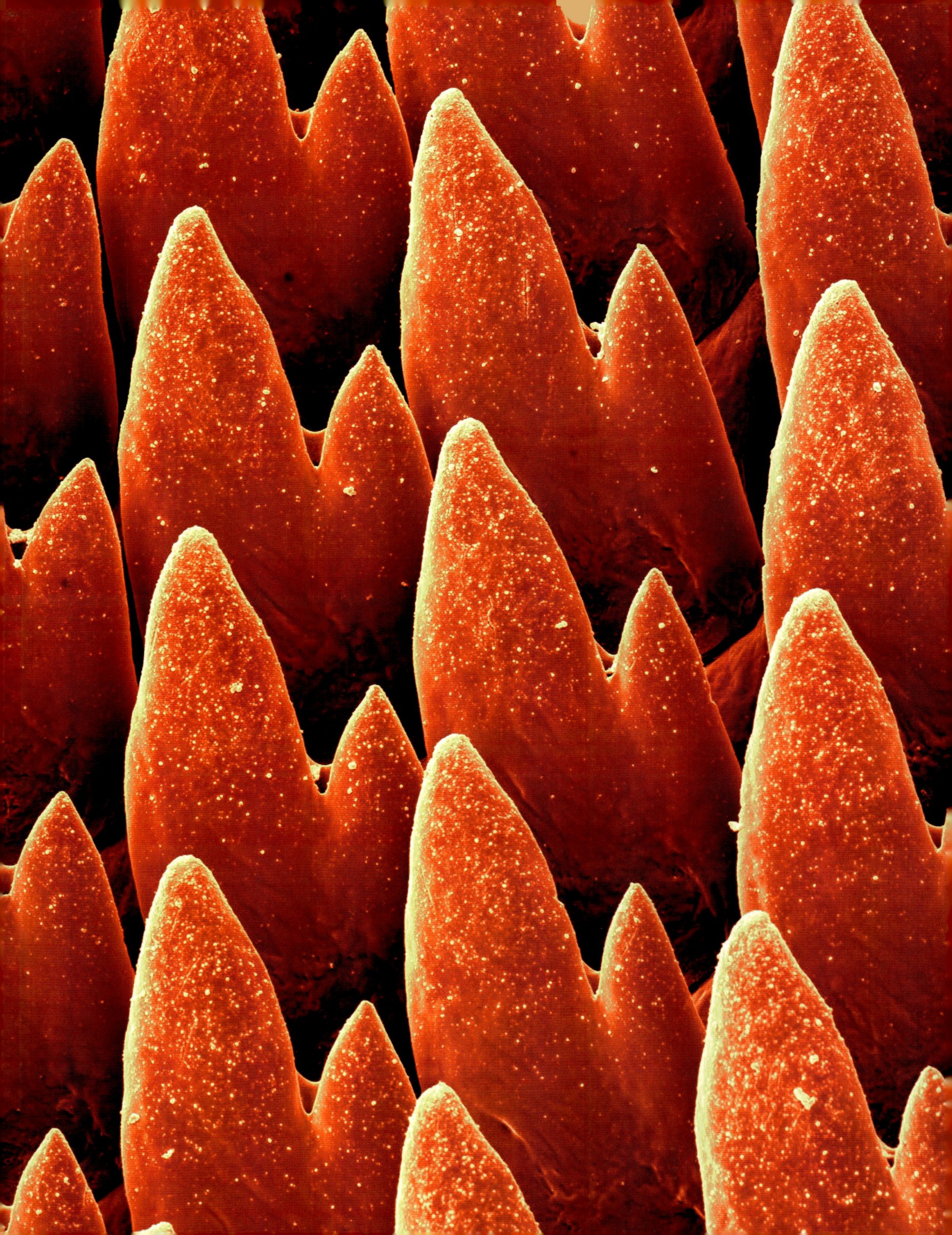

SCHRECKEN DER GÄRTNER
RASPELZÄHNCHEN EINER SCHNECKE

Wie kann ein Heer von Schnecken in einem Gemüsegarten derartige Schäden anrichten? Schuld daran ist die Radula, die mit zahlreichen Zähnchen besetzte und wie eine Raspel arbeitende Zunge der Weichtiere. Sie ermöglicht es ihnen, reiche Ernte zu halten.

Tausende roter Elemente in Reih und Glied, wie mit Pailletten bestreut: Was mag das sein? Das sind die Zähnchen einer Schnecke! Sie betrachten gerade die Zunge eines der Tierchen, die sich im Garten am Salat gütlich tun. Diese Zunge ist mit unzähligen winzigen Zähnchen besetzt und heißt auch Radula. Dank dieser Reibeisenzunge können Schnecken ihre Nahrung abraspeln und zerkleinern: Pflanzenmaterial, bei räuberischen Arten Beutetiere oder bei kannibalischen Arten Kadaver von Artgenossen.

Schnecken haben aber auch noch andere Merkwürdigkeiten zu bieten. Landlungenschnecken etwa sind Zwitter (Hermaphroditen), das heißt, jedes Tier produziert männliche und weibliche Keimzellen. Dennoch können sie sich nicht „mit sich selbst paaren"; zur Fortpflanzung braucht es immer zwei Tiere. Die Paarung findet nach einem mehrstündigen Liebesspiel statt, indem beide ein Samenpaket austauschen. Ein paar Wochen später legt jede Schnecke ihre Eier in einer eigens gegrabenen Legehöhle ab.

Wie bei Regenwürmern sammeln sich im Gewebe von Schnecken die im Wasser, in der Luft oder im Boden enthaltenen Schadstoffe an. Dort, wo die Umweltverschmutzung manchen Organismen schaden würde, können die Kriechtiere noch ungestört leben, sie vermehren sich dann aber langsamer. So ist also der Schneckenbestand ein guter Gradmesser für die Umweltqualität.

× **400**   1,5 mm

FARBIGER STAUB

SCHMETTERLINGSFLÜGEL

Wie Fische haben auch Schmetterlinge Schuppen. Diese lassen ihre Flügel in unzähligen Farbtönen leuchten. Fasst man einen Schmetterling an, so führt das nicht unmittelbar zu seinem Tod, doch man beraubt ihn seines Prunkgewands. Die Folgen davon sind nicht weniger schlimm!

Die farbigen Schmetterlingsschuppen sind wie Dachziegel angeordnet. Sie sind rot und/oder gelb wie hier, grün, blau, violett oder weiß und bedecken die Ober- und Unterseite der Flügel. Diese winzigen abgeflachten Schuppen verleihen dem Insekt seine schillernde Farbenpracht und der Ordnung Lepidoptera oder Schuppenflügler ihren Namen (von griech. *lepis,* „Schuppe", und *pteron*, „Flügel").

Wenn man die Flügel eines Falters berührt, bleibt auf den Fingern ein feiner Staub zurück – das sind die Pigmente der Schüppchen. Damit nimmt man dem Schmetterling zwar nicht sein Leben, aber seine Identität. Denn ohne seine charakteristischen Farben wird der Schmetterling von seinen Artgenossen nicht mehr erkannt. Er kann sich weder fortpflanzen noch verstecken. Zum Schutz vor Fressfeinden sind Nachtfalter übrigens in der Lage, die Farbe von Baumrinde nachzuahmen, auf der sie tagsüber sitzen und sich so durch Tarnung verbergen. Nachtfalter bilden die größte Gruppe innerhalb der mehr als 180 000 bis heute beschriebenen Schmetterlingsarten.

 | × **1 500** | 1/3 mm
300 µm

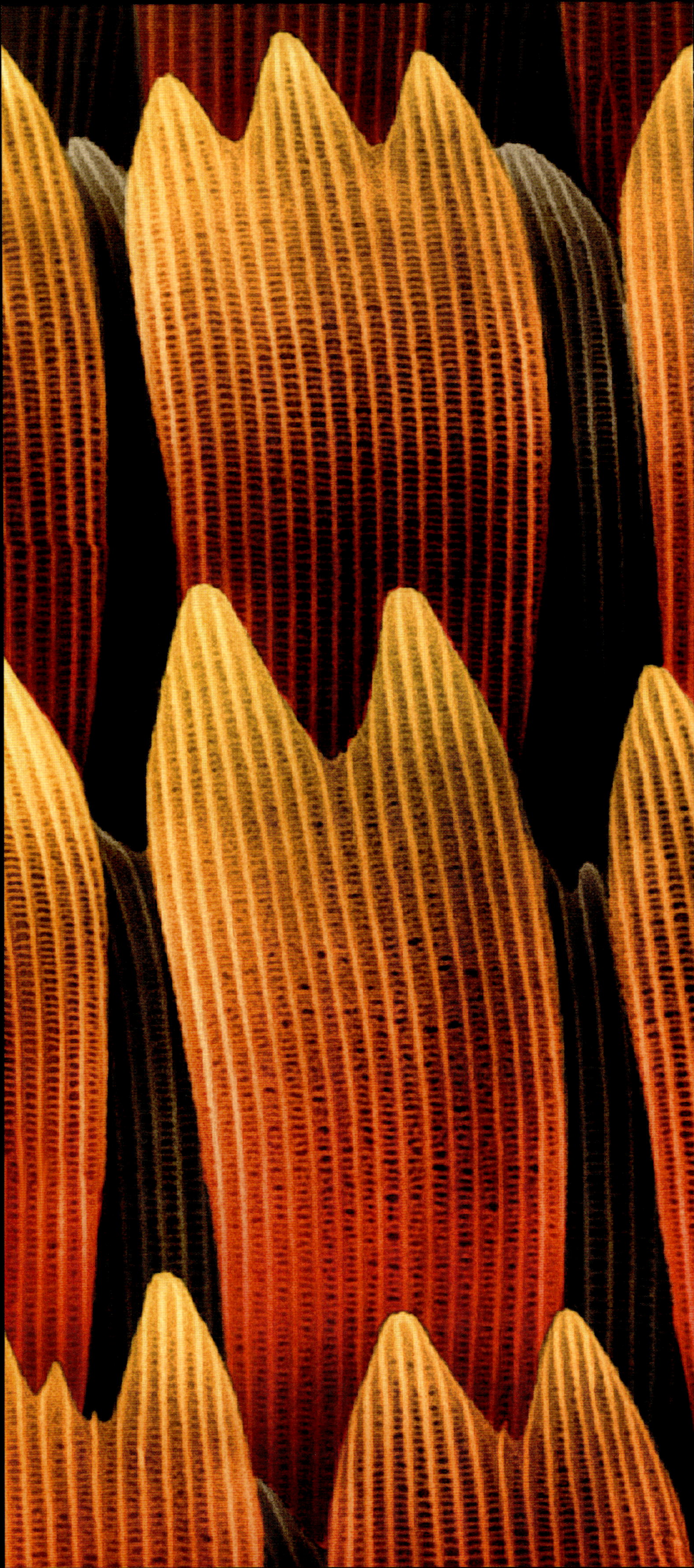

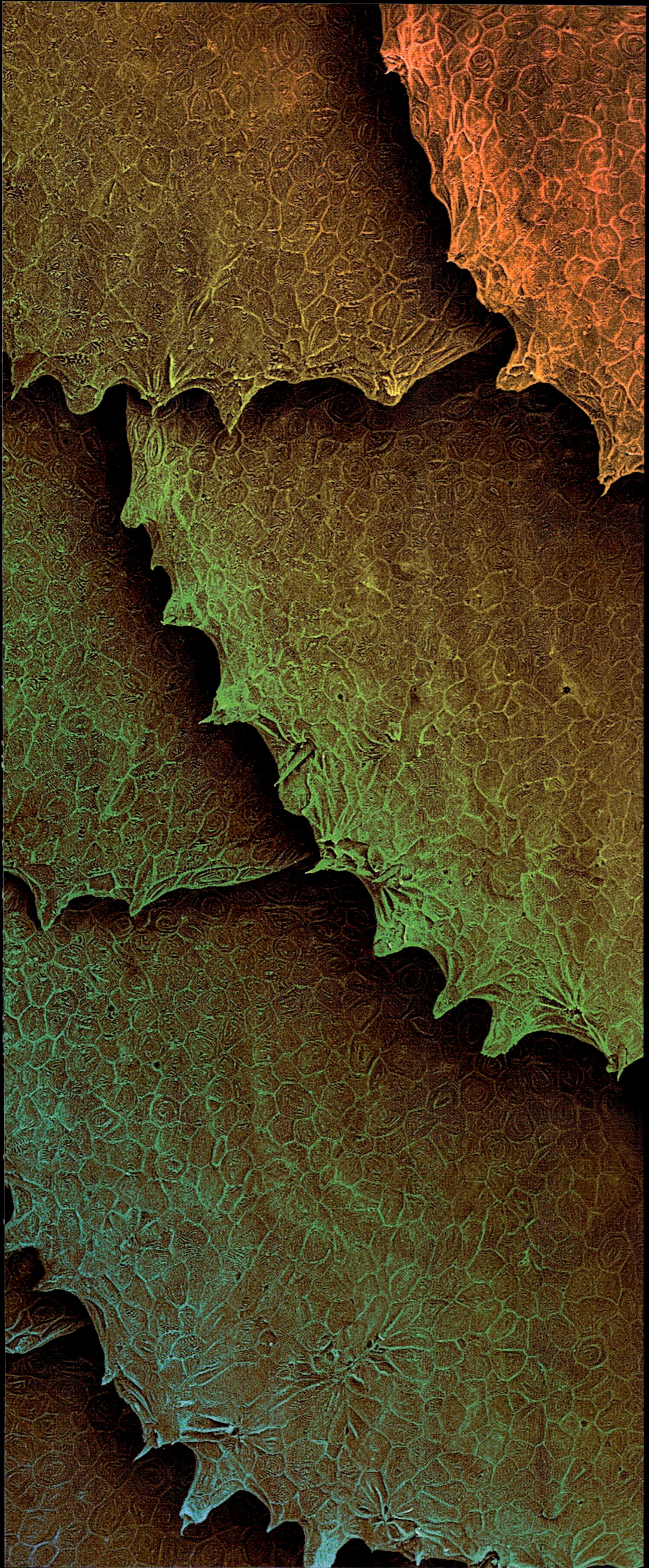

DACHZIEGEL AUF DER HAUT
FISCHSCHUPPEN

Die Schuppen der meisten Knochenfische, zum Beispiel die der Grundeln, bestehen aus Knochengewebe. Sie haben dieselbe Aufgabe wie die Schuppen der Knorpelfische: den Schutz der Haut zu verstärken und den Strömungswiderstand des Wassers zu verringern.

Dieses System aus lauter sich überlappenden, gezähnten flachen Platten veranschaulicht die Funktion der Fischschuppen: Sie schützen das Tier vor Parasiten, Schadstoffen und Erschütterungen. Die Schuppen entstehen bereits frühzeitig im Larvenstadium und wachsen mit dem Fisch, wobei ihre Anzahl gleich bleibt.

Die in der Haut verankerten Schuppen gibt es in zwei Hauptvarianten. Die Placoidschuppen der Knorpelfische sind richtige Hautzähne, die aus Dentin (Zahnbein) bestehen und mit einer Art Zahnschmelz, dem Fischschmelz, überzogen sind. Die Elasmoidschuppen der Echten Knochenfische dagegen sind platt und dachziegelförmig angeordnet; auf diesem Bild bedecken sie den Körper eines Vertreters der Art *Awaous guamensis*, welcher der Familie der Grundeln (Gobiidae) angehört.

Die Meeresfische dieser großen Familie sind im Durchschnitt nur zehn Zentimeter lang. Einige zählen sogar zu den kleinsten Wirbeltieren der Welt. Die meisten von ihnen besitzen keine Schwimmblase. Dieses gasgefüllte Organ dient dazu, das spezifische Gewicht des Fisches dem des Wassers anzugleichen, sodass der Fisch im Wasser schweben kann. Grundeln halten sich meist auf Felsen oder am Boden auf und brauchen daher keine Schwimmblase.

 X **300** | 1,5 mm

81

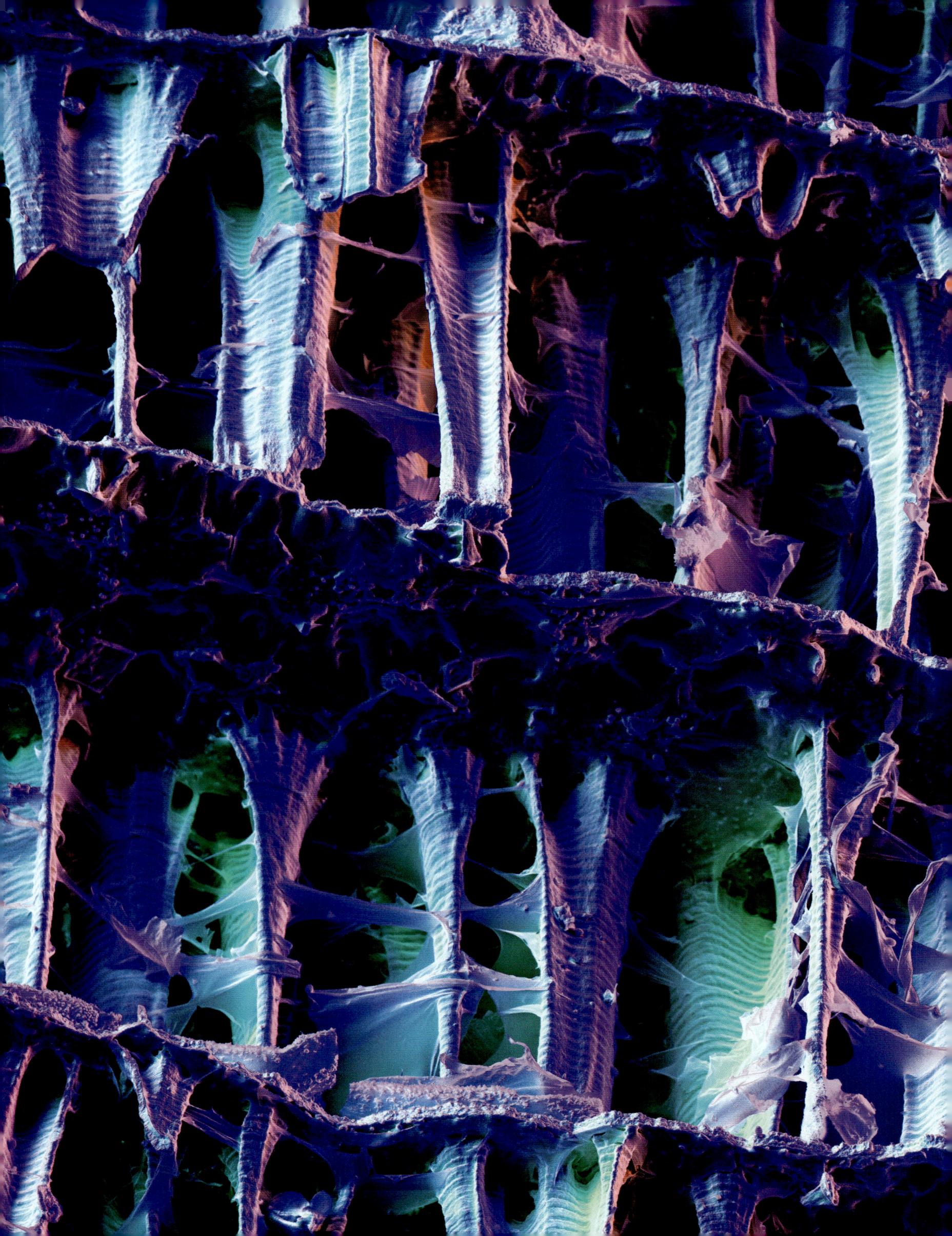

UNTERWASSERARCHITEKTUR
KALKSCHULP EINER SEPIA

In erster Linie gibt der Schulp den Zehnarmigen Tintenfischen seine innere Struktur. Der Mensch hat dafür noch eine Vielzahl anderer Verwendungsmöglichkeiten gefunden: in der Architektur, Zahnhygiene und sogar im Kunsthandwerk.

Meine Damen und Herren, willkommen in der Kathedrale, bewundern Sie die leichten, aber stabilen Strebebögen! In Wirklichkeit handelt es sich um den Kalkschulp einer Sepia unter dem Mikroskop. Nichtsdestoweniger inspiriert seine besondere Struktur Ingenieure dazu, die Grundlagen minimalistischer Architektur zu erforschen. Der Schulp, die innere Schale der Kopffüßer, besteht nämlich aus mehreren übereinanderliegenden Schichten Aragonit (einem Kalziumkarbonat), die durch senkrechte Pfeiler miteinander verbunden sind. Die zahlreichen so entstandenen Zwischenräume sind gasgefüllt, was von den Tintenfischen für den Auftrieb genutzt werden kann.

Der Schulp weckt aber nicht nur das Interesse der Architekten. Vogelliebhaber schätzen ihn als Schnabelwetzstein und Kalklieferanten für Käfigvögel. Wegen seiner säurebindenden Eigenschaften zermahlen ihn konsequente Befürworter von Naturprodukten zu Pulver und mischen dieses der Zahnpasta bei. Schließlich nutzen ihn auch Kunsthandwerker: Er dient Goldschmieden als Gussform für ihre Arbeiten und wird von Steinmetzen verwendet, um angetrocknete Farbe von polierten Steinen zu entfernen.

🐾 | X**570** | 1,3 mm

KLEIN, ABER OHO
ZAHNSCHMELZ

Zähne sind zwar nur ganz kleine Bestandteile des Körpers, nichtsdestoweniger spielen sie eine große Rolle. Indirekt sind sie an der Kommunikation zwischen Individuen beteiligt und direkt an der Ernährung. Was Hühner und anderes Federvieh aber nicht daran hindert, ebenfalls satt zu werden.

Schwer zu glauben, dass diese grauen Berge unsere Zähne schmücken, die doch auf den ersten Blick glatt und von außen gesehen weiß erscheinen. Dennoch handelt es sich hier um Zahnschmelz, die Substanz, die die äußere Schicht der Zähne bildet. Dies ist das härteste Gewebe des menschlichen Körpers; es besteht zu 95 Prozent aus Mineralien, genauer aus Hydroxylapatit-Kristallen – die aber den Zahnschmelz nicht nur härter, sondern auch brüchiger machen.

Die Zähne erfüllen unterschiedliche Funktionen. Man denkt nicht sofort daran, aber in Zusammenarbeit mit der Zunge und den Lippen spielen sie eine Rolle bei der Lautbildung. Sie unterstützen auch Lippen und Wangen beim Lächeln. Bei zahlreichen Tierarten können sie zudem als Waffe dienen. Vor allem aber sind sie dem Verdauungssystem behilflich. Die Schneidezähne beißen ab, die Eckzähne zerkleinern, und die Mahl- oder Backenzähne zermahlen. So kommt die Nahrung, zumindest teilweise, zu einem Brei zerkleinert im Magen an.

Doch was ist mit all jenen Tieren, die von Natur aus keine Zähne besitzen, wie zum Beispiel die Vögel? Sie verfügen über ein besonderes Organ, den sogenannten Muskel- oder Kaumagen. Dieser Abschnitt des Magens, der aus kräftiger Muskulatur und Hartteilen in Form geschluckter kleiner Steinchen besteht, dient der mechanischen Zerkleinerung der Nahrung. Hühner brauchen also keine Zähne – auch wenn die Fähigkeit, ein Gebiss auszubilden, bis heute in ihrem Erbgut schlummert, wie amerikanische Wissenschaftler herausfanden.

 | x **160** | 3,2 mm

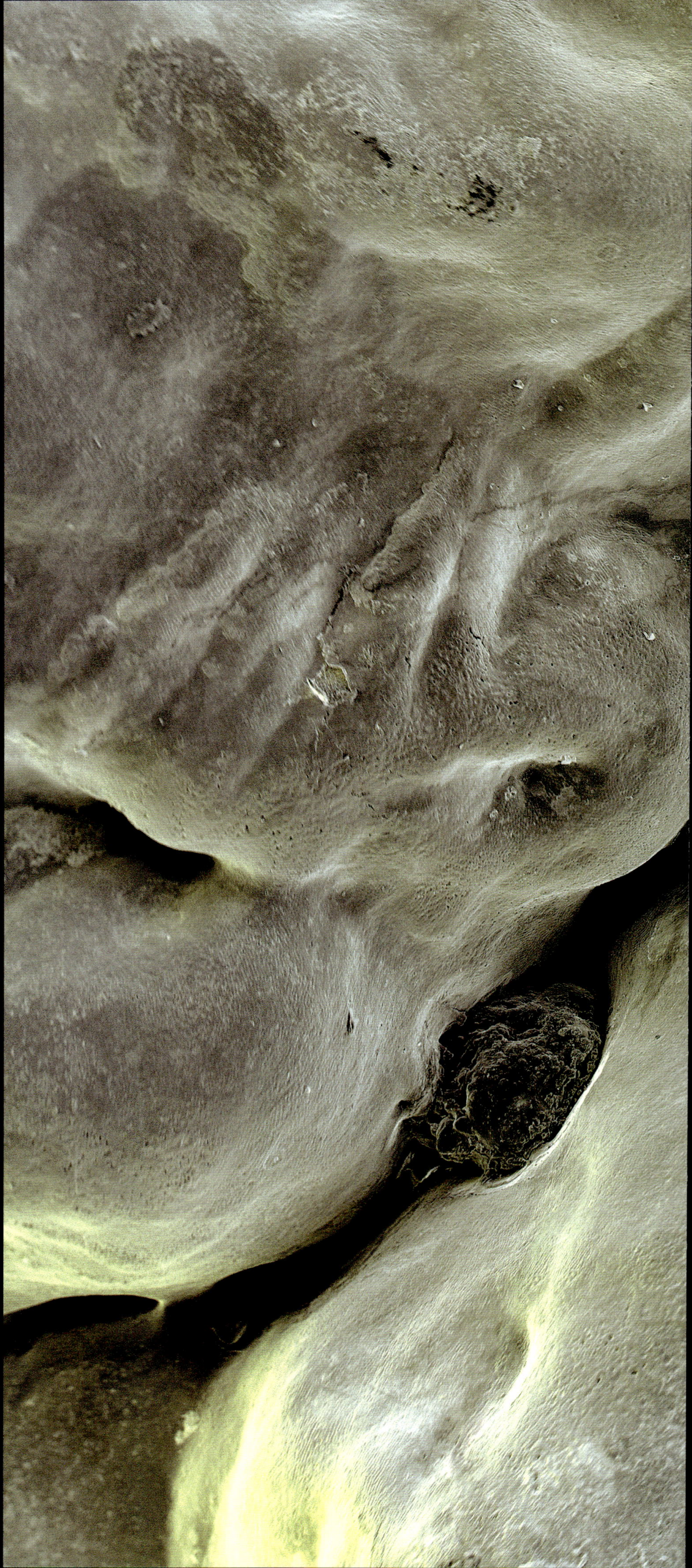

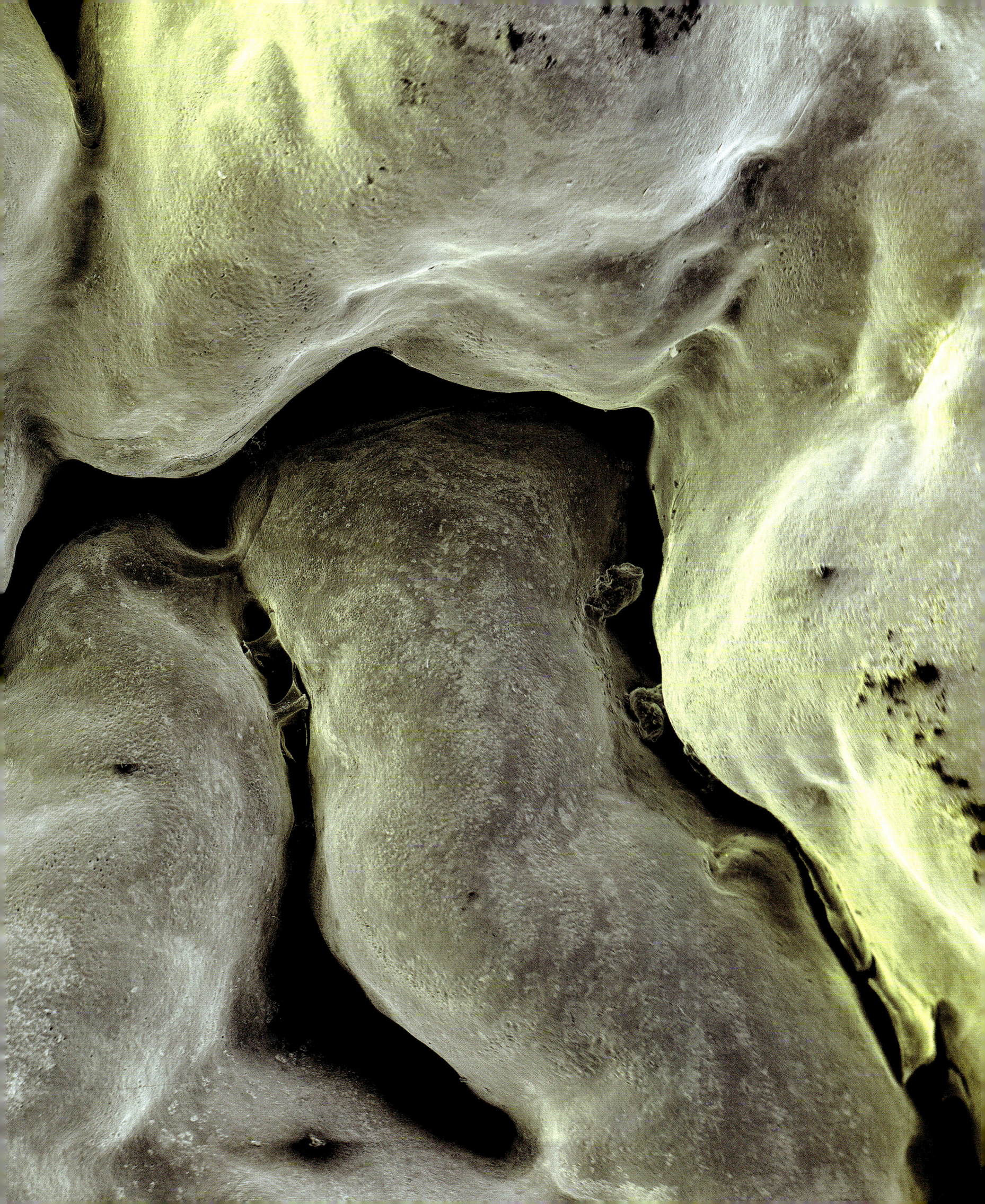

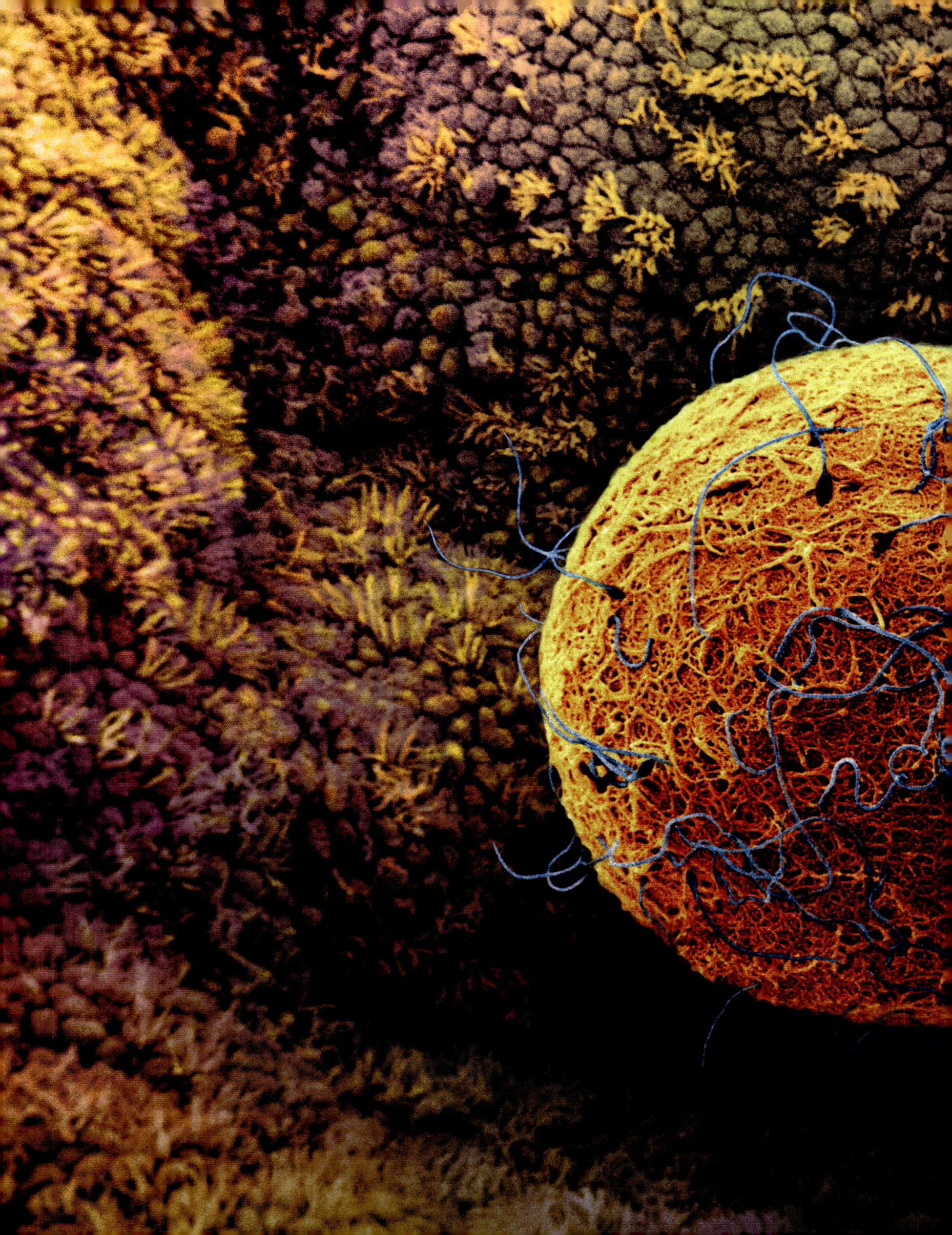

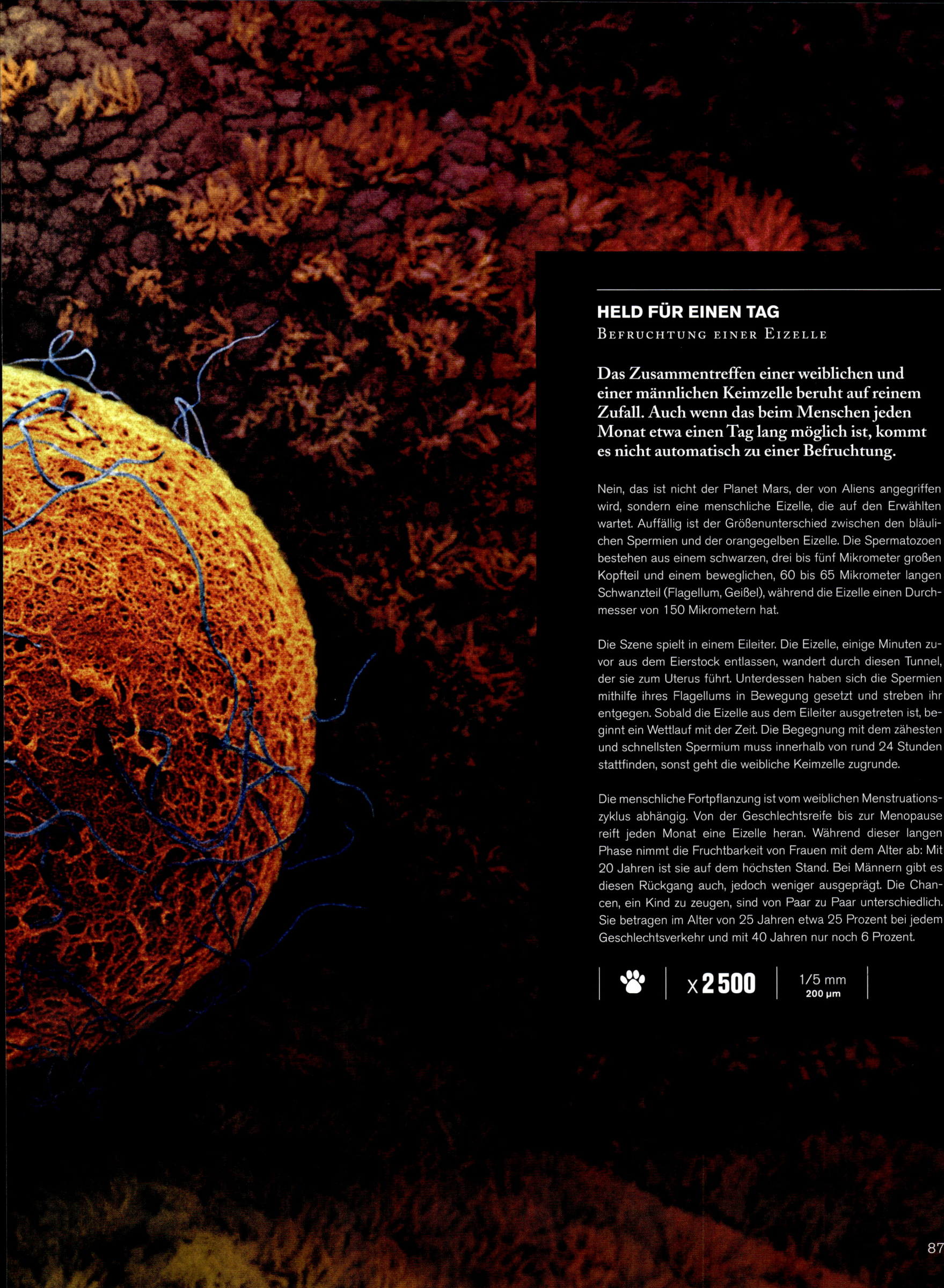

HELD FÜR EINEN TAG

Befruchtung einer Eizelle

Das Zusammentreffen einer weiblichen und einer männlichen Keimzelle beruht auf reinem Zufall. Auch wenn das beim Menschen jeden Monat etwa einen Tag lang möglich ist, kommt es nicht automatisch zu einer Befruchtung.

Nein, das ist nicht der Planet Mars, der von Aliens angegriffen wird, sondern eine menschliche Eizelle, die auf den Erwählten wartet. Auffällig ist der Größenunterschied zwischen den bläulichen Spermien und der orangegelben Eizelle. Die Spermatozoen bestehen aus einem schwarzen, drei bis fünf Mikrometer großen Kopfteil und einem beweglichen, 60 bis 65 Mikrometer langen Schwanzteil (Flagellum, Geißel), während die Eizelle einen Durchmesser von 150 Mikrometern hat.

Die Szene spielt in einem Eileiter. Die Eizelle, einige Minuten zuvor aus dem Eierstock entlassen, wandert durch diesen Tunnel, der sie zum Uterus führt. Unterdessen haben sich die Spermien mithilfe ihres Flagellums in Bewegung gesetzt und streben ihr entgegen. Sobald die Eizelle aus dem Eileiter ausgetreten ist, beginnt ein Wettlauf mit der Zeit. Die Begegnung mit dem zähesten und schnellsten Spermium muss innerhalb von rund 24 Stunden stattfinden, sonst geht die weibliche Keimzelle zugrunde.

Die menschliche Fortpflanzung ist vom weiblichen Menstruationszyklus abhängig. Von der Geschlechtsreife bis zur Menopause reift jeden Monat eine Eizelle heran. Während dieser langen Phase nimmt die Fruchtbarkeit von Frauen mit dem Alter ab: Mit 20 Jahren ist sie auf dem höchsten Stand. Bei Männern gibt es diesen Rückgang auch, jedoch weniger ausgeprägt. Die Chancen, ein Kind zu zeugen, sind von Paar zu Paar unterschiedlich. Sie betragen im Alter von 25 Jahren etwa 25 Prozent bei jedem Geschlechtsverkehr und mit 40 Jahren nur noch 6 Prozent.

× 2 500   1/5 mm
200 µm

URINFABRIK

Nierenkanälchen

Die Nieren sind die Entgiftungsanlage des Organismus. Sie absorbieren die Abfallstoffe, die dann mit dem Urin ausgeschieden werden. Dies führt zu einem unvermeidlichen Wasserverlust. Sollte Ihr Urin dunkelgelb sein, haben Sie ein Flüssigkeitsdefizit; trinken Sie daher stets ausreichend!

Hier sehen Sie ein Nierenkanälchen. Der rosafarbene Teil ist die Umhüllung des Kanälchens, der gelbe Bereich stellt das Innere dar. Aus einer Mischung aus Wasser, Giftstoffen und Elementen, die der Körper loswerden will, filtert das Nierenkörperchen die von den umschließenden Blutgefäßen zugeführten Abfallprodukte bzw. bereitet die für den Körper wertvollen Stoffe auf. Die Abfallprodukte bilden den sogenannten Primärharn. Er wird über die Nierenkanälchen aus den Nierenkörperchen abgeleitet und gelangt in die Sammelröhrchen. Dort wird der Endharn gebildet, der sich im Nierenbecken sammelt und über den Harnleiter zur Harnblase geleitet wird.

Die winzige Filtereinheit aus Nierenkörperchen, Nierenkanälchen und Sammelröhrchen wird als Nephron bezeichnet und ist die Arbeitseinheit der Niere. Jede Niere des Menschen besitzt etwa eine Million Nephronen. Ihre Aufgabe ist es, das Blut von Stoffwechselprodukten zu reinigen und den Organismus zu entgiften. Außerdem regulieren sie den Wasser-, den Salz- und den Säurehaushalt des Körpers. Der Mensch besteht zu 61 Prozent aus Wasser, wobei sich dieser Prozentsatz mit zunehmendem Alter verringert: Bei Neugeborenen beträgt er 80, bei älteren Menschen dagegen nur noch 45 Prozent.

Zum Leben braucht der Mensch Wasser. Er verliert es durch die Ausscheidung über Urin, Stuhlgang und Schweiß, sogar durch die Atmung; daher muss er Wasser aufnehmen. In gemäßigten Klimazonen und ohne besondere körperliche Anstrengung sollte man etwa zwei Liter pro Tag trinken. Wenn Sie wissen wollen, ob Sie genug trinken, achten Sie auf die Farbe Ihres Urins: Je heller, desto ausgeglichener ist Ihr Flüssigkeitshaushalt.

 | **x 8 000** | 1/18 mm
55 µm

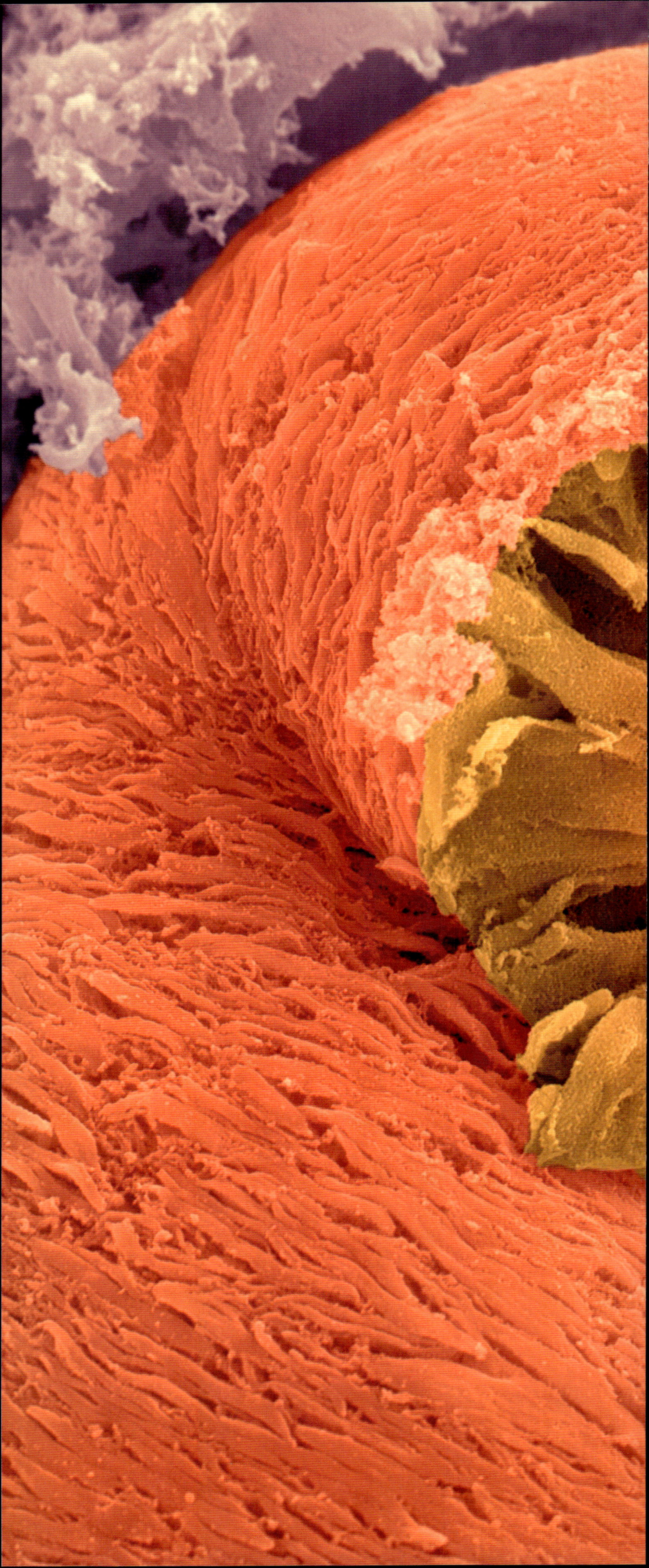

GESCHMACKSKNOSPE
Papillen oder Zungenwärzchen

Die Zunge besitzt zahlreiche Rezeptoren für die fünf sogenannten Grundqualitäten des Geschmacks. Sie befinden sich in den Geschmackspapillen. Aber Zungen sind unterschiedlich, und manche Tiere werden nie das Vergnügen erleben, das ein Stück Schokolade hervorrufen kann …

Das hier ist keine Pfingstrose, sondern eine Papille oder ein Zungenwärzchen. Bei der Knospenform in der Mitte des Fotos handelt es sich um eine der Pilzpapillen, deren Name sich auf ihre Ähnlichkeit mit einem Pilz bezieht. Damit werden Geschmacksreize aufgenommen. Ringsum befinden sich fadenförmige Papillen, die zu den mechanischen Papillen gehören und der Zunge ihre samtartige Oberfläche verleihen. All diese vielgestaltigen Erhebungen auf der Zungenschleimhaut sind von Epithel überzogen, dem Deckgewebe des Organismus.

Bis heute wurden fünf grundlegende Geschmacksqualitäten, die von den Papillen wahrgenommen werden, identifiziert: süß, salzig, sauer, bitter und seit Kurzem umami, das für japanische Gerichte charakteristisch ist. Übrigens besitzt die Zunge keine „Geschmacksareale". Die Zonenaufteilung, von der man Anfang des 20. Jahrhunderts noch ausging, wurde inzwischen revidiert: Die grundlegenden Geschmackskomponenten können von allen Papillen wahrgenommen werden. Für weitere „Geschmackseindrücke", wie Lakritz und Anis, ist der Geruchssinn verantwortlich.

Wenn eine Speise im Mund landet, reizt sie die Geschmackssinnesorgane auf der Zunge. Die Papillen nehmen die Nahrungsmittelmoleküle mithilfe von Rezeptoren auf. Sobald sie erkannt wurden, senden sie die Botschaft ans Gehirn, das darauf reagiert. Übrigens sitzen nicht alle Organismen, die über eine Zunge mit Papillen verfügen, im gleichen Boot. Eine Katze beispielsweise hat keine Rezeptoren für Süßes. Sie brauchen ihr also ein ungesundes süßes Stückchen gar nicht erst zuzustecken.

🐾 | X **1 800** | 1/3 mm
290 µm

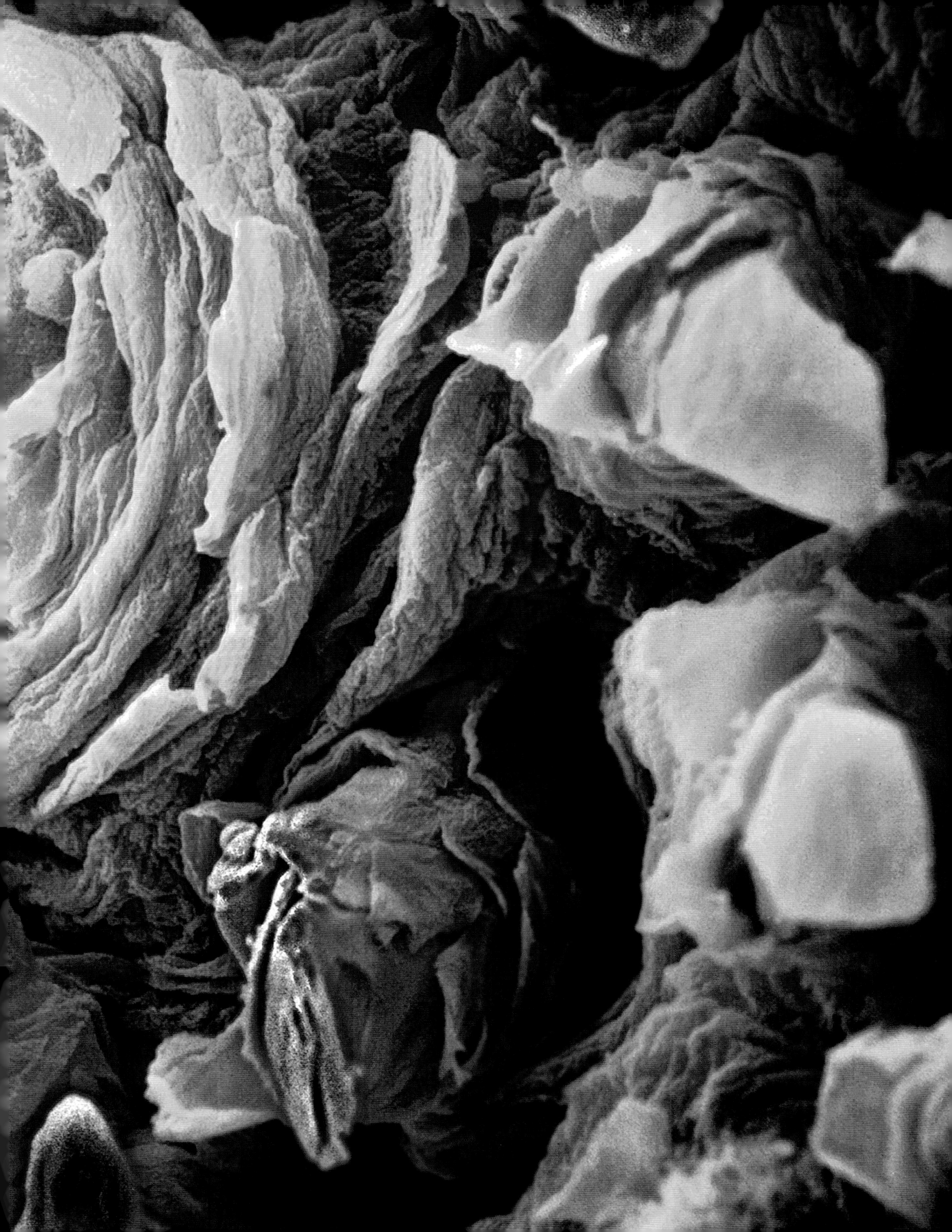

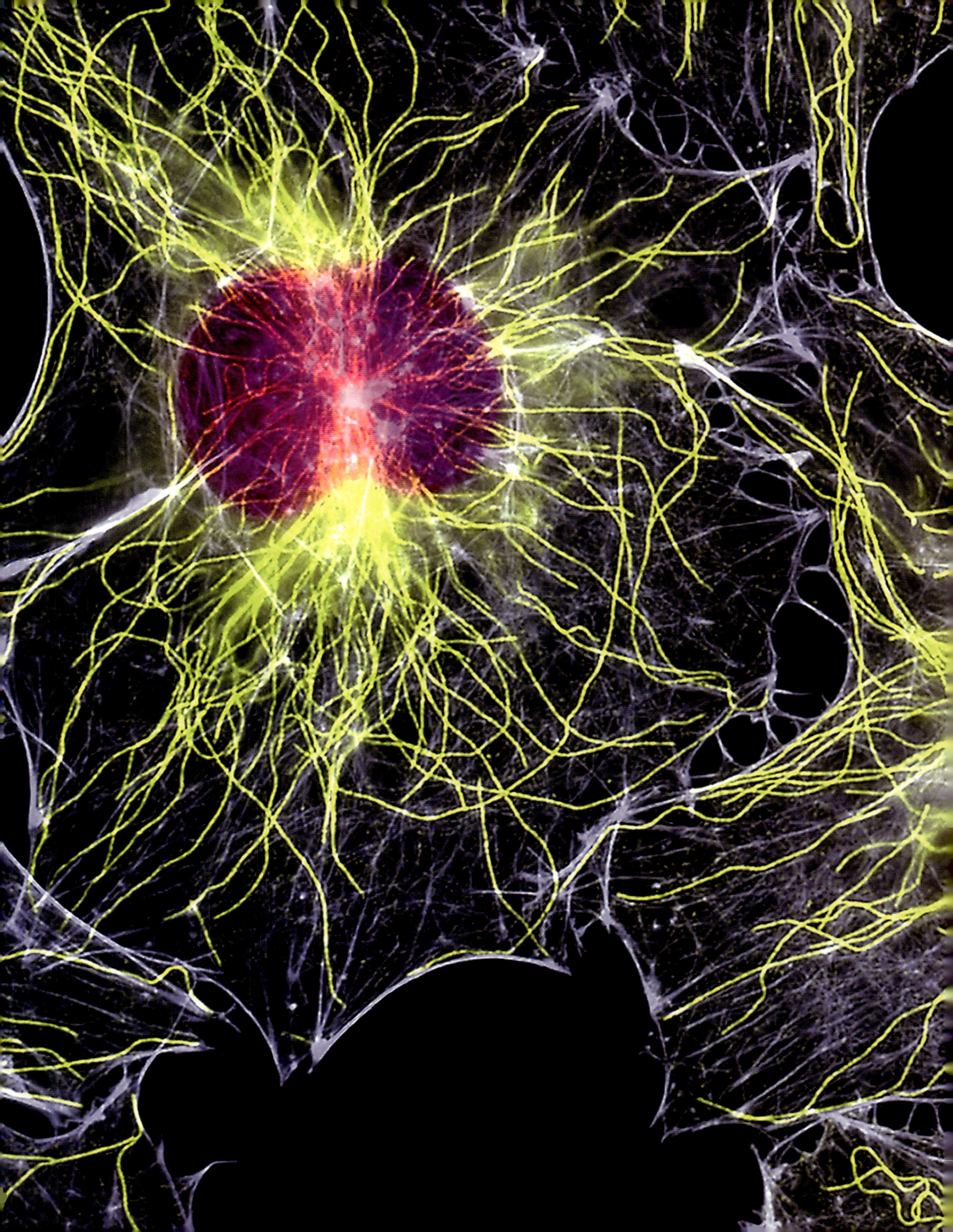

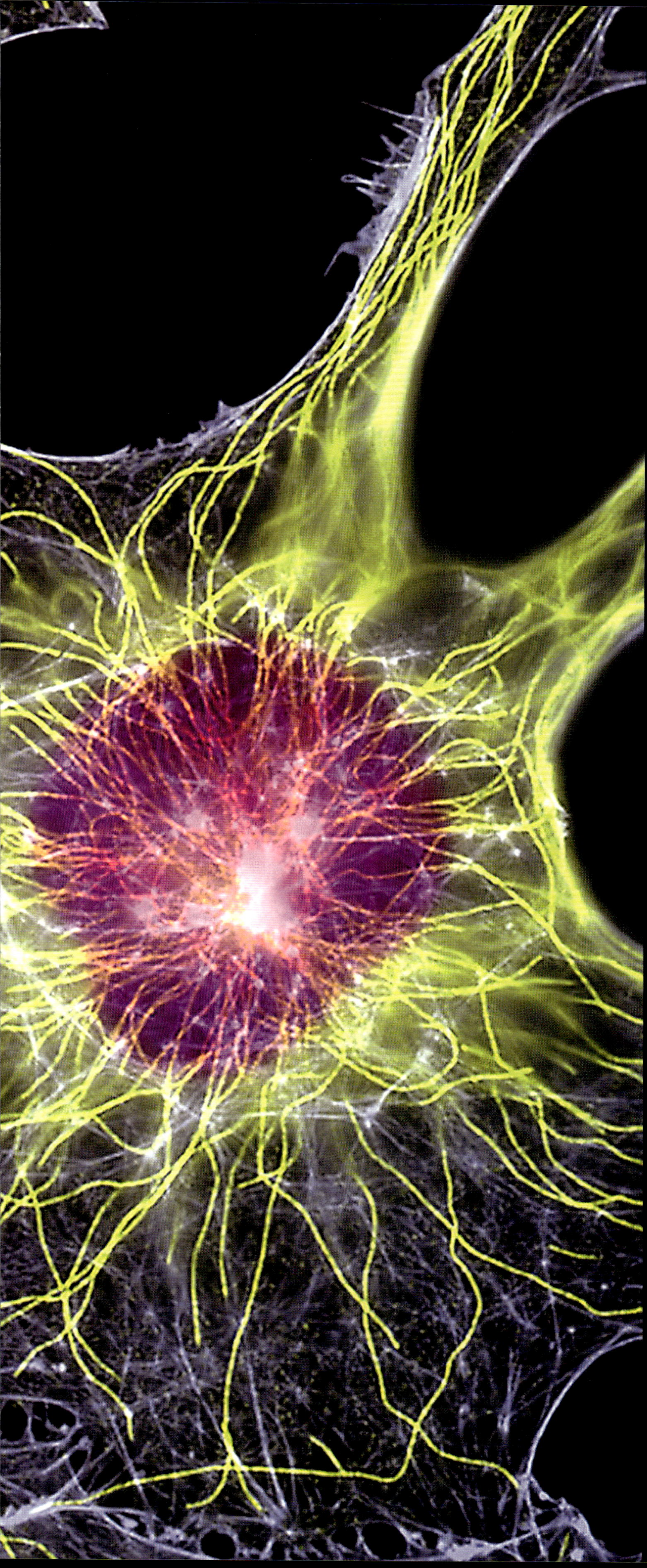

IM ZENTRUM DES LEBENS
MIKROFILAMENTE

Zur Stabilisierung ihrer Form und Struktur können sich die Zellen auf winzige Mitspieler verlassen: die Mikrotubuli und die Aktin- oder Mikrofilamente.

Wie gallertartige Quallen präsentieren uns diese Zellen ihr Innenleben. Der rosa Fleck entspricht dem Zellkern. Die leuchtgelben Fäden darum herum sind Mikrotubuli. Letztere gehören zum Zytoskelett, das der Zelle ihre Form gibt und für ihre aktiven Bewegungen sowie die Zellteilung verantwortlich ist. Diese Röhrchen haben einen Durchmesser von etwa 24 Nanometern, das heißt, sie sind 1 200 000-mal kleiner als eine mittelgroße Ameise. In Blaugrau erscheinen die anderen Akteure des Zytoskeletts: die Aktinfilamente, die auch Mikrofilamente genannt werden. Im Bild auf der nächsten Doppelseite sind sie, 4300-fach vergrößert, in Grün dargestellt, die Zellkerne dagegen in Rot.

In beiden Fällen sind die Zellen Fibroblasten. Ihren Namen haben sie von der charakteristischen faserartigen Form. Sie kommen im Bindegewebe vor und spielen eine wichtige Rolle bei der Reparatur von Verletzungen des Gewebes oder bei der Aufrechterhaltung entzündlicher Reaktionen, den Abwehrmaßnahmen des Organismus.

Fibroblasten sind außerdem in der Lage, Kollagen zu bilden, das unter anderem auch für die Spannkraft der Haut verantwortlich ist. Daher ist der Wirkstoff von großem Interesse für die Kosmetikindustrie, insbesondere zur Herstellung von Anti-Aging-Produkten. Mit zunehmendem Alter verringert sich die Anzahl der Fibroblasten, und ihre Wirkung schwächt sich ab: Die Haut verliert an Vitalität. Vielleicht entwickeln die Forscher bald eine Wundercreme zur Bildung von Fibroblasten.

X 3 800   1/9 mm
            110 µm

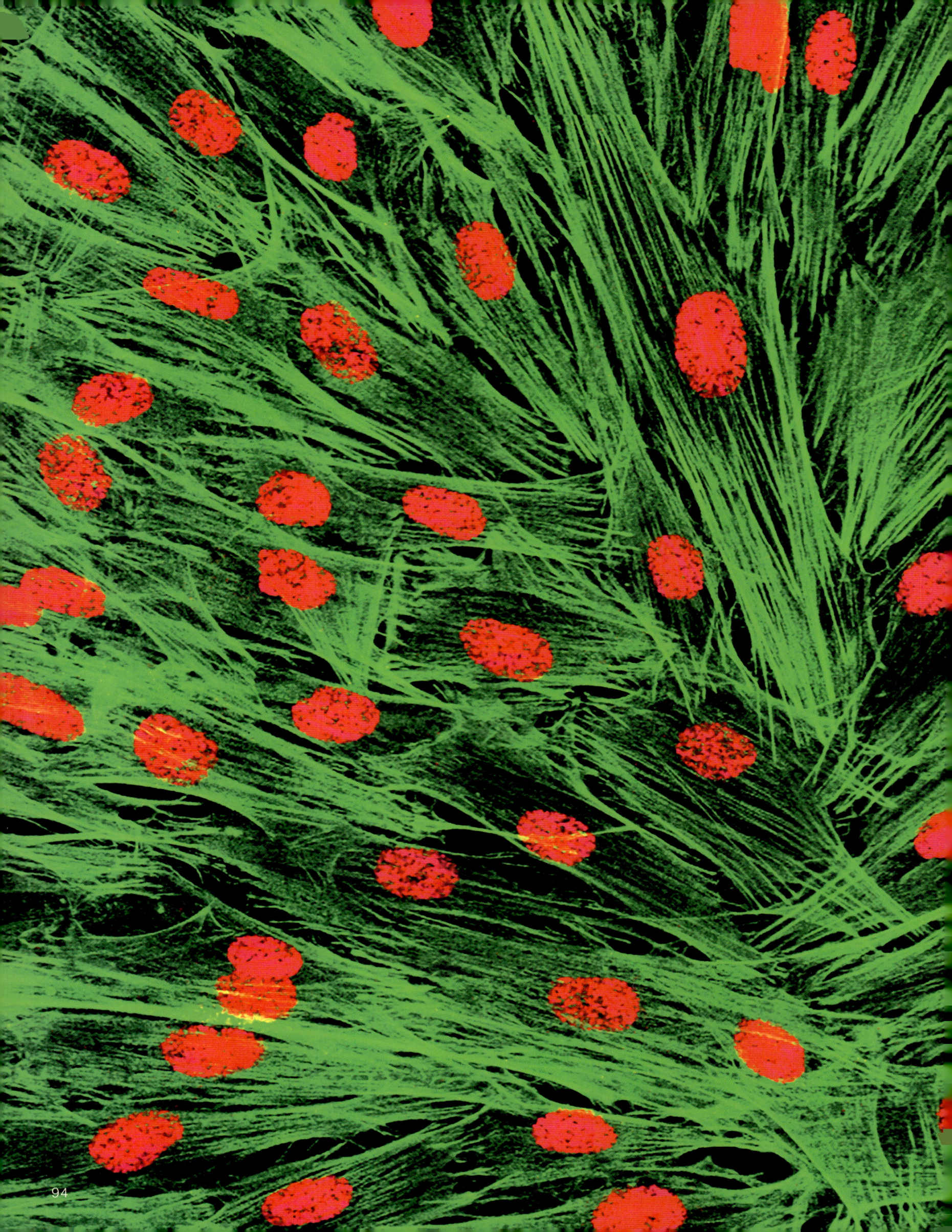

REINIGENDE WIMPERN
ZELLEN DER LUFTRÖHRE

Die Luftröhre, die bei Wirbeltieren der Luftleitung dient, ist mit einem Flimmerepithel zur Reinigung der Atemwege ausgekleidet. Wenn das System nicht mehr funktioniert, kann es ersetzt werden. Bislang sind bereits mehrere Luftröhrentransplantationen gelungen.

Hinter den Tentakeln dieser Seeanemone möchte man fast den Clownfisch suchen. Doch das wäre vergebliche Liebesmüh. Bei den langen gelben Armen, die sich auf einer Art kurz geschorenem Rasen hin und her bewegen, handelt es sich nämlich um zilientragende Zellen (auch Flimmerhärchen oder Wimpern) der Luftröhre. Grün eingefärbt sind die Becherzellen, die den Bronchialschleim produzieren. Beide „reinigen" die eingeatmete Luft. Sie binden Staubteilchen und befördern sie durch ihre Bewegung hinaus bzw. befeuchten die Atemluft mit Drüsensekreten.

Zum Atmen braucht der Mensch Luft. Diese strömt durch die Nase ein, gelangt in den Rachenraum, am Kehlkopf vorbei in die Luftröhre, schließlich in die Lungen und die Bronchien. Auf dieser Ebene findet ein Gasaustausch statt: Sauerstoff tritt in die Blutgefäße über, und Kohlendioxid wird aus dem Blut an die Lunge abgegeben. Das Atmungssystem funktioniert beim Menschen reflexartig, während der Delfin, der Lungen hat wie ein Mensch, seine Atmung bewusst steuert. Delfine, denen es nicht mehr gelingt, an der Wasseroberfläche Luft zu holen, ertrinken nicht, sondern ersticken, da der Atemreflex unter Wasser nicht ausgelöst wird.

Obwohl die Luftröhre Teil des hochkomplexen Atemwegssystems ist, sind bereits erfolgreich künstliche Luftröhren transplantiert worden. Dabei werden vor allem zwei Techniken eingesetzt. Französische Ärzte verwendeten Teile von Haut und Rippen zur Nachbildung der Röhre, während ein schwedisches Team sich für ein synthetisches Verfahren mit Stammzellen entschieden hat, die sich in jede beliebige andere Zelle verwandeln können.

 | X **20 000** | 1/40 mm **25 μm**

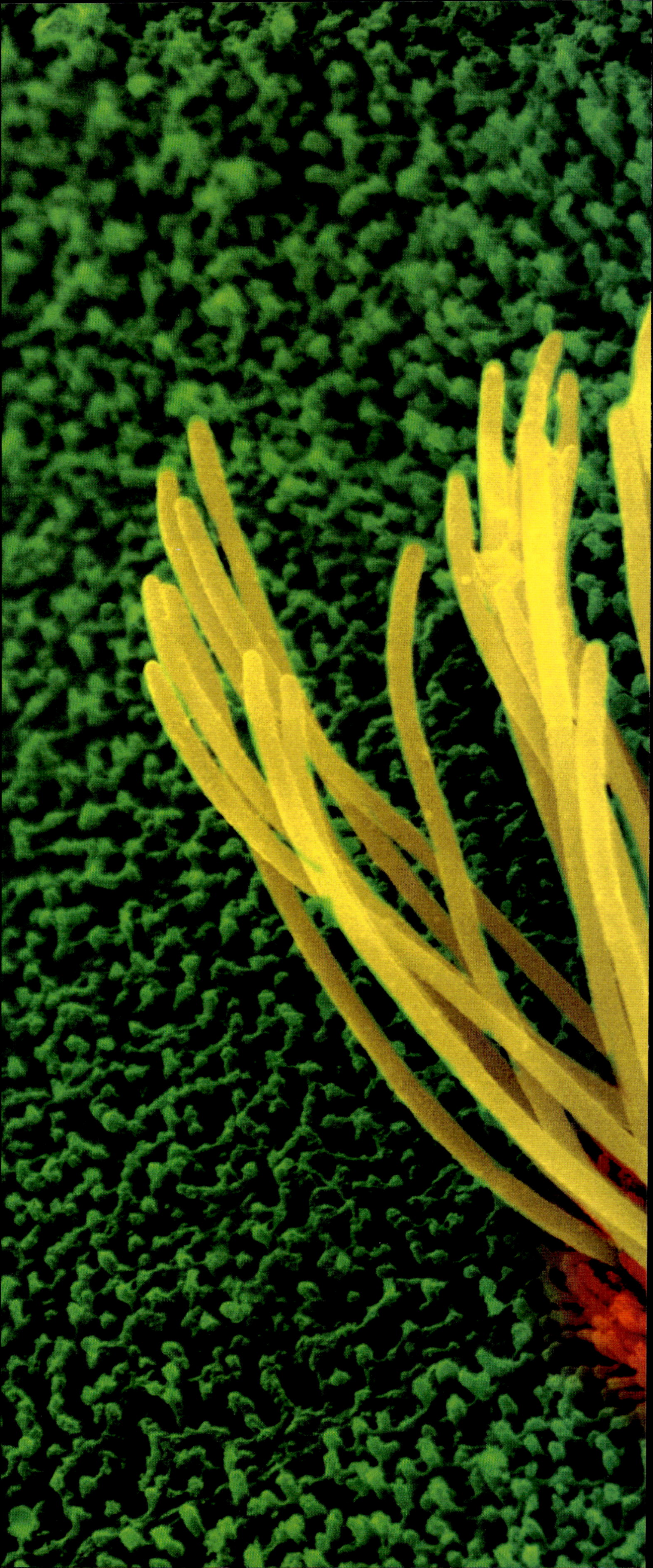

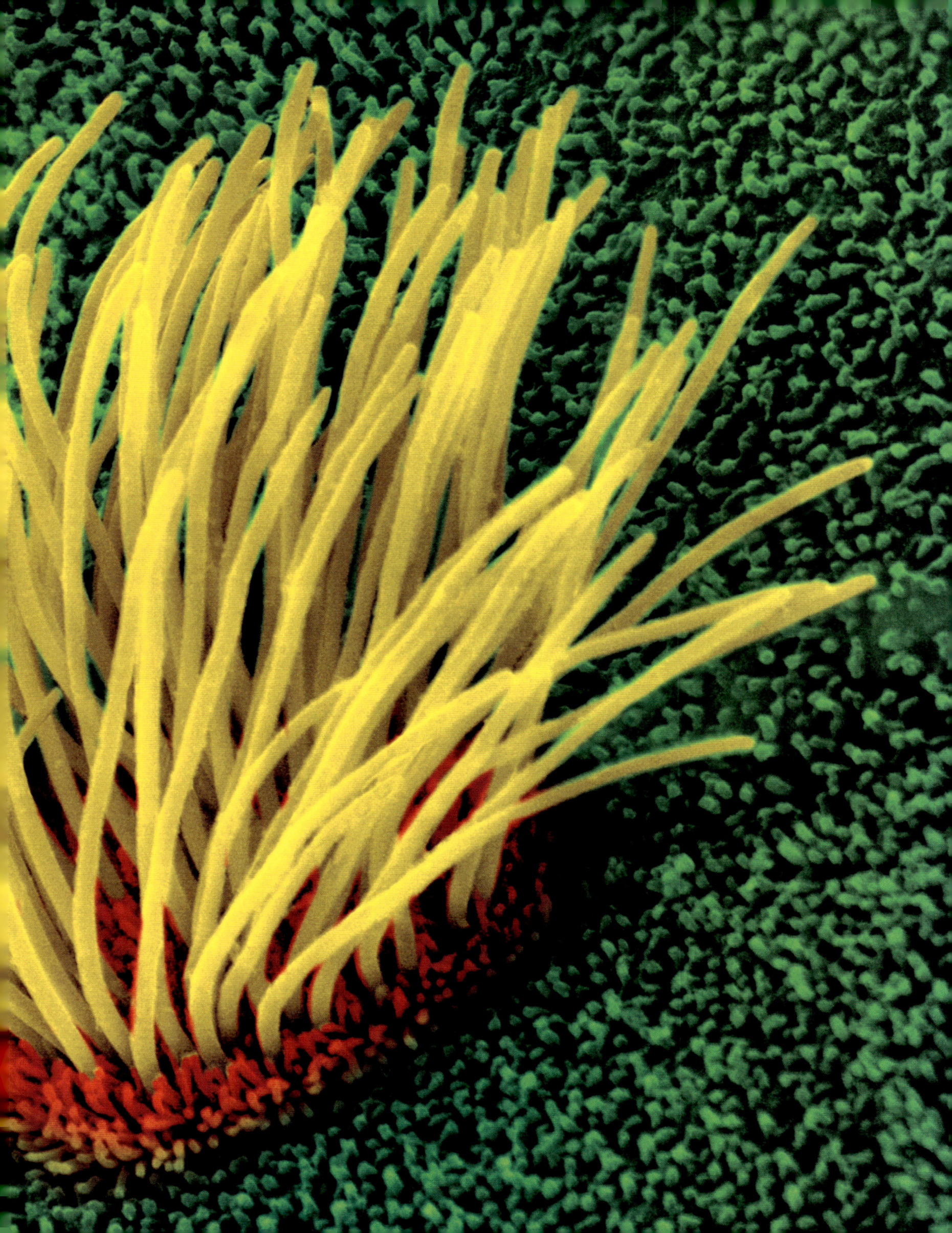

SAUERSTOFFBOTEN

ROTE BLUTKÖRPERCHEN

Die roten Blutkörperchen zirkulieren lebhaft im Organismus, um Sauerstoff von den Lungen zu den Organen und Geweben zu transportieren. Doch bei Bedarf können sie noch weitere Aufgaben wahrnehmen. So sind sie beispielsweise auch an der Blutgerinnung beteiligt.

Auf dieser und der folgenden Doppelseite sehen Sie rote Blutkörperchen, auch Erythrozyten genannt – einmal frei und einmal in einem Netz gefangen. Die kleinen hohlen Pastillen sehen aus wie eingedellte Kissen. Ihre bikonkave Form und die starke Verformbarkeit ermöglichen es ihnen, selbst kleinste Blutgefäße zu durchqueren. Ihre Aufgabe ist der Transport der Atemgase. In der Lunge werden sie mit eingeatmetem Sauerstoff „betankt" und tauschen ihn gegen Kohlendioxid ein, das im Organismus bei der Zellatmung entstanden ist. Das Kohlendioxid wird anschließend in die Lunge transportiert und abgeatmet, während die Erythrozyten neuen Sauerstoff aufnehmen.

Die roten Blutkörperchen zirkulieren frei im Blut; dabei sorgt der Herzschlag für einen ständigen Blutfluss. Unter normalen Bedingungen bewegen sie sich im Rhythmus der Atemfrequenz. Ein Erwachsener atmet 12- bis 20-mal pro Minute ein und aus. Das bedeutet 17 280 bis 28 800 Atemzyklen pro Tag.

Doch plötzlich, wie auf dem nächsten, 42 000-fach vergrößerten, Bild dargestellt, kommt es zu einer Verletzung. Die Blutung muss um jeden Preis gestillt werden. Die Blutplättchen oder Thrombozyten, die kleinsten Zellen des Blutes, schließen sich mithilfe bestimmter Gerinnungsfaktoren zusammen und bilden einen Blutpfropf, der die Wunde abdichtet. Als Folge der Reaktionen auf die Blutgerinnung bildet sich ein feines Netz aus festen Fibrinfasern um den Thrombozytenpfropf. In das Fasernetz werden rote Blutkörperchen eingefangen, ein sogenannter roter Thrombus entsteht. Wie Sie sehen, sind die Erythrozyten nun im Netz gefangen.

 | X **24 000** | 1/47 mm **20 µm**

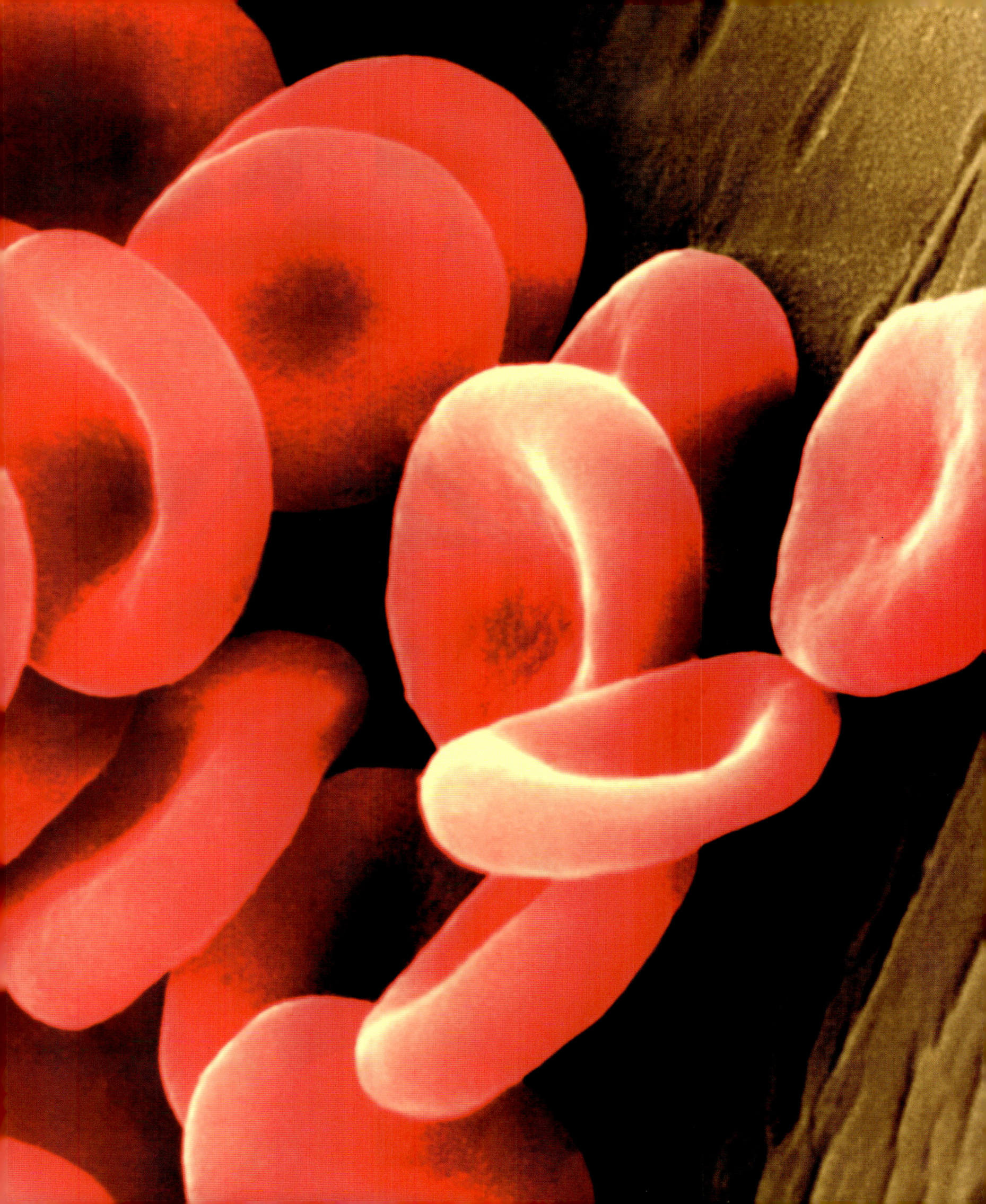

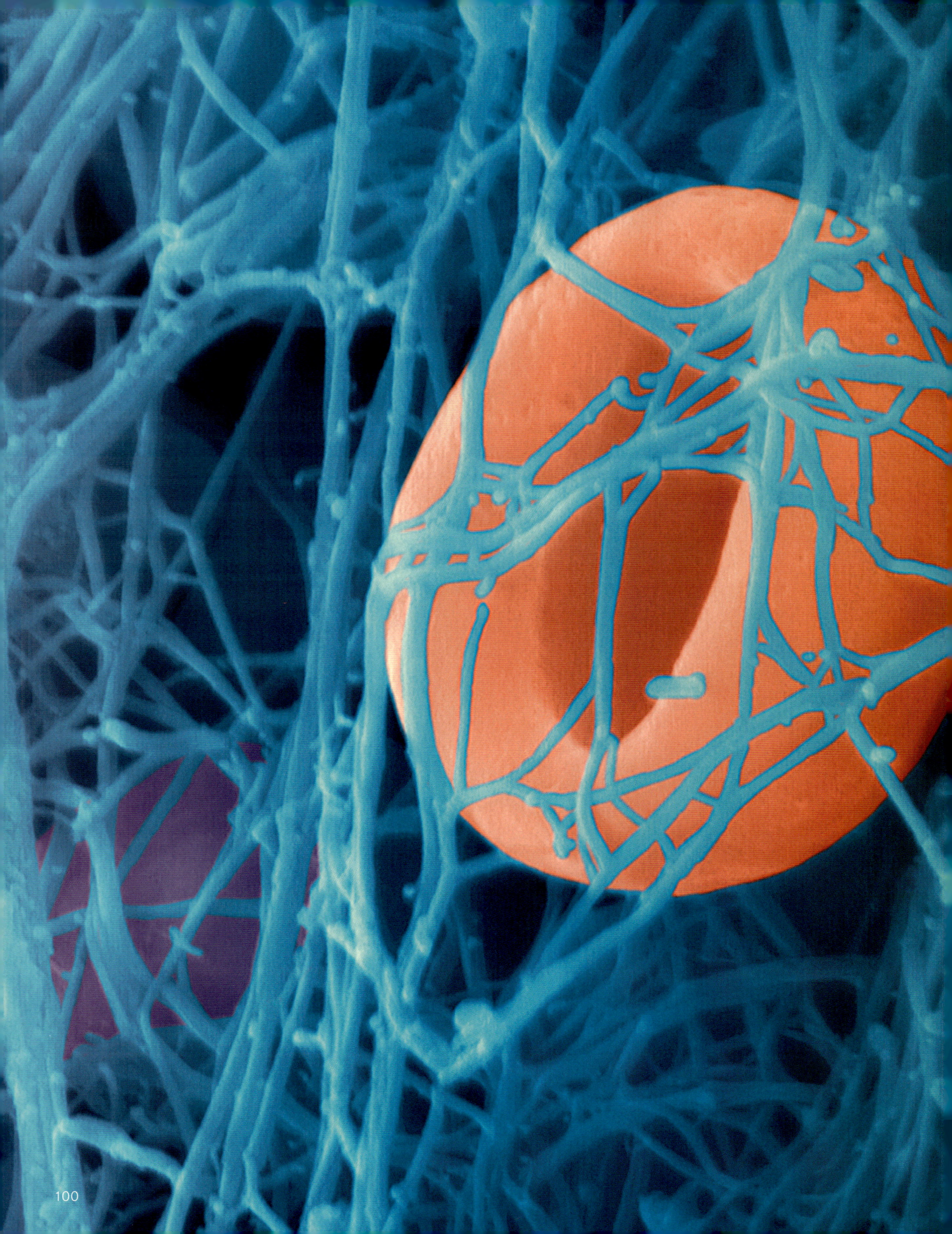

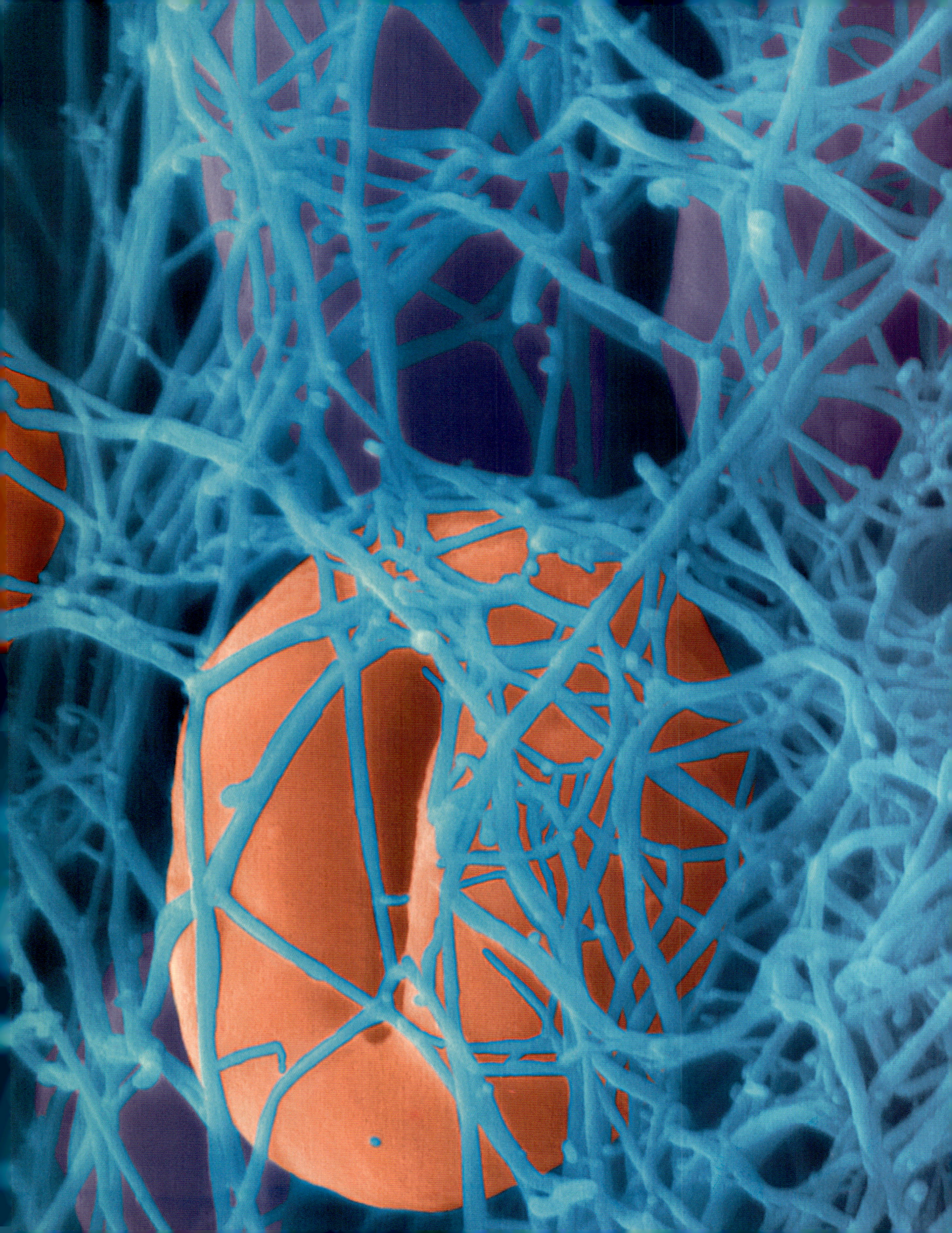

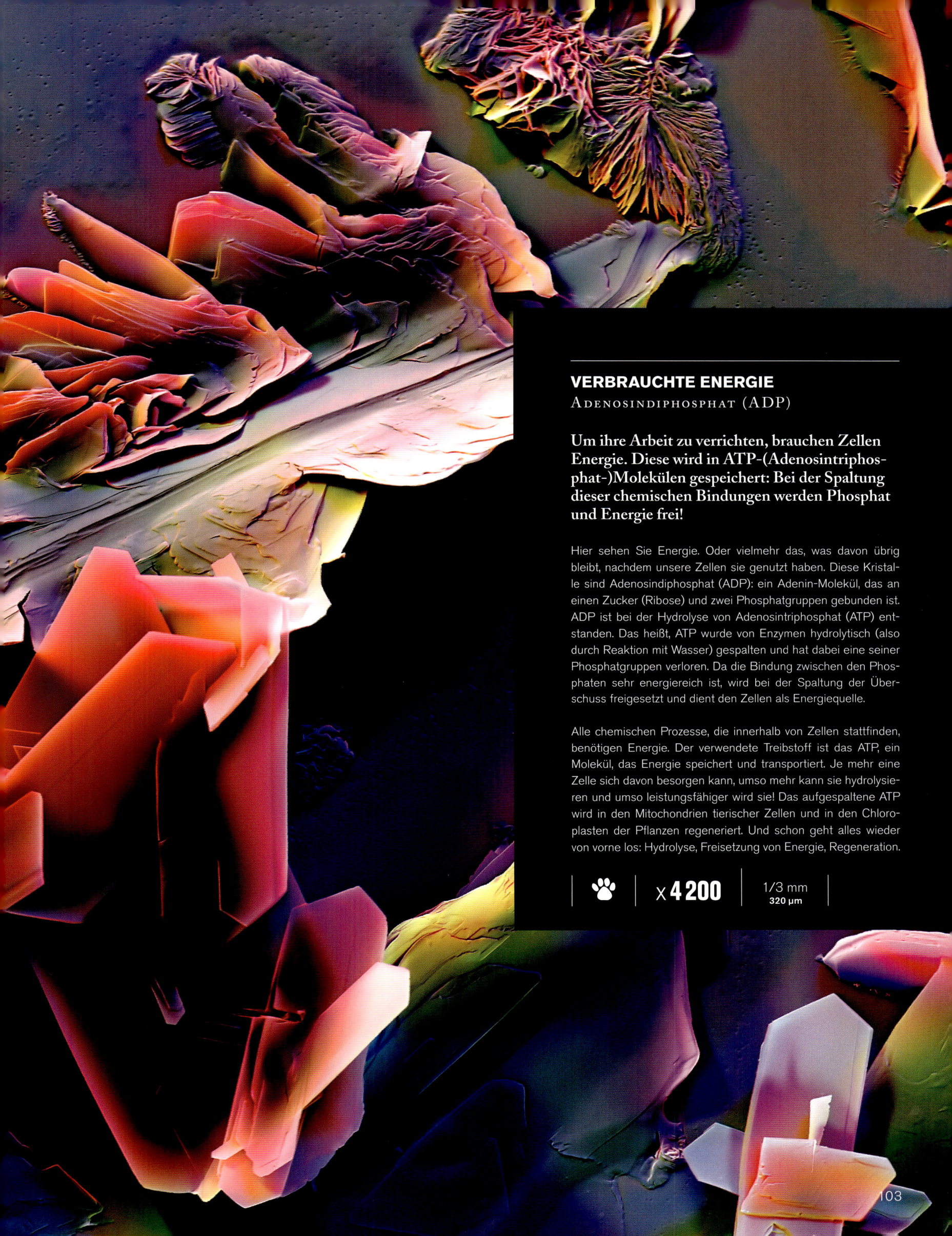

VERBRAUCHTE ENERGIE
Adenosindiphosphat (ADP)

Um ihre Arbeit zu verrichten, brauchen Zellen Energie. Diese wird in ATP-(Adenosintriphosphat-)Molekülen gespeichert: Bei der Spaltung dieser chemischen Bindungen werden Phosphat und Energie frei!

Hier sehen Sie Energie. Oder vielmehr das, was davon übrig bleibt, nachdem unsere Zellen sie genutzt haben. Diese Kristalle sind Adenosindiphosphat (ADP): ein Adenin-Molekül, das an einen Zucker (Ribose) und zwei Phosphatgruppen gebunden ist. ADP ist bei der Hydrolyse von Adenosintriphosphat (ATP) entstanden. Das heißt, ATP wurde von Enzymen hydrolytisch (also durch Reaktion mit Wasser) gespalten und hat dabei eine seiner Phosphatgruppen verloren. Da die Bindung zwischen den Phosphaten sehr energiereich ist, wird bei der Spaltung der Überschuss freigesetzt und dient den Zellen als Energiequelle.

Alle chemischen Prozesse, die innerhalb von Zellen stattfinden, benötigen Energie. Der verwendete Treibstoff ist das ATP, ein Molekül, das Energie speichert und transportiert. Je mehr eine Zelle sich davon besorgen kann, umso mehr kann sie hydrolysieren und umso leistungsfähiger wird sie! Das aufgespaltene ATP wird in den Mitochondrien tierischer Zellen und in den Chloroplasten der Pflanzen regeneriert. Und schon geht alles wieder von vorne los: Hydrolyse, Freisetzung von Energie, Regeneration.

🐾 | ✕ 4 200 | 1/3 mm
320 µm

BUNTES KALEIDOSKOP
CHOLESTERINKRISTALLE

Die Biochemie des menschlichen Körpers ist sehr komplex: Manche Moleküle haben zu Unrecht einen schlechten Ruf. Daher starten wir hier ein Plädoyer für das Cholesterin.

Das Bild zeigt ein lebenswichtiges Molekül, ohne das es unsere Zellen nicht gäbe. Dieses in allen Regenbogenfarben schillernde Kaleidoskop besteht nämlich aus Cholesterinkristallen, die in polarisiertem Licht aufgenommen wurden, um ihre Struktur hervorzuheben. Das Molekül aus der Gruppe der Sterole, das zu den Lipiden gerechnet wird, ist ein wesentlicher Bestandteil der Zellmembran. Neben anderen eingelagerten Komponenten erhöht es die Stabilität der Membran und verhindert, dass sie zu flüssig wird, aber auch, dass sie sich gelartig verfestigt.

Bereits im 18. Jahrhundert wurde Cholesterin in fester Form in Gallensteinen gefunden; daher leitet sich sein Name von den griechischen Wörtern *chole* für „Galle" und *stereos* für „fest" ab.

Die Bekanntheit dieses Moleküls hat damit zu tun, dass häufig von „gutem" (HDL, High Density Lipoprotein) und „schlechtem" (LDL, Low Density Lipoprotein) Cholesterin gesprochen wird. Dies ist in zweifacher Hinsicht irreführend. Denn damit werden Moleküle bezeichnet, die das Cholesterin ins Blut bzw. von der Leber zu den Geweben transportieren, und nicht das Cholesterin selbst. Dem sogenannten schlechten Cholesterin wird vorgeworfen, dass es sich in den Wänden der Arterien ablagert und damit das Risiko von Gefäßerkrankungen (Arteriosklerose) erhöht. Auch das ist ungenau, denn die Biochemie ist hier weitaus komplexer, als es den Anschein hat. Allmählich verbessert sich das Ansehen des Cholesterins: Der Angeklagte bekennt sich nicht schuldig! Das sollte Sie allerdings auch nicht dazu verführen, zu fett zu essen …

 | ✕**220** | 2,3 mm

TEMPERATURREGLER

SCHWEISSPORE

Auf seinen Geruch und die Spuren, die er auf der Kleidung hinterlässt, könnte man getrost verzichten. Dennoch hat der Schweiß nicht nur Nachteile. Er ist sogar notwendig.

Wohin führt dieser lila Krater? Zu einer der rund zwei bis vier Millionen Schweißdrüsen, die der menschliche Körper zur Schweißproduktion besitzt. Während die Basis der Drüse tief in der Lederhaut sitzt, mündet der Ausscheidungskanal in einer Pore an der Hautoberfläche. Auf dem Foto sieht man diese Öffnung. Bei den beigefarbenen Flocken handelt es sich um abgestorbene und abblätternde Hautzellen.

Der Schweiß, der vorwiegend aus Wasser besteht, enthält auch Mineralien. Unglaublich, aber frischer Schweiß ist geruchlos. Woher kommt also der üble Geruch? Er tritt auf, wenn Bakterien oder Pilze auf der Haut den Schweiß zersetzen.

Nachdem das Geheimnis seines Geruchs nun gelüftet ist, bleibt die Frage nach seiner Funktion. Auf Schweißränder unter den Achseln könnte man gut verzichten, doch tatsächlich spielt der Schweiß eine wesentliche Rolle: Er verhindert eine Überhitzung des Organismus. Die Feuchtigkeit, die beim Schwitzen auf der Haut entsteht, verdunstet, dadurch entsteht Verdunstungskälte, und diese kühlt den Körper ab.

Hunde besitzen nur wenige Schweißdrüsen. Daher haben sie einen anderen Weg gefunden, ihren Wärmehaushalt zu regulieren. Sie lassen ihre Zunge heraushängen und hecheln, indem sie ihre Atemfrequenz steigern. Die Verdunstung des Speichels im offenen Maul kühlt ihren Körper ab.

 × **2000** | 1/5 mm
200 µm

IM DIENST DER KÖRPERABWEHR

PHAGOZYTOSE VON BAKTERIEN DURCH
EINEN MAKROPHAGEN

**Die lila Masse ist eine Zelle des Immunsystems
in vollem Einsatz. Sie hat die rühmliche Aufgabe,
Mikroben, Bakterien und andere unerwünschte
Krankheitserreger zu beseitigen.**

Die Lungen bieten ein wahres Schlachtfeld. Der Feind ist das
zuhauf auftretende Bakterium *Escherichia coli*, das hier in Form
kleiner grüner Stäbchen erscheint. Als friedlicher Bewohner unseres Dickdarms ist es normalerweise harmlos, es erleichtert
sogar die Verdauung bestimmter Nahrungsmittel. Doch einige
Varianten des Bakteriums können zu Krankheiten führen und aggressiv werden. In diesem Fall treten spezialisierte weiße Blutkörperchen, die Makrophagen („Großfresser"), auf den Plan.

Diese sehr beweglichen Fresszellen werden von Warnmolekü-
len, den Zytokinen, aktiviert. Mithilfe seiner zahlreichen Scheinfüßchen – fadenförmige Fangarme – kann ein Makrophage das
Bakterium zu sich heranziehen. Er verleibt es sich ein, zerkleinert
und verdaut es: Dieser Vorgang heißt Phagozytose. Doch damit
ist seine Mission noch nicht zu Ende. Anschließend präsentiert er
die Reste des Opfers an der Zelloberfläche, damit die anderen
Zellen des Immunsystems es als Feind erkennen, den es in Zu-
kunft zu vernichten gilt. Am Rand des Schlachtfelds wird ein rotes
Blutkörperchen von einem Scheinfüßchen erkannt, doch es hat
nichts zu befürchten, gehören sie doch beide zum gleichen Lager.

 ✕ **11 000** | 1/26 mm
40 µm

08

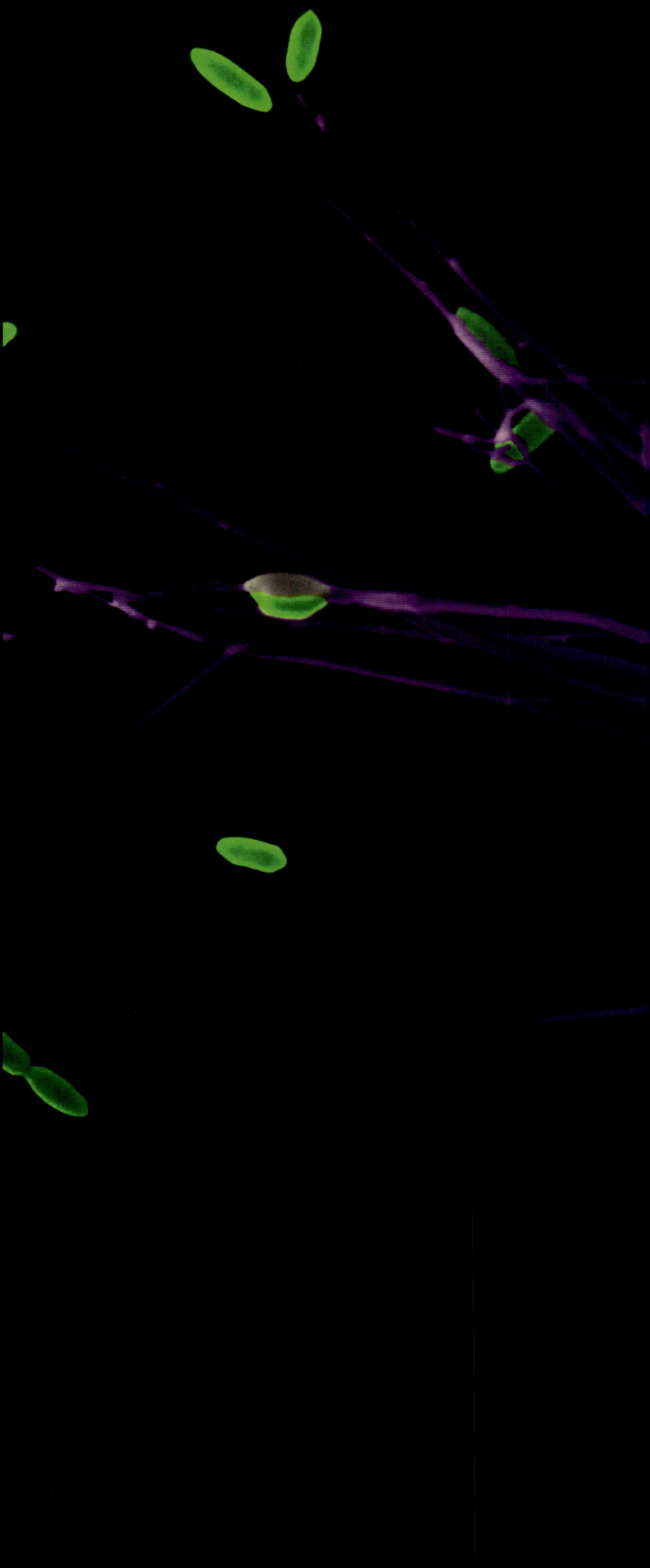

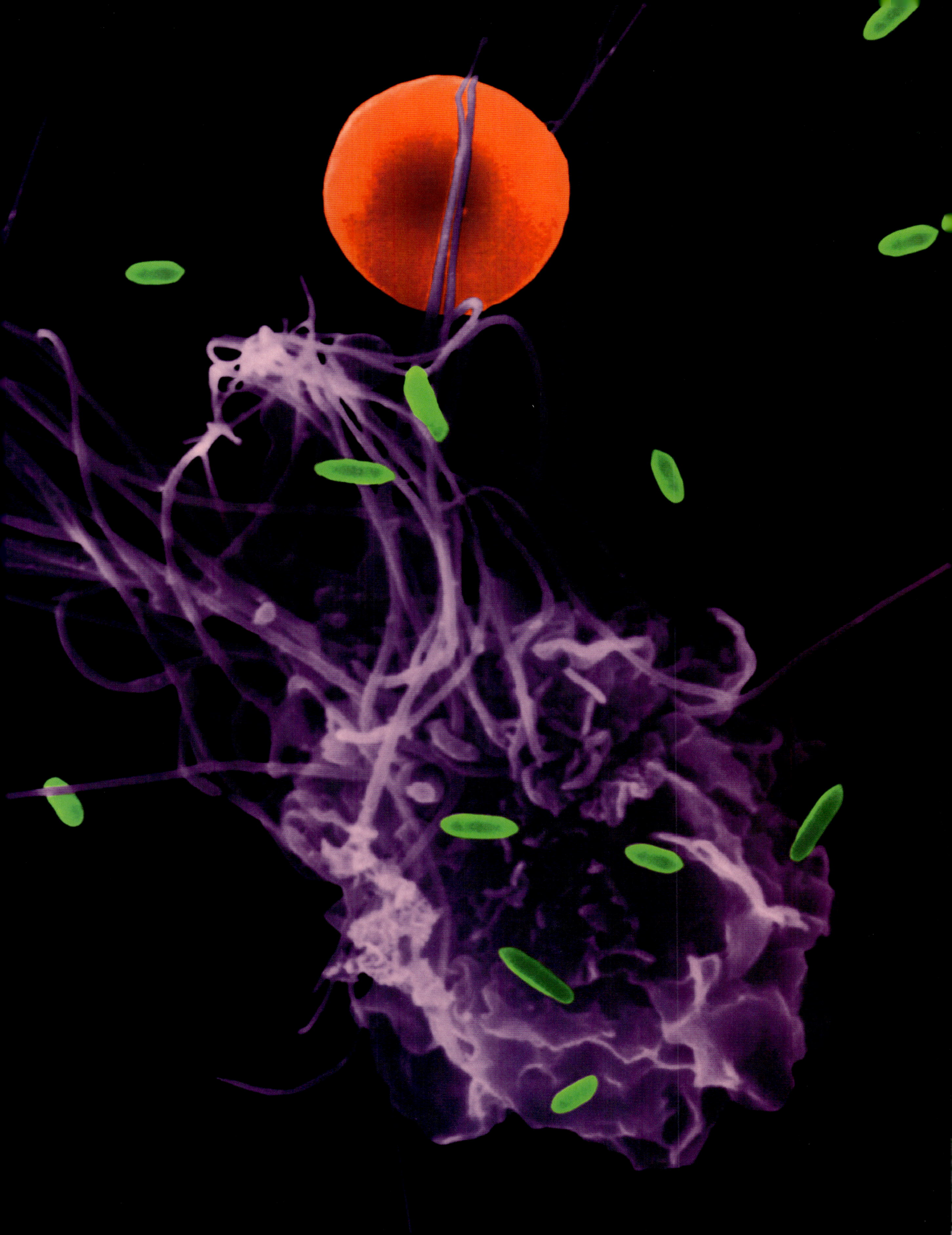

STEINIGE PROBLEME
Nierensteine

Wenn man sie unter dem Mikroskop betrachtet, versteht man besser, warum Nierensteine so heftig schmerzen können. Man weiß zwar, wie sie entstehen, aber nicht, warum.

Aua, solche scharfen Kanten tun bestimmt weh! Das kann man wohl sagen! Es handelt sich hier nämlich um Kristalle des seltenen Minerals Weddellit, auch Calciumoxalat-Dihydrat genannt. Nierensteine bestehen zu 80 Prozent daraus. Sie bilden sich, wenn bestimmte Substanzen (Kalziumsalze) im Urin in zu hoher Konzentration vorhanden sind, sich zusammenballen und sich in den Nieren ablagern. Der medizinische Fachausdruck für die krankhafte Bildung dieser Steine lautet Nephrolithiasis.

Die meisten Nierensteine verschwinden von selbst über die harnableitenden Wege. Mitunter können sie jedoch die Größe eines Tischtennisballs erreichen. Dann ist es nicht mehr möglich, dass sie durch den Harnleiter abgehen. In diesem Fall können die Steine starke, wellenförmige Schmerzen im unteren Rücken, Nierenkoliken, auslösen, meist auf einer Seite. Anhaltende Koliken machen einen chirurgischen Eingriff notwendig, sofern die Nierensteine nicht medikamentös aufgelöst oder mittels Stoßwellen zertrümmert werden können.

Die Entstehung von Nierensteinen hängt von vielen Faktoren ab. Eines der besten Mittel zur Vorbeugung ist es, ausreichend Flüssigkeit aufzunehmen – mindestens zwei Liter Wasser pro Tag.

Die metallisch glänzenden Farben auf diesem Bild sind nicht die Originalfarben der Kristalle. Die mit einem Rasterelektronenmikroskop (REM) erzeugte Aufnahme wurde nachträglich bearbeitet. Diese Technik ermöglicht zwar scharfe Bilder mit extrem hoher Auflösung, kann aber aufgrund ihres Funktionsprinzips (Elektronen statt Licht) keine Farben wiedergeben.

x 1 000   1/2 mm
500 µm

GEFÄHRLICHE ZELLTEILUNG

FIBROSARKOM

Obgleich es sich um eine schreckliche Krankheit handelt, liefert der Krebs dem Auge des Forschers schöne Bilder. Hier trennen sich gerade zwei bösartige Zellen.

Zwei Krebszellen haben sich soeben getrennt. Genauer gesagt, handelt es sich hier um zwei identische Tochterzellen, die aus der Teilung einer ursprünglichen Zelle stammen. Das Phänomen der Zellkernteilung wird auch als Mitose bezeichnet. In der Phase davor werden die Chromosomen und die darin enthaltene DNA verdoppelt, sodass identische Chromosomen auf die Tochterkerne verteilt werden können.

Eine der Besonderheiten von Krebszellen ist, dass sie sich sehr schnell teilen, viel schneller als die sogenannten gesunden Zellen; deshalb sind sie so gefährlich. Hier sind die betroffenen Zellen Fibroblasten, die Fibrosarkome – also bösartige Tumore im Bindegewebe der Knochen – bilden. Fibrosarkome können in jedem Alter auftreten. Sie entwickeln sich im Allgemeinen an den Röhrenknochen (langen Knochen) der Arme und Beine.

Die Fasern, die beide „Zwillinge" überziehen, sind Filopodien, fadenförmige Ausstülpungen der Zelle, mit denen sich diese bewegen kann. Eine weitere Eigenschaft von Krebszellen besteht leider darin, in benachbartes Gewebe einzudringen, sich im Körper auszubreiten und an entfernten Stellen Tochtergeschwülste zu bilden (Metastasierung).

 | X **16 000** | 1/40 mm
25 µm

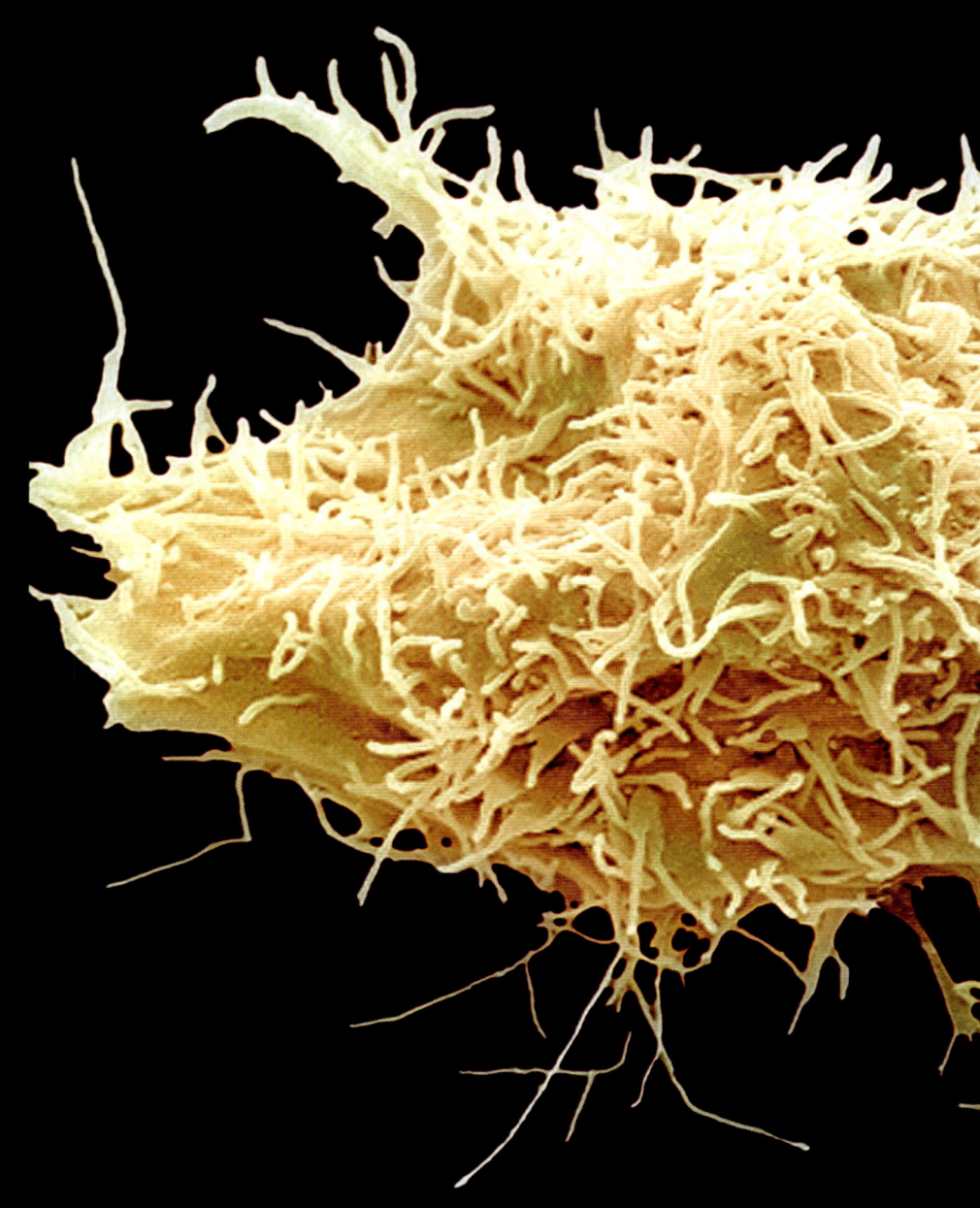

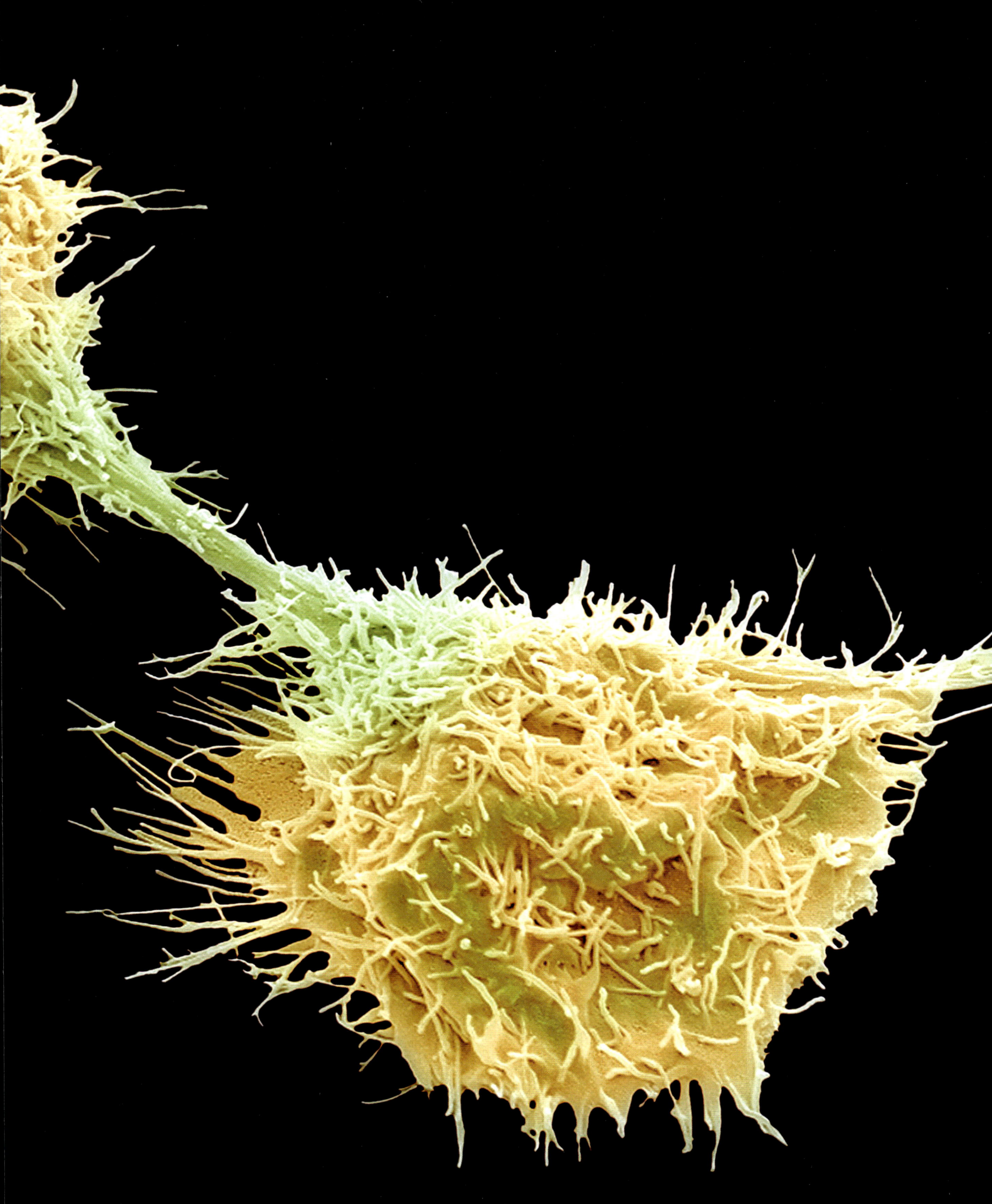

FARBIGE UNSTERBLICHKEIT
HeLa-Zellen

Dank der Gewebeprobe, die 1951 aus dem Tumor von Henrietta Lacks entnommen wurde, verfügen Wissenschaftler seither über Zellen, mit denen sie im Labor experimentieren können. Allerdings hatte man die Patientin nicht nach ihrer Einwilligung gefragt.

Die Geschichte dieser Zellen begann vor langer Zeit in Baltimore, USA. Im Februar 1951 war Henrietta Lacks zur Untersuchung im Johns Hopkins Hospital: Sie hatte Gebärmutterhalskrebs, der einige Tage zuvor entdeckt worden war. Ihr Arzt behandelte den Tumor mit Radium und entnahm eine Gewebeprobe, die er an George Otto Gey, den damaligen Leiter des Zellkulturlabors, schickte. Dieser stellte fest, dass die der jungen Frau entnommenen Krebszellen unsterblich waren: Sie teilten sich unablässig und erlitten nicht das klassische Schicksal gesunder Zellen, den natürlichen Tod. Vor allem vermehrten sie sich rasend schnell. Das Unglaublichste für den Forscher war, dass es ihm gelungen war, die Kultur *in vitro*, außerhalb des menschlichen Körpers, wachsen zu lassen. Die kultivierbaren Zellen wurden daraufhin zu Forschungszwecken an Labors auf der ganzen Welt geschickt. Zu Ehren der Patientin, die leider noch im selben Jahr verstarb, wurden sie HeLa-Zellen genannt. Sie werden noch heute verwendet.

Hier haben sie eine spezielle Behandlung erfahren, mit der einige ihrer Bestandteile hervorgehoben werden konnten. Die rosa markierte DNA zeigt die Lage des Zellkerns, während das Tubulin, eines für die Form der Zellen zuständigen Proteins, blau erscheint. Dank der HeLa-Zellen wurden zahlreiche medizinische Erkenntnisse gewonnen. Die posthume Bekanntheit, die Henrietta Lacks dadurch erlangte, reichte jedoch nicht einmal für ein würdiges Begräbnis. Umso trauriger, weil sie nie über die Weiterverwendung ihrer Zellen in der Forschung informiert worden war. Ihre Nachkommen mussten sich damit abfinden.

x **2 600** | 1/5 mm
200 µm

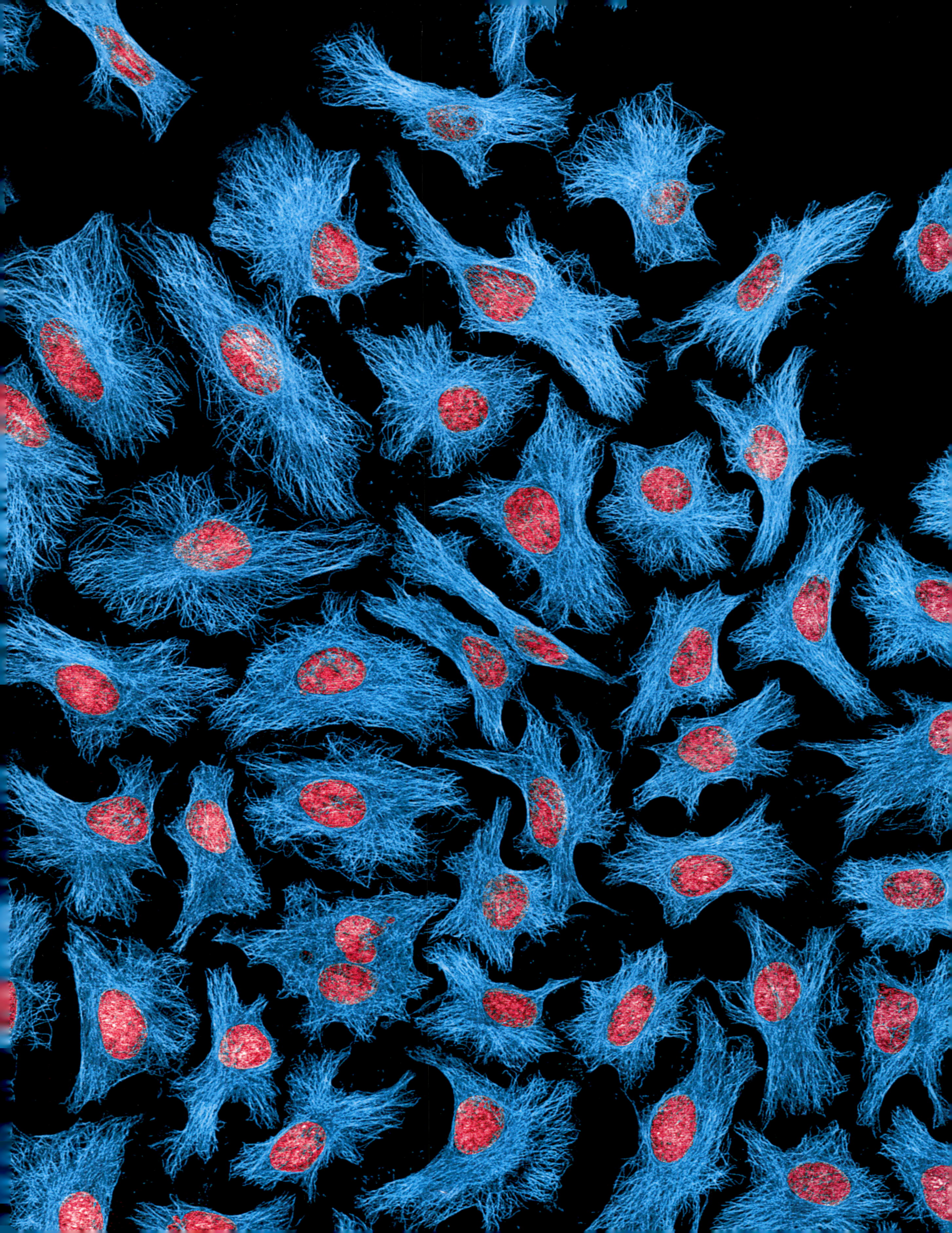

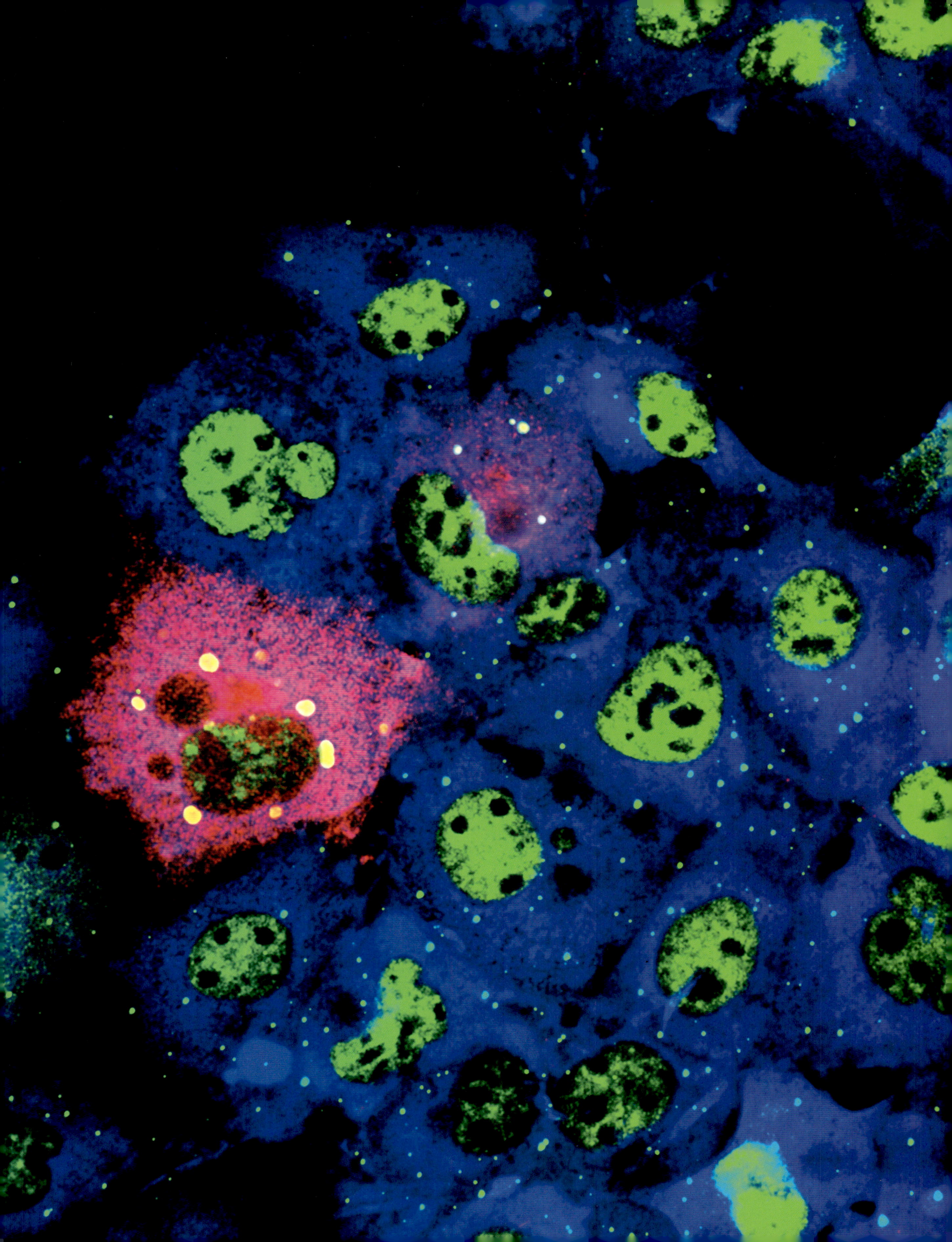

KUNST IN DER BIOLOGIE
Gentechnisch veränderte Zellen

Um die Funktionsweise von Zellen zu erforschen, entwickeln Biologen immer leistungsfähigere Beobachtungsmethoden. Hier gibt eine gentechisch veränderte Zelle ihr innerstes Geheimnis preis.

Dieses Foto, das ohne Weiteres in einer Galerie für Gegenwartskunst hängen könnte, ist das Werk von Nancy Kedersha, einer Wissenschaftlerin, die auf „biologische Kunst" spezialisiert ist. Da sie genauer erforschen wollte, was sich in Zellen abspielt, entwickelte sie besondere Techniken, um die verschiedenen Bestandteile deutlich herauszuarbeiten.

Hier wurde eine der Zellen – ein rotes Blutkörperchen – gentechnisch manipuliert, damit es mehr Proteine als üblich produziert. Anders gesagt, eines seiner Gene auf der DNA im Zellkern wurde modifiziert. Da es die Gene sind, die der Zelle die nötigen Anweisungen zur Produktion von Proteinen geben, konnte das Protein, das dem manipulierten Gen entspricht – DCPA1a –, auf diese Weise in großen Mengen künstlich hergestellt werden. Als Ergebnis sind die kleinen gelben Strukturen der Zelle, die dieses Gen enthalten (rot gefärbt), zum Platzen gespannt. Kein Wunder, denn DCPA1a erfüllt eine bestimmte Aufgabe: Es spielt eine Rolle beim Prozess der Transkription der mRNA (messenger RNA, auf Deutsch auch Boten-RNA genannt). Diese Moleküle sind die Vermittler beim Übergang von der Stufe „Gen" zu „Protein". Das überrepräsentierte DCPA1a leitet den Abbau zahlreicher mRNA ein. Bei den anderen, in normaler Anzahl vertretenen Zellproteinen setzt sich der Prozess jedoch nicht in derselben Geschwindigkeit fort: Die mRNA, die darauf warten, sich abzubauen, stauen sich!

Die gentechnische Veränderung von Zellen ist in der Molekularbiologie ein gängiges Verfahren. Wissenschaftler greifen darauf zurück, um zum Beispiel therapeutische Moleküle herzustellen, wie Insulin zur Behandlung von Diabetes. Bestimmte Pflanzenarten werden ebenfalls modifiziert, damit sie beispielsweise selbst Insektizide produzieren.

 | X **11 500** | 1/23 mm
44 µm

SERIENMÖRDERINNEN

TUBERKELBAKTERIEN

Tuberkulose wird durch Bakterien verursacht. Die Krankheit ist äußerst ansteckend, aber heilbar. Dennoch sterben an ihr jährlich Millionen Menschen. Weltweit steht sie noch immer an der Spitze der tödlichen Infektionskrankheiten.

In dieser Szene erleben Sie einen Angriff der Bakterien. Wie in einer Schlacht greifen die rosa Stäbchen von *Mycobacterium tuberculosis* einen Makrophagen an, also eine Zelle des Immunsystems, die hier wie eine orangegelbe Wolke aussieht. Wenn es bei einem einzigen Mal bliebe, könnten die Tuberkelbakterien dem Menschen egal sein. Doch sobald sie in den Organismus gelangt sind, finden die Angriffe zu Tausenden statt.

Mykobakterien können an der Luft mehrere Stunden überleben. Sie werden durch Einatmung infektiöser Tröpfchen (Husten, Niesen) übertragen. Sobald sie in der Lunge sind, dringen sie in einen Makrophagen ein und vermehren sich dort. Die neu entstandenen Erreger werden wiederum von Makrophagen aufgenommen und so weiter, bis zur Erschöpfung des Wirts. Die Besonderheit dieser Bakterien besteht darin, dass bestimmte Abwehrmechanismen des menschlichen Organismus bei ihnen außer Kraft gesetzt sind.

Die Krankheit kann mit Antibiotika behandelt werden, doch weltweit haben bei Weitem nicht alle Erkrankten Zugang dazu. Noch immer sterben jährlich zwei Millionen Menschen an Tuberkulose. In der Altersgruppe zwischen 15 und 59 Jahren ist sie die dritthäufigste Todesursache nach Aids und Herzerkrankungen.

×**9 000**   1/15 mm
65 µm

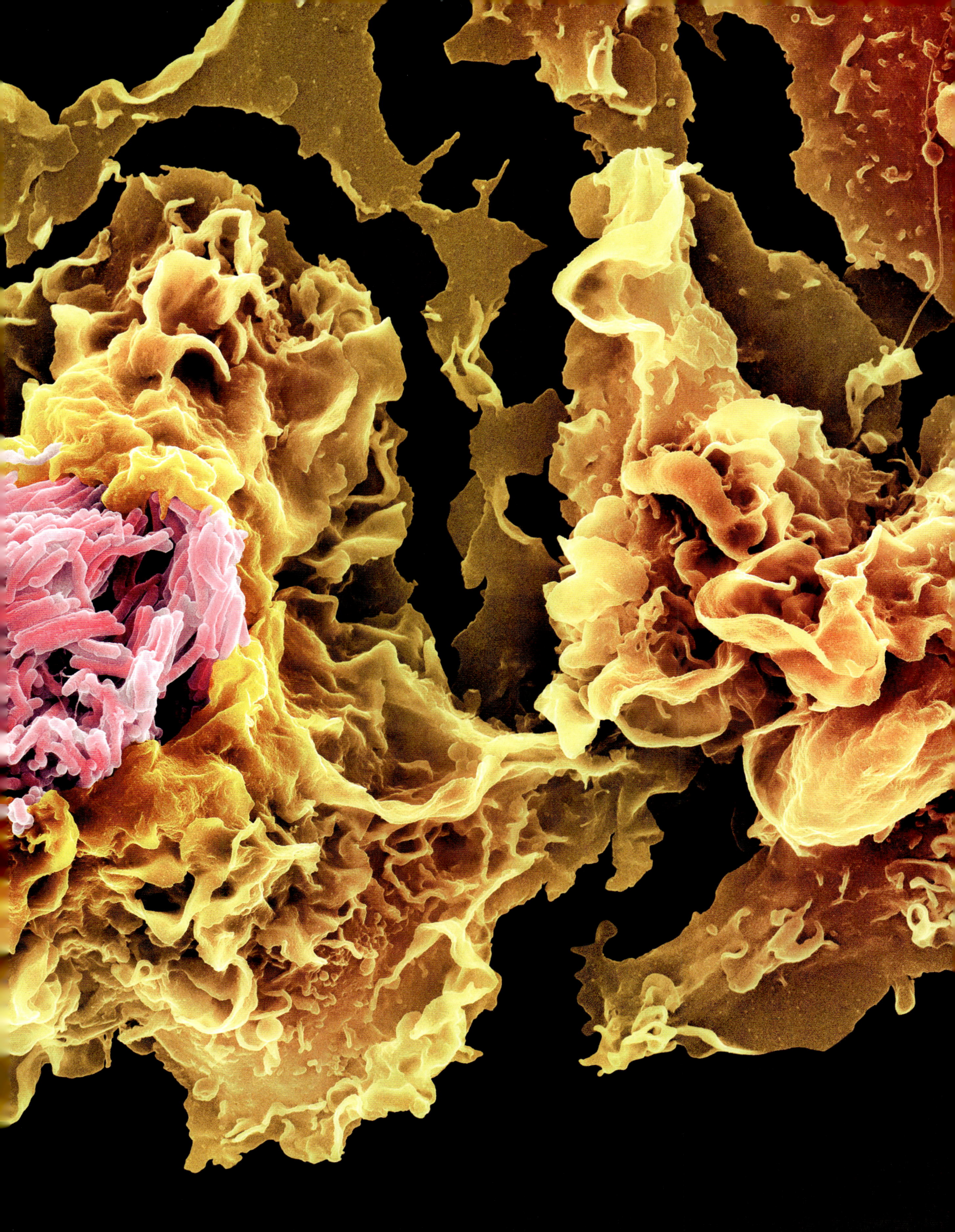

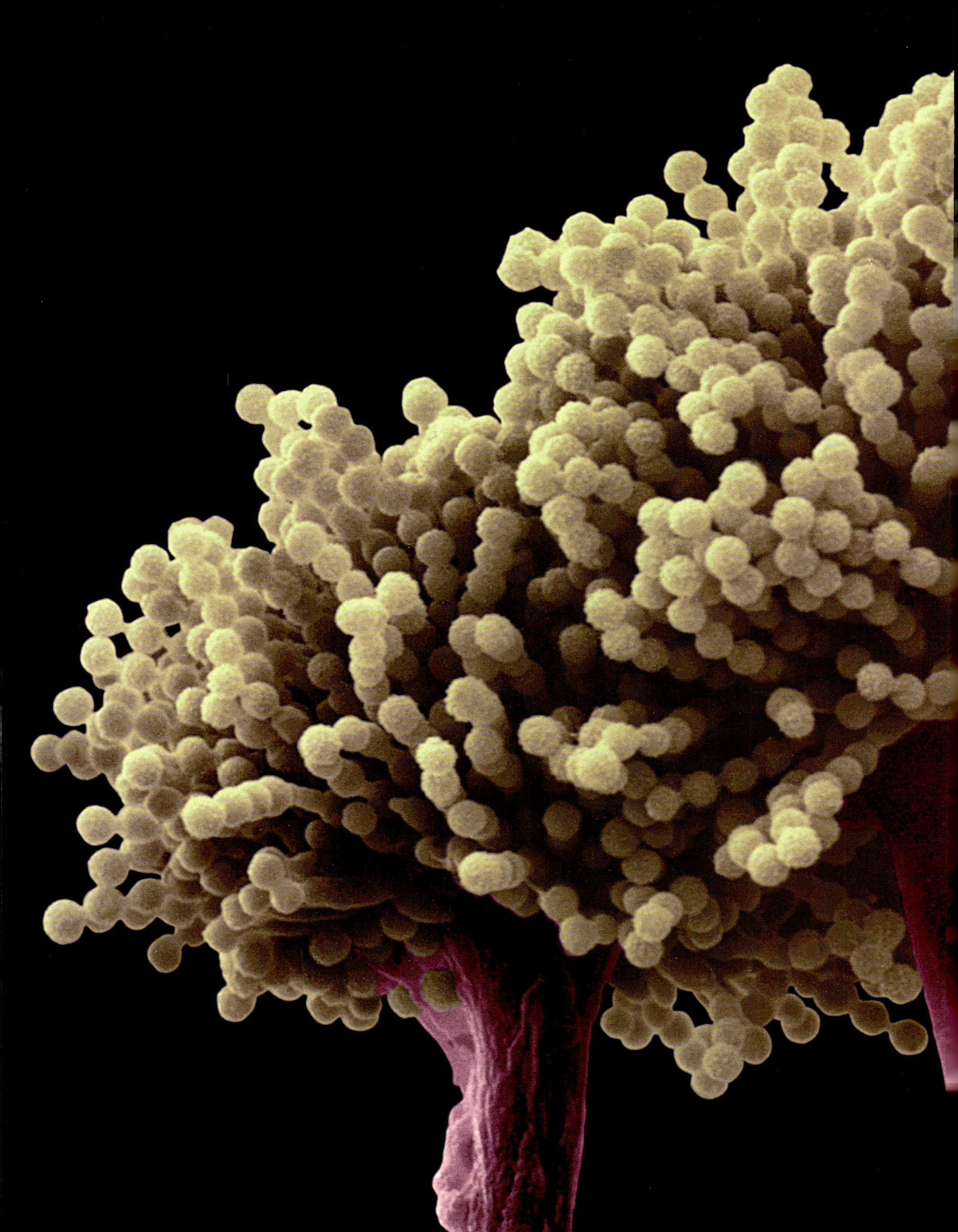

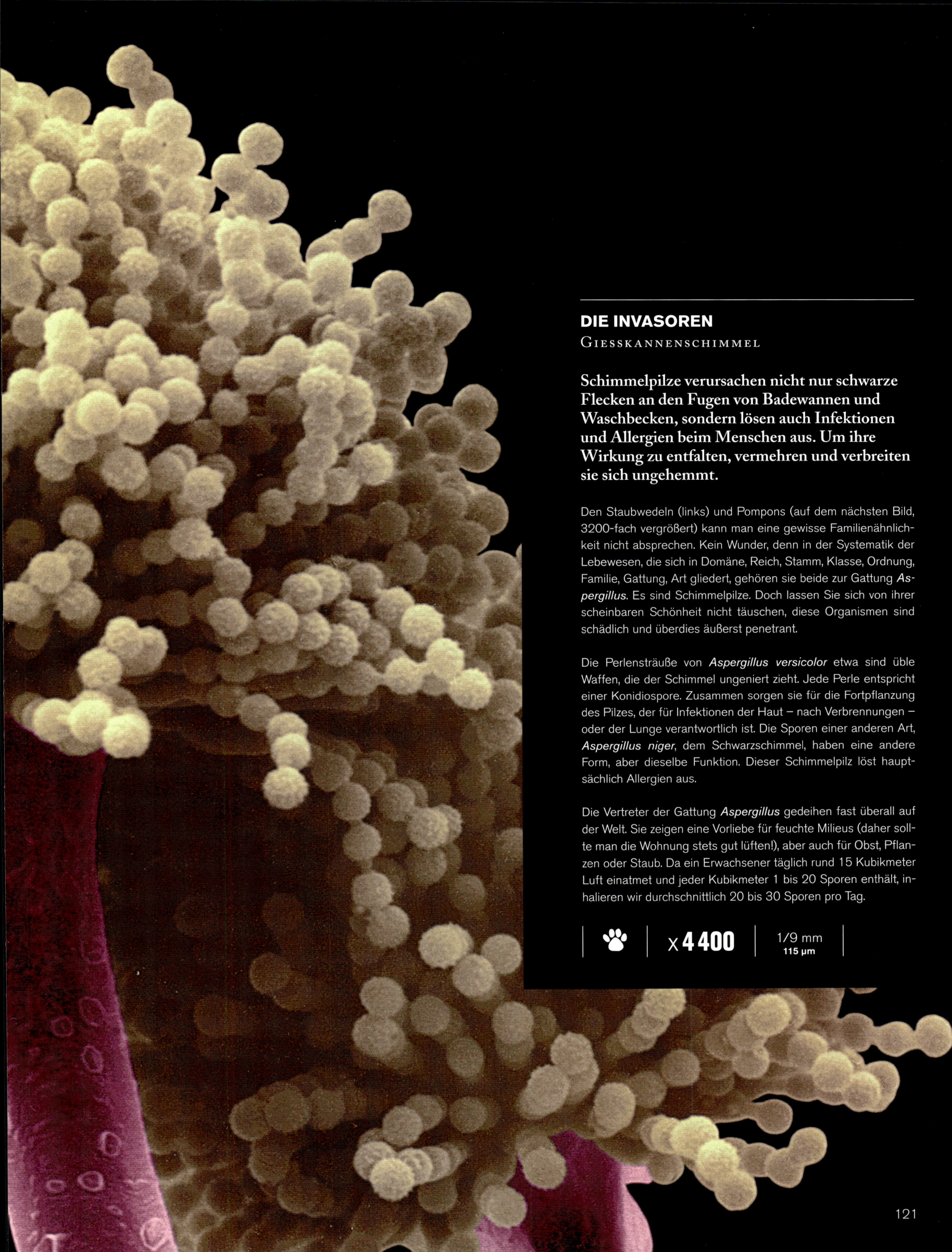

DIE INVASOREN
G I E S S K A N N E N S C H I M M E L

Schimmelpilze verursachen nicht nur schwarze Flecken an den Fugen von Badewannen und Waschbecken, sondern lösen auch Infektionen und Allergien beim Menschen aus. Um ihre Wirkung zu entfalten, vermehren und verbreiten sie sich ungehemmt.

Den Staubwedeln (links) und Pompons (auf dem nächsten Bild, 3200-fach vergrößert) kann man eine gewisse Familienähnlichkeit nicht absprechen. Kein Wunder, denn in der Systematik der Lebewesen, die sich in Domäne, Reich, Stamm, Klasse, Ordnung, Familie, Gattung, Art gliedert, gehören sie beide zur Gattung *Aspergillus*. Es sind Schimmelpilze. Doch lassen Sie sich von ihrer scheinbaren Schönheit nicht täuschen, diese Organismen sind schädlich und überdies äußerst penetrant.

Die Perlensträuße von *Aspergillus versicolor* etwa sind üble Waffen, die der Schimmel ungeniert zieht. Jede Perle entspricht einer Konidiospore. Zusammen sorgen sie für die Fortpflanzung des Pilzes, der für Infektionen der Haut – nach Verbrennungen – oder der Lunge verantwortlich ist. Die Sporen einer anderen Art, *Aspergillus niger*, dem Schwarzschimmel, haben eine andere Form, aber dieselbe Funktion. Dieser Schimmelpilz löst hauptsächlich Allergien aus.

Die Vertreter der Gattung *Aspergillus* gedeihen fast überall auf der Welt. Sie zeigen eine Vorliebe für feuchte Milieus (daher sollte man die Wohnung stets gut lüften!), aber auch für Obst, Pflanzen oder Staub. Da ein Erwachsener täglich rund 15 Kubikmeter Luft einatmet und jeder Kubikmeter 1 bis 20 Sporen enthält, inhalieren wir durchschnittlich 20 bis 30 Sporen pro Tag.

✿ | X **4400** | 1/9 mm
115 µm

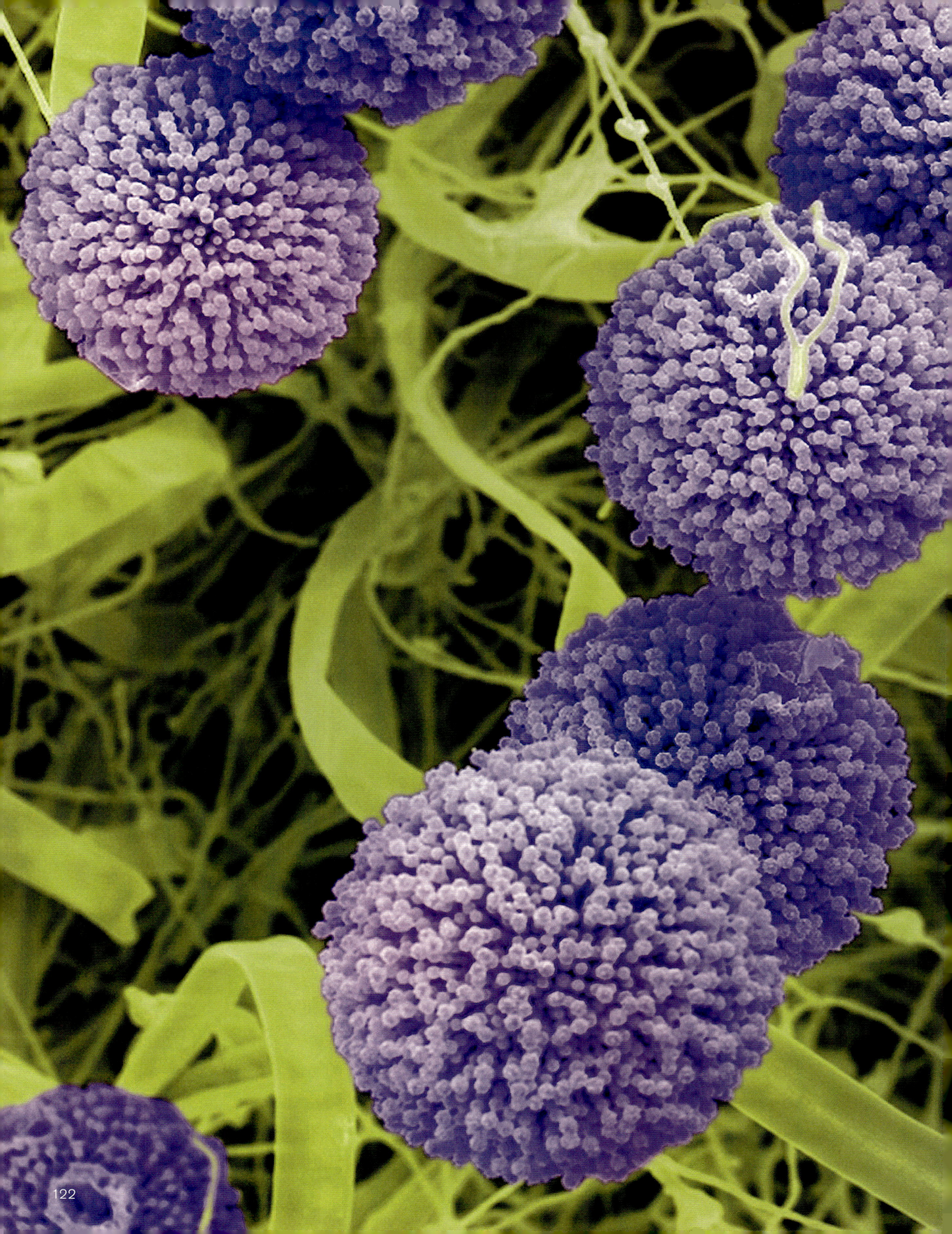

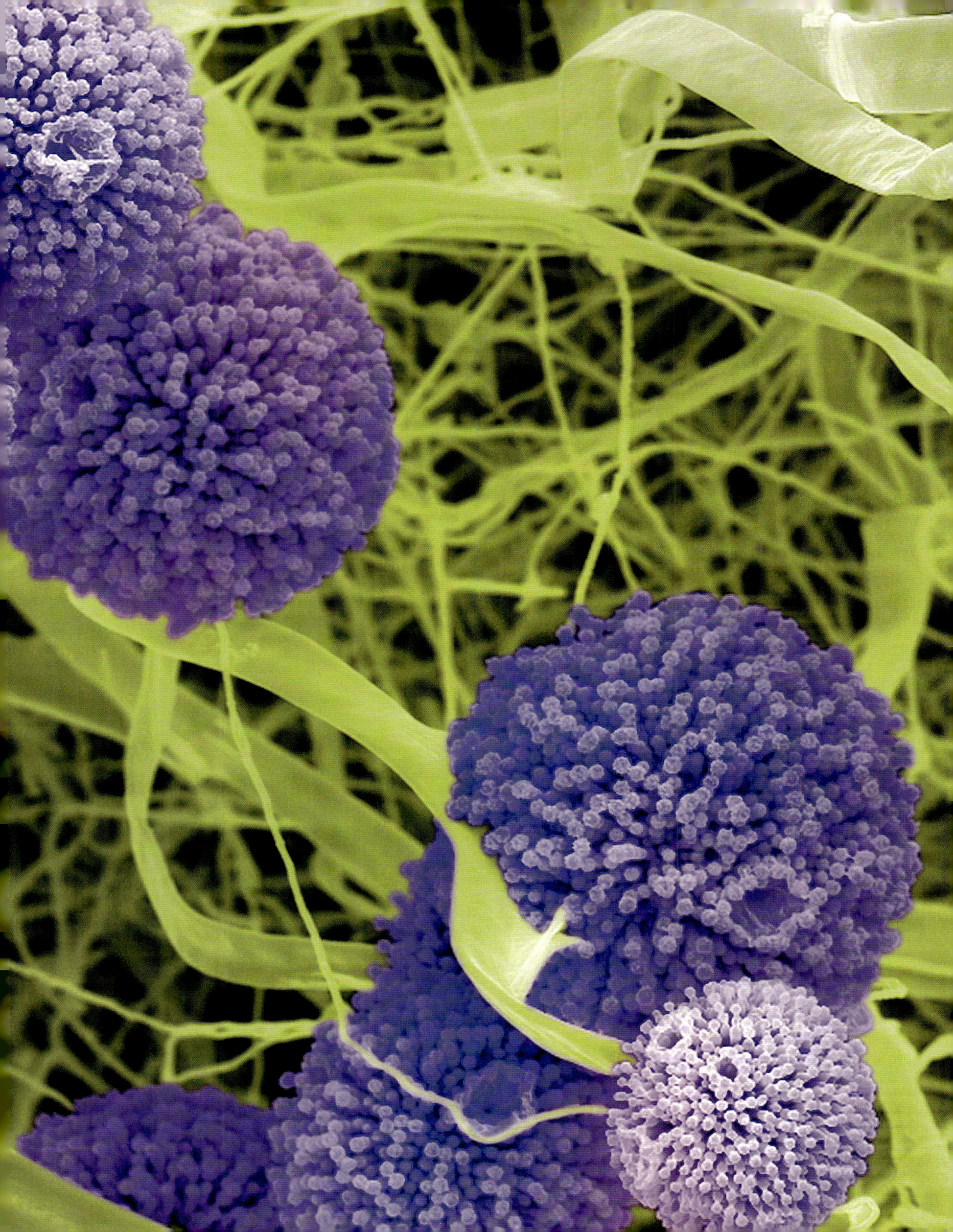

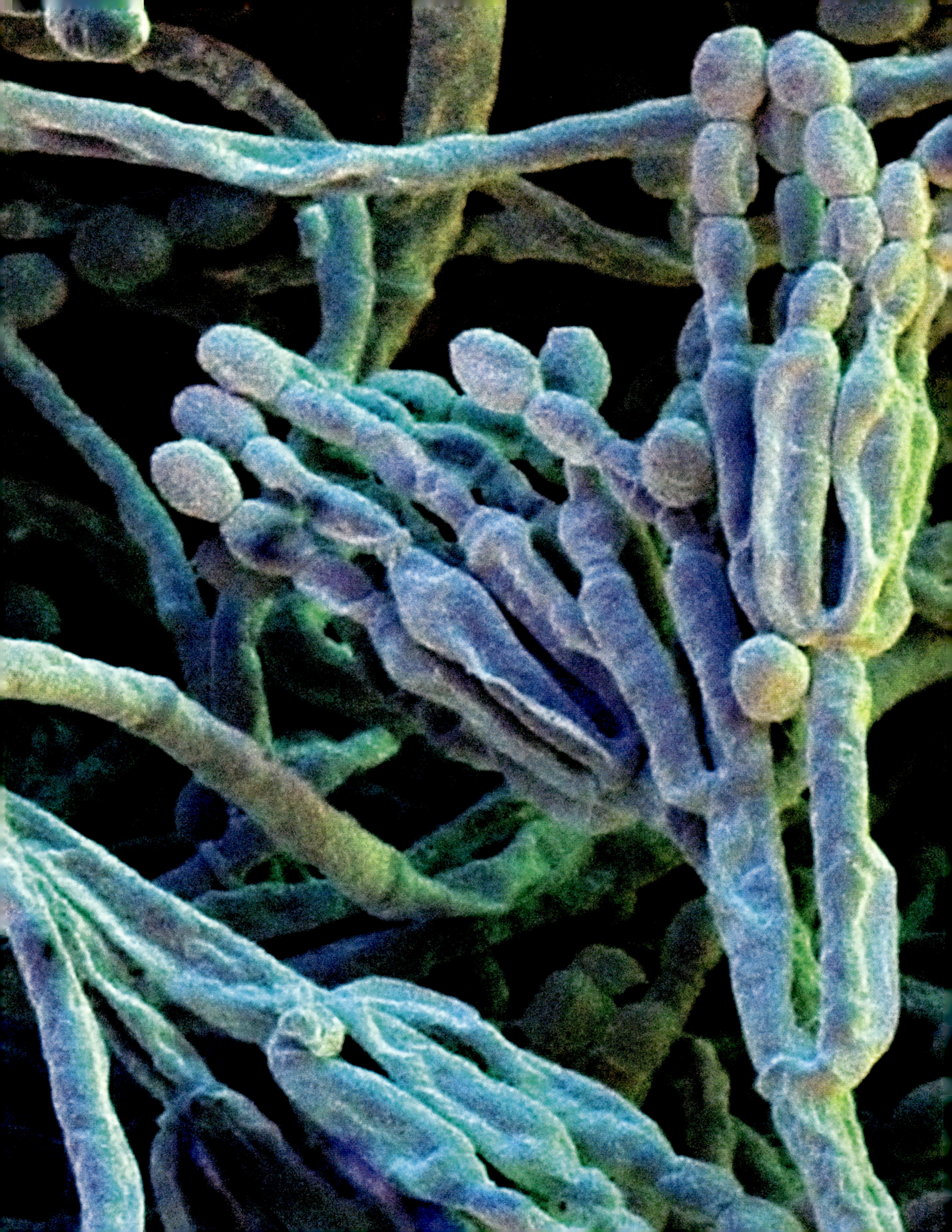

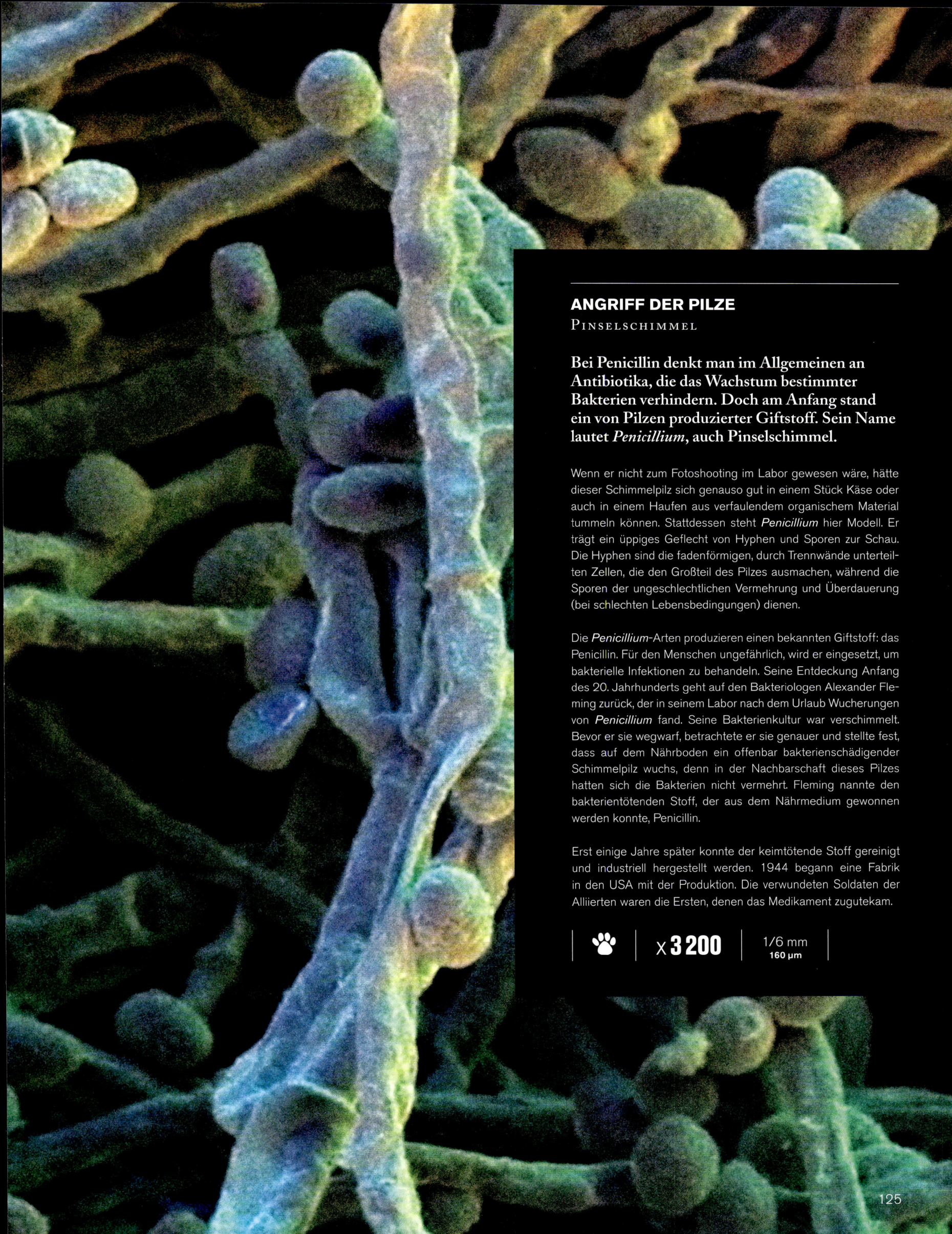

ANGRIFF DER PILZE
PINSELSCHIMMEL

Bei Penicillin denkt man im Allgemeinen an Antibiotika, die das Wachstum bestimmter Bakterien verhindern. Doch am Anfang stand ein von Pilzen produzierter Giftstoff. Sein Name lautet *Penicillium*, auch Pinselschimmel.

Wenn er nicht zum Fotoshooting im Labor gewesen wäre, hätte dieser Schimmelpilz sich genauso gut in einem Stück Käse oder auch in einem Haufen aus verfaulendem organischem Material tummeln können. Stattdessen steht *Penicillium* hier Modell. Er trägt ein üppiges Geflecht von Hyphen und Sporen zur Schau. Die Hyphen sind die fadenförmigen, durch Trennwände unterteilten Zellen, die den Großteil des Pilzes ausmachen, während die Sporen der ungeschlechtlichen Vermehrung und Überdauerung (bei schlechten Lebensbedingungen) dienen.

Die *Penicillium*-Arten produzieren einen bekannten Giftstoff: das Penicillin. Für den Menschen ungefährlich, wird er eingesetzt, um bakterielle Infektionen zu behandeln. Seine Entdeckung Anfang des 20. Jahrhunderts geht auf den Bakteriologen Alexander Fleming zurück, der in seinem Labor nach dem Urlaub Wucherungen von *Penicillium* fand. Seine Bakterienkultur war verschimmelt. Bevor er sie wegwarf, betrachtete er sie genauer und stellte fest, dass auf dem Nährboden ein offenbar bakterienschädigender Schimmelpilz wuchs, denn in der Nachbarschaft dieses Pilzes hatten sich die Bakterien nicht vermehrt. Fleming nannte den bakterientötenden Stoff, der aus dem Nährmedium gewonnen werden konnte, Penicillin.

Erst einige Jahre später konnte der keimtötende Stoff gereinigt und industriell hergestellt werden. 1944 begann eine Fabrik in den USA mit der Produktion. Die verwundeten Soldaten der Alliierten waren die Ersten, denen das Medikament zugutekam.

🐾 | X **3 200** | 1/6 mm
160 µm

EINZELLER IM MEER

STRAHLENTIERCHEN

In den Ozeanen existiert eine formenreiche, winzig kleine Unterwasserwelt. Diese oft verkannten Mikroorganismen, die das Plankton bilden, leisten einen wichtigen Beitrag zum ökologischen Gleichgewicht unseres Planeten.

Diese geheimnisvollen Sterne, ätherische Wesen, verschönern die Ozeane: Sie gehören zum Plankton, das aus einer Vielzahl von im Wasser schwebenden Mikroorganismen besteht. Sie haben sich vor einer Milliarde Jahren herausgebildet und sind die Vorfahren der Tiere und Pflanzen auf der Erde.

Nicht genug, dass das Plankton uns quasi das Leben ermöglicht hat, es erleichtert uns dasselbe immer noch. Etliche dieser Einzeller produzieren „frische Luft", indem sie Kohlendioxid aufnehmen und Sauerstoff freisetzen. So wird die Luft, die wir atmen, erneuert. Ebenso liefern sie fossile Energie: Nach ihrem Absterben sinken die Mikroorganismen auf den Meeresboden ab, wobei die organischen Bestandteile zersetzt werden. Aus den fossilen Sedimenten entsteht das begehrte Erdöl. Vor allem aber ernähren sie uns! Das Plankton steht nämlich am Anfang der Nahrungskette, in der die kleineren Organismen die Nahrungsgrundlage der größeren sind.

Die Sterne auf diesem Bild sind Radiolarien, die auch Strahlentierchen genannt werden. Sie wurden bei der Expedition „Tara Oceans" gesammelt. Fast drei Jahre lang fuhr ein Schoner kreuz und quer über die Weltmeere und entnahm Proben ihrer winzigen Bewohner, um deren Lebensweise und Vielfalt zu erforschen.

 | x **190** | 0,8 mm

UNTERWASSERELEFANT

FLÜGELSCHNECKE

Die Ozeane sind voll von Geschöpfen in den unwahrscheinlichsten Gestalten. Und weil die Natur sich gern einen Spaß erlaubt, sehen manche Tiere ganz anderen Arten zum Verwechseln ähnlich. Hier ein Vertreter aus der Unterordnung der Thecosomata.

Sollte Jumbo zu dieser durchsichtigen Erscheinung mutiert sein? Nein, keine Sorge: Diese unwirkliche Silhouette gehört nicht dem Dickhäuter, sondern vielmehr einem Weichtier aus der Klasse der Gastropoda ("Bauchfüßer"). Erinnert Sie dieser Name nicht an ein kriechendes Tier mit Gehäuse auf dem Rücken? Sie haben recht: Schnecken und Pteropoda ("Flügelfüßer"), wie man die Thecosomata früher nannte, sind entfernt miteinander verwandt. Im Deutschen sind die Thecosomata im Übrigen auch als Flügelschnecken oder Seeschmetterlinge bekannt.

Die Flügelschnecke auf diesem Bild lebt im Meer. Der Fuß, der bei der Landschnecke als Saugnapf fungiert, hat sich hier zu zwei flügelförmigen Lappen, den sogenannten Parapodien, entwickelt. Wie mit Flügelschlägen bewegt sich das Tier mithilfe seiner großen Parapodien rudernd durchs Wasser.

Die Flügelschnecke hier auf dem Bild wird von drei Krebstieren begleitet: zwei Ruderfußkrebsen (Copepoda), die den Hauptanteil des Meeresplanktons ausmachen, und einem orangefarbenen Ostrakoden (Ostracoda) oder Muschelkrebs in seiner Schale. Alle wurden vom Expeditionsschiff Tara aus vor der Küste der Malediven gesammelt. Das größte dieser Lebewesen misst nur einen halben Zentimeter!

 | x **60** | 8 mm |

FLAUSCHIGER WINZLING
WIMPERTIERCHEN

Zu den Wimpertierchen, die weltweit im Meer und im Süßwasser vorkommen, werden mehr als 7000 Arten gezählt. Obgleich sie nur aus einer einzigen Zelle bestehen, sind diese beeindruckenden Winzlinge zu (fast) allem fähig.

Sehr hübsch, die grauen Pelzmuffe, die so warm und kuschelig aussehen! Doch weit gefehlt: Diese grauen Kugeln sind einzellige Organismen. Die Tatsache, dass sie aus nur einer Zelle bestehen, bedeutet übrigens keineswegs, dass sie völlig simpel sind. Ganz im Gegenteil: Die Zelle übt komplexe Funktionen aus. Man stelle sich nur vor: Wimpertierchen können sich mit dieser einen Zelle ernähren, verdauen, Abfallstoffe ausscheiden und sich fortbewegen. Das gelingt ihnen mithilfe verschiedener Organellen (strukturell abgegrenzte Bereiche der Zelle mit einer besonderen Funktion), die im Inneren der Membran sinnreich angelegt sind.

Sehr viel verdanken die Einzeller den Wimpern, mit denen sie bedeckt sind, insbesondere ihren Namen: Sie heißen Wimpertierchen oder Ciliaten. Zum Stamm der Ciliata gehören die größten Einzeller: Ihre Größe variiert zwischen 30 und 300 Mikrometern. Die winzigen Flimmerhärchen (Zilien genannt) auf ihrer Oberfläche sind in Reihen angeordnet. Mit rudernden Bewegungen der Zilien kommen die Einzeller in ihrem Gewässer voran, ganz egal, ob sie in Süß-, Salz- oder Brackwasser leben. Die Wimpern dienen ihnen aber auch dazu, Nahrung in Form anderer Einzeller und zerfallender organischer Substanzen herbeizustrudeln. Im Fall der hier abgebildeten Art *Breslauides discoideus* geschieht dies in Richtung der Einbuchtung mit vorstehender Lippe: Diese Buccalhöhle entspricht einem primitiven Mund.

 | X **300** | 1,8 mm

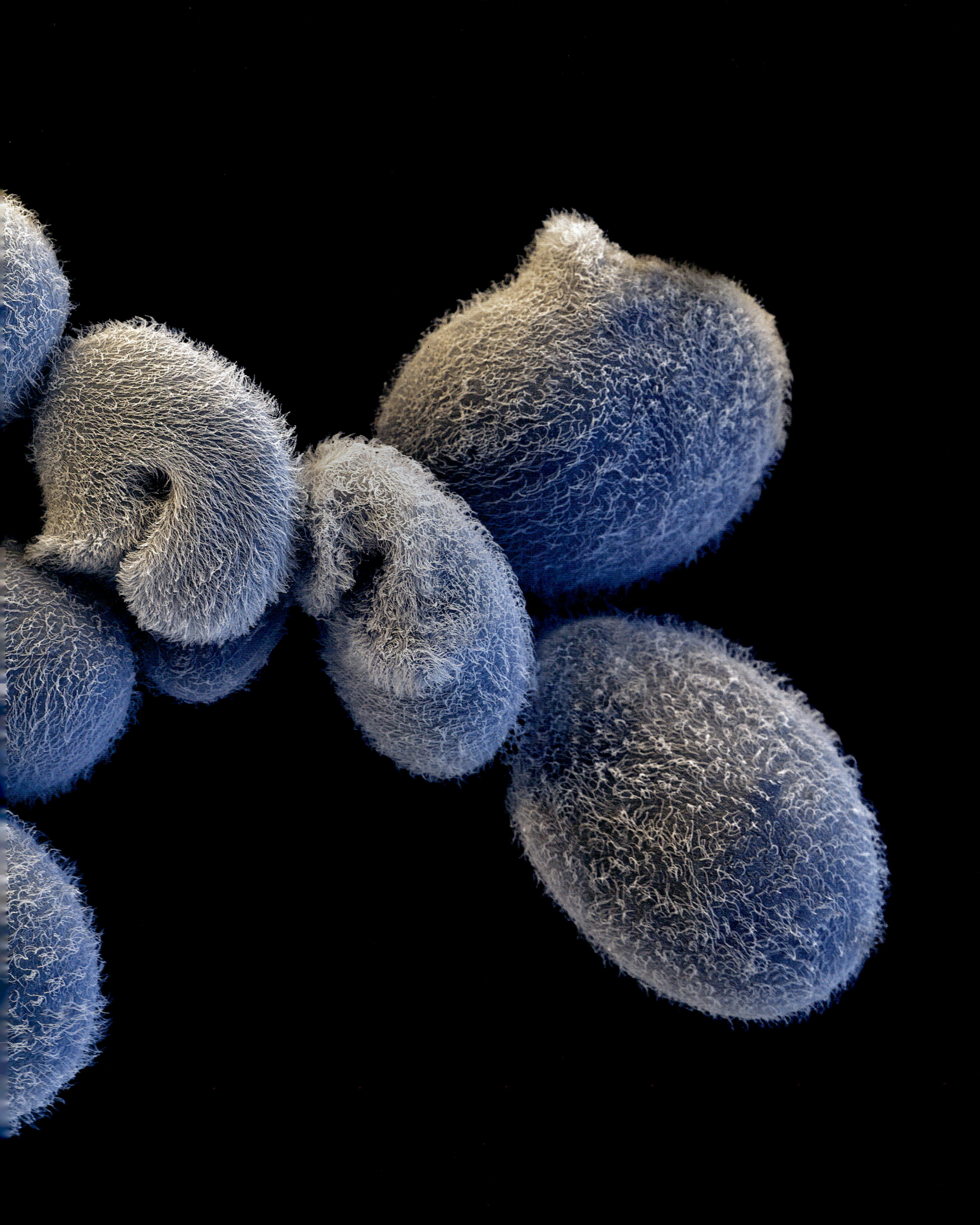

WASSERAMAZONE

RÄDERTIERCHEN

Auch wenn man klein ist, kann man über erstaunliche Eigenschaften verfügen. Den Beweis liefert dieses winzige Tier, das Wassermangel erträgt und ohne männliche Artgenossen auskommt. Eine interessante Lebensform!

Hier haben wir es mit einem eigentümlichen Wesen zu tun. Das sonderbare, höchstens drei Millimeter große Geschöpf gehört zu den Vielzelligen Tieren (Metazoa), zum Stamm der Rädertierchen (Rotatoria). Deren bestimmendes Merkmal ist ihr Kopf mit Räderorgan. Dieses Organ besteht aus zwei Wimpernkränzen, die sich drehenden Rädern gleichen und den Mund umgeben.

Indem sie sich in entgegengesetzter Richtung drehen, strudeln die Wimpernkränze Wasser und Futterpartikel in die Mundöffnung. Die Nahrung gelangt dann in den kräftigen Kaumagen und wird dort zerkleinert. Bei den beiden rötlichen Flecken handelt es sich um primitive Augen. Durch die von den Wimpern erzeugten Schläge bewegen sich die Rädertierchen in ihrer natürlichen Umgebung fort – sie besiedeln Süßwasser und feuchte Böden. In Trockenzeiten können sie auch mehrere Jahre ohne Wasser überdauern: Sie fallen dann in eine Trockenstarre.

Eine Besonderheit wurde bei den Rädertierchen der Ordnung Bdelloida festgestellt: In den untersuchten Populationen haben die Forscher stets nur Weibchen beobachtet. Diese produzieren Eier, die unbefruchtet bis zum Erwachsenenstadium heranreifen. Die eingeschlechtliche Fortpflanzung ohne Beteiligung männlicher Keimzellen – im Fachjargon Parthenogenese genannt – existiert auch bei anderen Tieren, manchmal jedoch nur zu bestimmten Zeiten. Häufig wechseln sich Formen der Fortpflanzung von Generation zu Generation ab. Aus evolutionsbiologischer Sicht bietet die zweigeschlechtliche Fortpflanzung den Vorteil, dass die genetische Variation der Nachkommen erheblich größer ist, was wiederum notwendig ist für die Anpassung an veränderte Umweltbedingungen. Die Weibchen der Bdelloida sind allerdings konsequente Amazonen und kommen offenbar auch so bestens zurecht.

 | ✕ **1 600** | 1/4 mm
270 µm

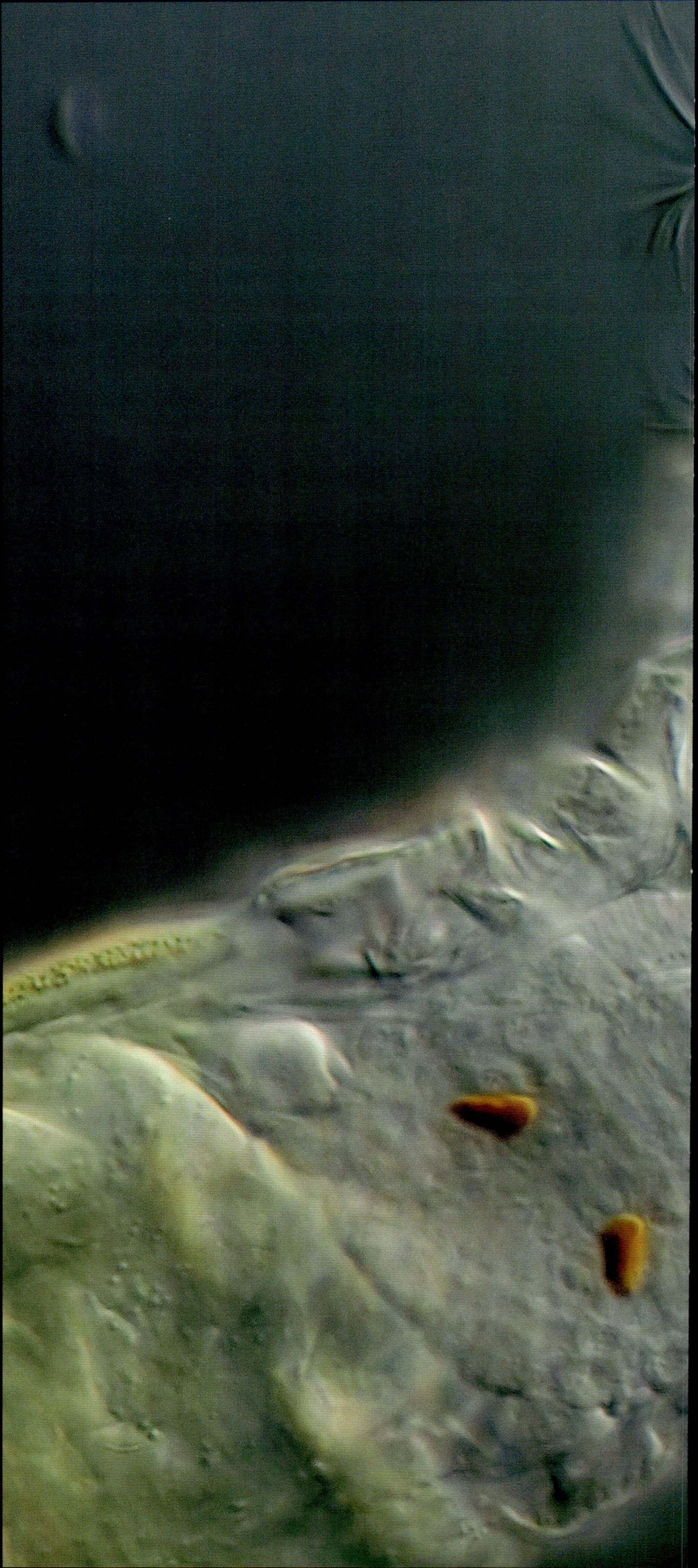

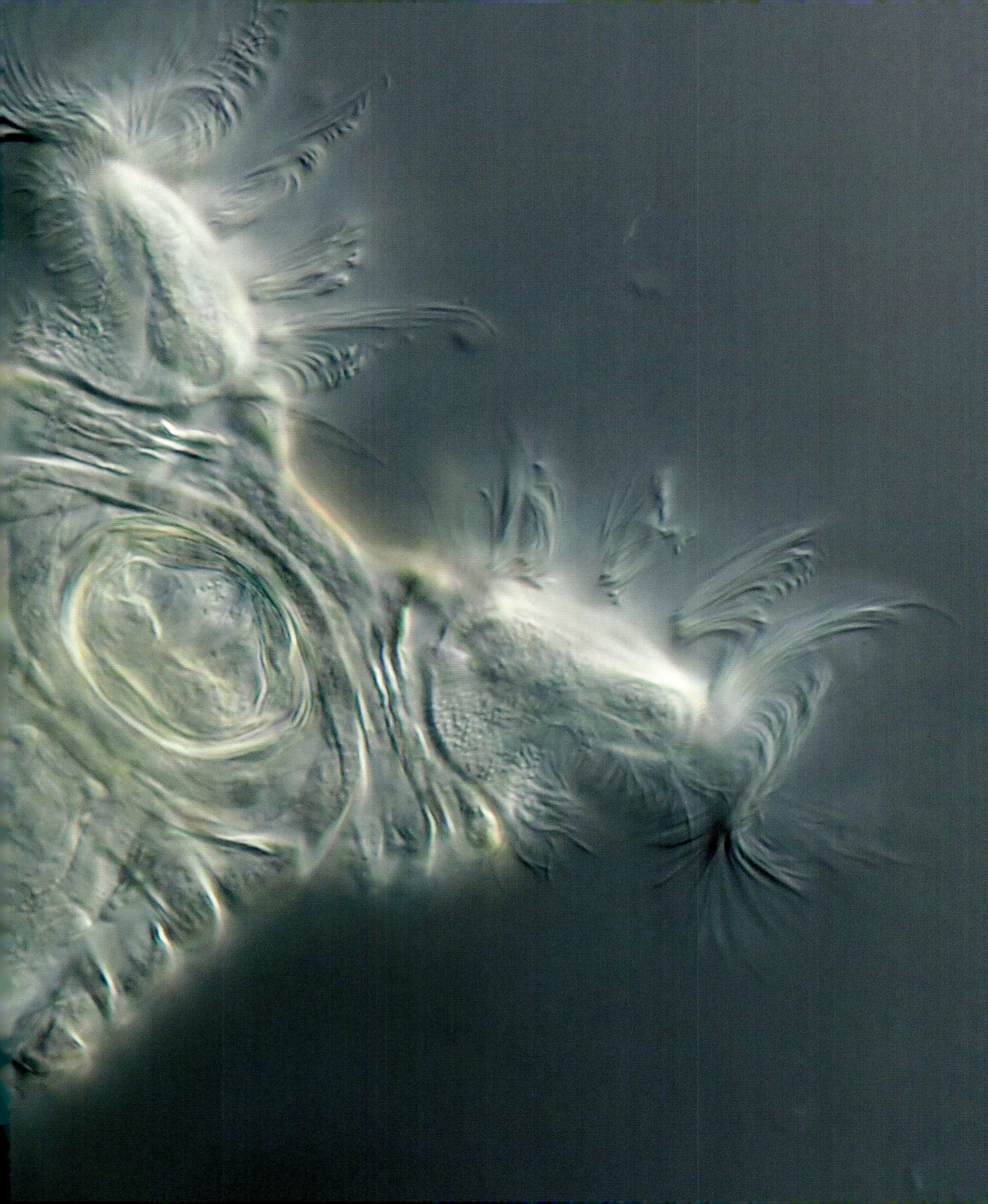

LEITFOSSIL IN SEDIMENTEN

FORAMINIFERE

Klein, aber robust – so könnte das Motto der Foraminiferen lauten. Die winzigen einzelligen Organismen sind dank ihrer fast unverwüstlichen Natur tatsächlich von großem Nutzen für die Erforschung des Klimas der Vergangenheit. Es gibt sie schon seit über 500 Millionen Jahren.

Merkwürdiges Objekt, ein Zwischending aus einem Außerirdischen und einem Raumschiff. Sehen Sie sich diese feste Struktur mit der ausgefallenen Form an. Haben Sie die vielen Löcher in der Oberfläche bemerkt? Sie ahnen vielleicht, worum es sich handelt. Genau, das ist eine Foraminifere, ihr Name kommt von lat. *foramen* und *ferre* und bedeutet also „lochtragend". Doch wissen Sie auch, dass es sich um ein einzelliges Meerestier handelt? Seine einzige Zelle wird von einem Gehäuse geschützt, einer Art Schale: Aus den Löchern ragen die Scheinfüßchen, dünne Ausstülpungen aus dem Zytoplasma, heraus, mit dem das Tier seine Umgebung erkundet.

Die Foraminiferen, die seit dem Unteren Kambrium (vor 540 Millionen Jahren) nachgewiesen sind, machen die Geopaläontologen glücklich. Wenn sie absterben, lösen sich ihre Gehäuse ab und bleiben durch Fossilisierung erhalten. Da sie auf Umweltbedingungen, wie etwa Temperatur und Salzgehalt des Wassers, unmittelbar reagieren, lassen sich anhand ihrer Populationsstrukturen die ökologischen und klimatischen Bedingungen vergangener Zeiten rekonstruieren. Zudem sind die Analysen zuverlässig, denn die durchschnittlich 0,5 Millimeter großen Foraminiferen finden sich sehr zahlreich in den Sedimenten. Die Organismen kommen in allen Weltmeeren vor. Bis heute sind zwischen 10000 und 20000 Arten bekannt. Von den fossilen Arten wurden bereits 38000 verzeichnet.

 | ×**170** | 2,5 mm

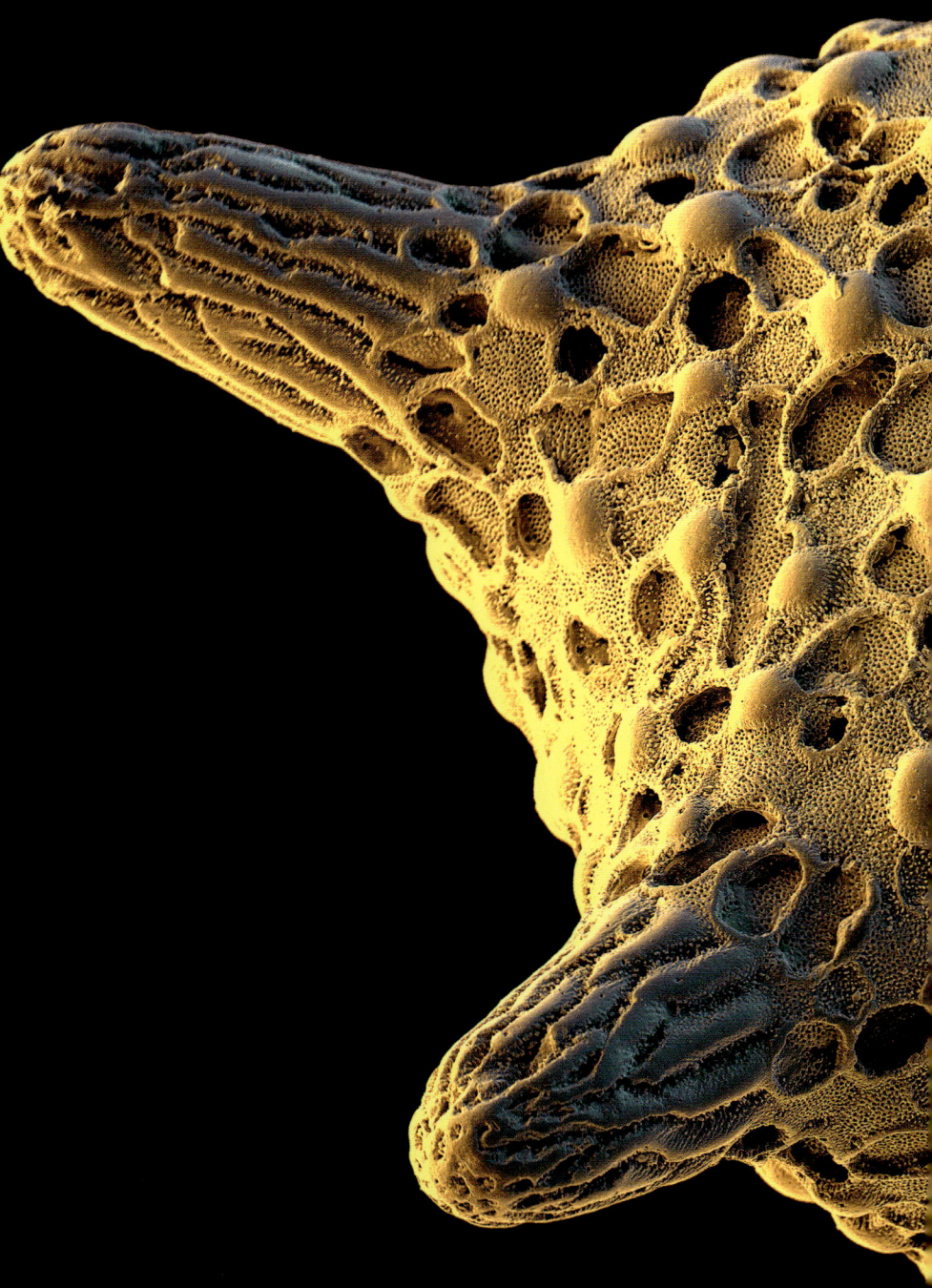

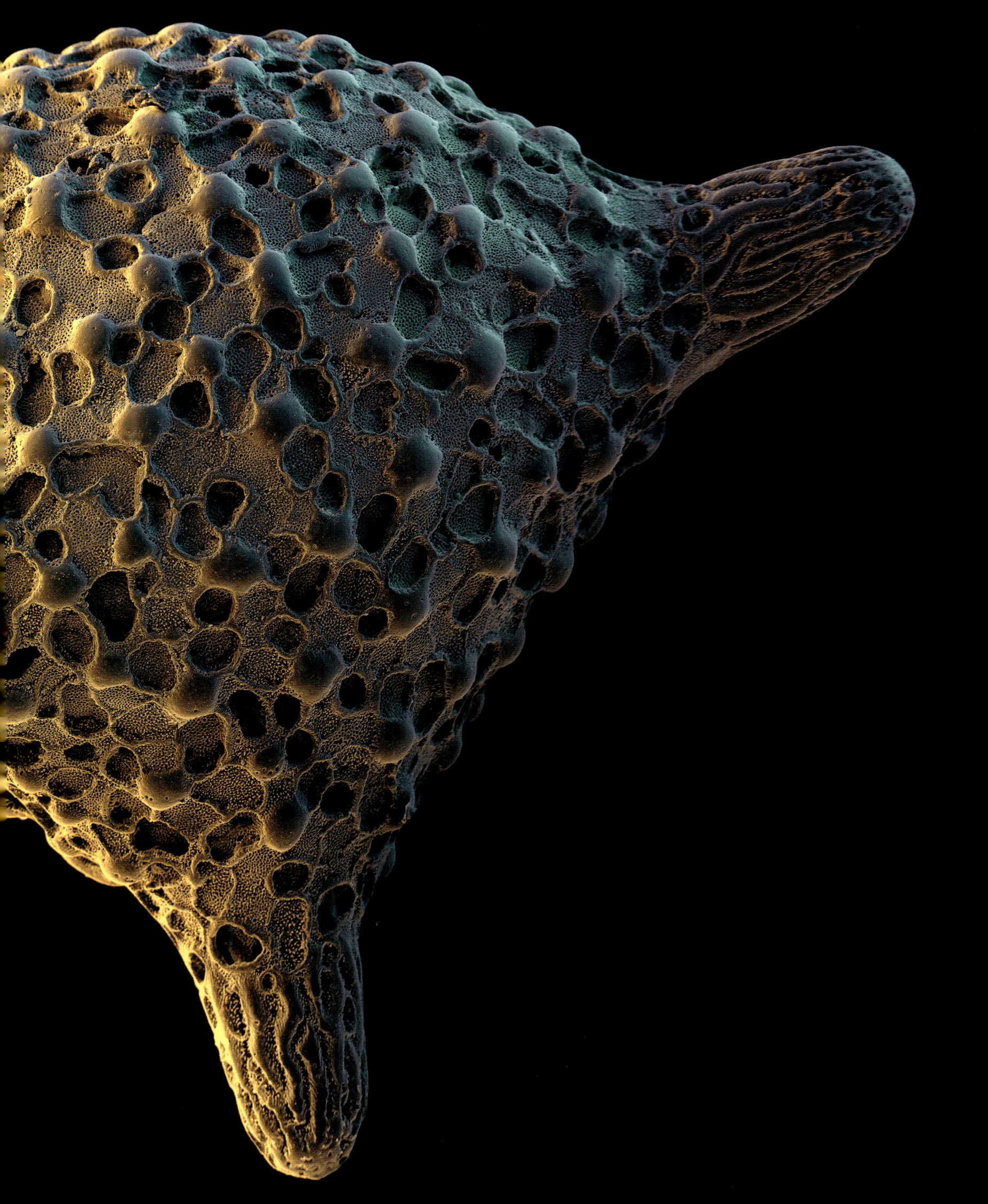

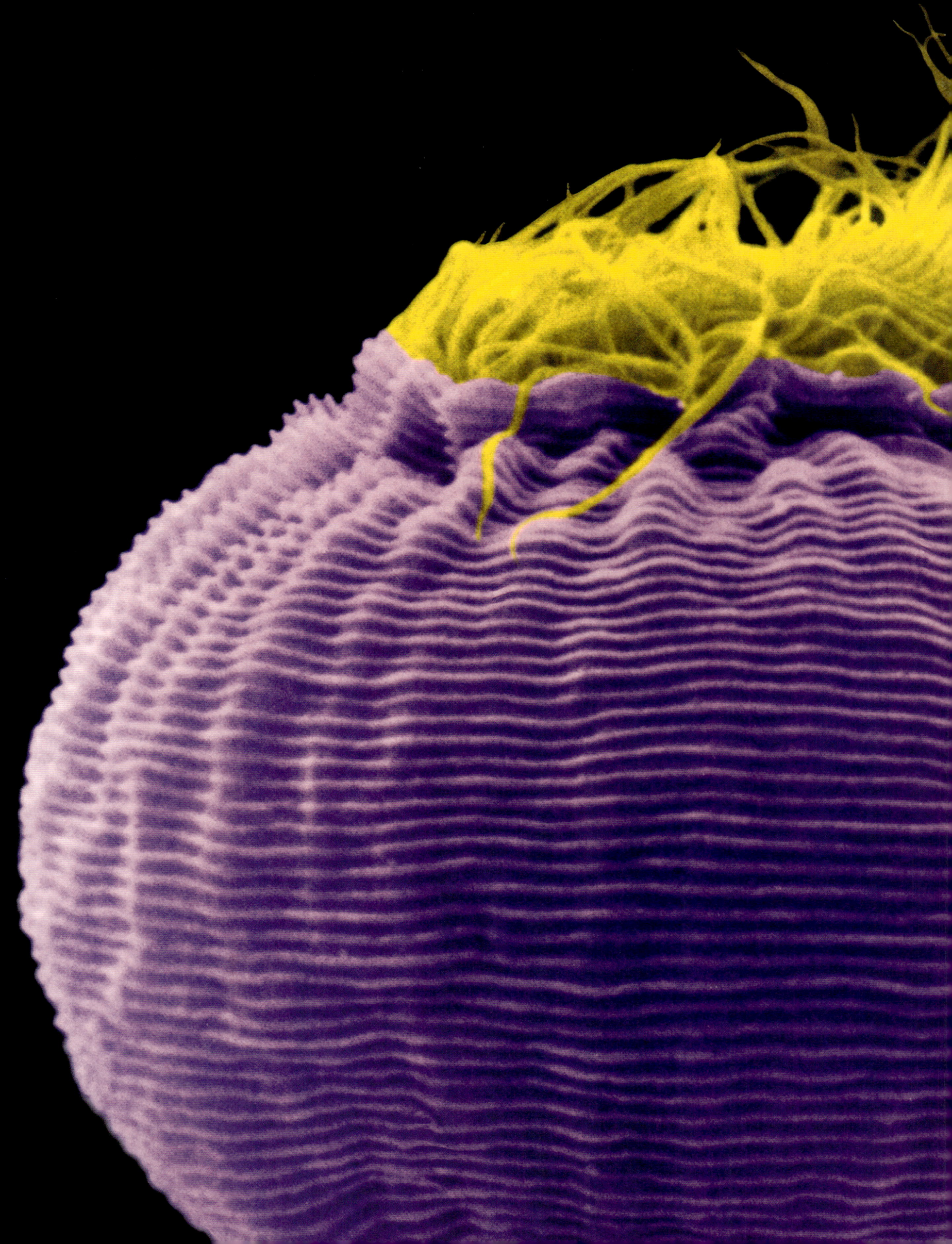

SÜSSWASSERLAMPION

Glockentierchen

In Tümpeln wimmelt es von mikroskopisch kleinen Organismen, darunter den Glockentierchen. Sie bestehen aus nur einer Zelle, dennoch können sie sich ernähren und fortbewegen.

Dieses Bild könnte einen Lampion zur Feier des chinesischen Neujahrs darstellen. Doch mit dieser Vermutung würde man schiefliegen. Stattdessen sollte man in Tümpeln, Teichen und anderen Süßwasserquellen nach dem Glockentierchen (*Vorticella* sp.) suchen – so heißt dieser einzellige Organismus. Seinen Namen verdankt das Tier der Art und Weise, wie es sich ernährt. Sein gelber Schopf ist nämlich ein Wimpernkranz an der Mundöffnung, mit dessen Hilfe es seine Nahrung, hauptsächlich Bakterien, herbeistrudelt (lat. *vortex* für „Wirbel, Strudel") und aufnimmt.

Um nicht fortgetrieben zu werden, heftet sich der Einzeller mit seinem Stiel, der hier im Bild nicht sichtbar ist, am Untergrund, an anderen Organismen oder an Pflanzen fest. Steht ihm der Sinn nach einem Ortswechsel, zieht er seinen Stiel zu einer Spirale zusammen und schnellt so vorwärts.

Im 17. Jahrhundert wurden das Glockentierchen und andere Einzeller zum ersten Mal von dem niederländischen Naturforscher Antoni van Leeuwenhoek beschrieben. Als Wegbereiter der Zellbiologie verbesserte er das Auflösungsvermögen und die Technik von Mikroskopen. Er war es auch, dem die „Animalcula" (Tierchen) im Sperma auffielen. Heute nennen wir sie Spermatozoen oder Spermien.

 | X **10 000** | 1/20 mm
50 µm

VERMALEDEITE KOLONIEN

STAPHYLOCOCCUS AUREUS

Trotz ihres poetischen Namens sind diese Bakterien für den Menschen hochgradig schädlich, denn sie verursachen üble Infektionen. Noch schlimmer: Sie entwickeln Resistenzen gegenüber den meisten Antibiotika.

Diese kleinen kugelförmigen Bakterien, auch Kokken genannt, sind zum Fürchten. Lassen Sie sich von der harmlosen Farbe solcher Kolonien aus Tausenden von Individuen nicht täuschen. Der goldgelbe Farbton, der von einem Pigment aus der Gruppe der Carotinoide herrührt, hat den Organismen zu ihrem Namen verholfen: *Staphylococcus aureus* (lat. *aureus*, „der Goldene") ist die gefährlichste der *Staphylococcus*-Arten.

Während das Bakterium bei ungefähr 30 Prozent aller Menschen vorkommt, ohne Krankheitssymptome auszulösen, fährt es im Fall des Angriffs ein ganzes Arsenal furchterregender Waffen auf. Zunächst setzt es ein Protein frei, das zur Gerinnung des Blutplasmas führt und einen Fibrinwall ausbildet, mit dem es sich quasi verkleidet. Da es von Antikörpern nun nicht mehr erkannt wird und so vor den Verteidigungsschlägen des Immunsystems geschützt ist, vermehrt es sich ungehemmt.

Im Folgenden produziert *Staphylococcus aureus* zahlreiche Moleküle, die verheerende Wirkungen haben: Sie spalten DNA-Ketten, durchdringen Zellmembranen, bringen das Immunsystem durcheinander usw. All dies kann zu Vergiftungen, Durchfällen, eitrigen örtlichen Infektionen, Abszessen und in schweren Fällen sogar zu einer Blutvergiftung führen.

Wie lässt sich gegen diese Plage vorgehen? Antibiotika verabreichen. Doch das führt meist nicht zum Erfolg, denn das Bakterium ist seit Langem resistent gegen die gängigsten Antibiotika Penicillin und Methicillin bzw. Oxacillin. Seit einiger Zeit scheinen manche auch unempfindlich gegenüber sogenannten Reserveantibiotika wie Vancomycin zu sein. Ein spezieller Stamm von *Staphylococcus aureus*, MRSA (methicillin- oder multiresistenter *Staphylococcus aureus*) genannt, zählt übrigens zu den wichtigsten Erregern von im Krankenhaus erworbenen Infektionen.

 | x **17 000** | 1/33 mm
30 µm

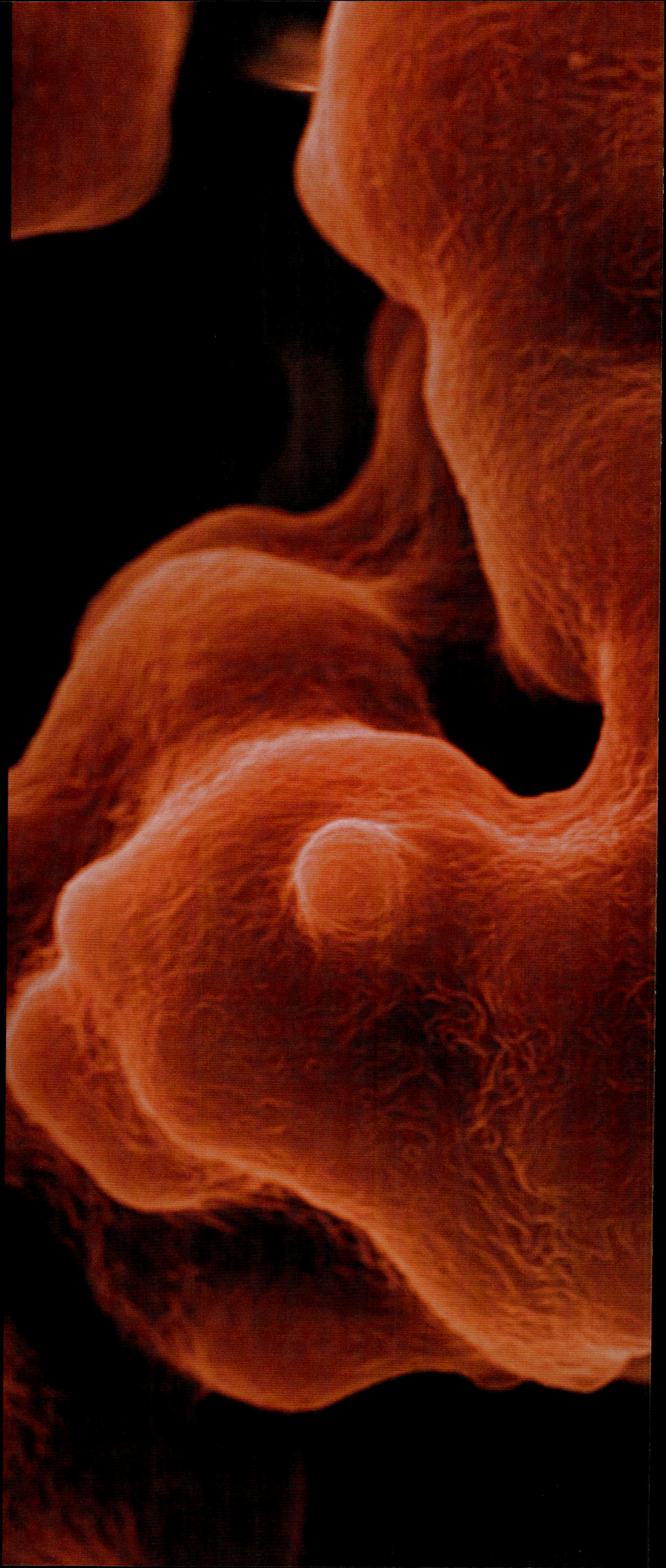

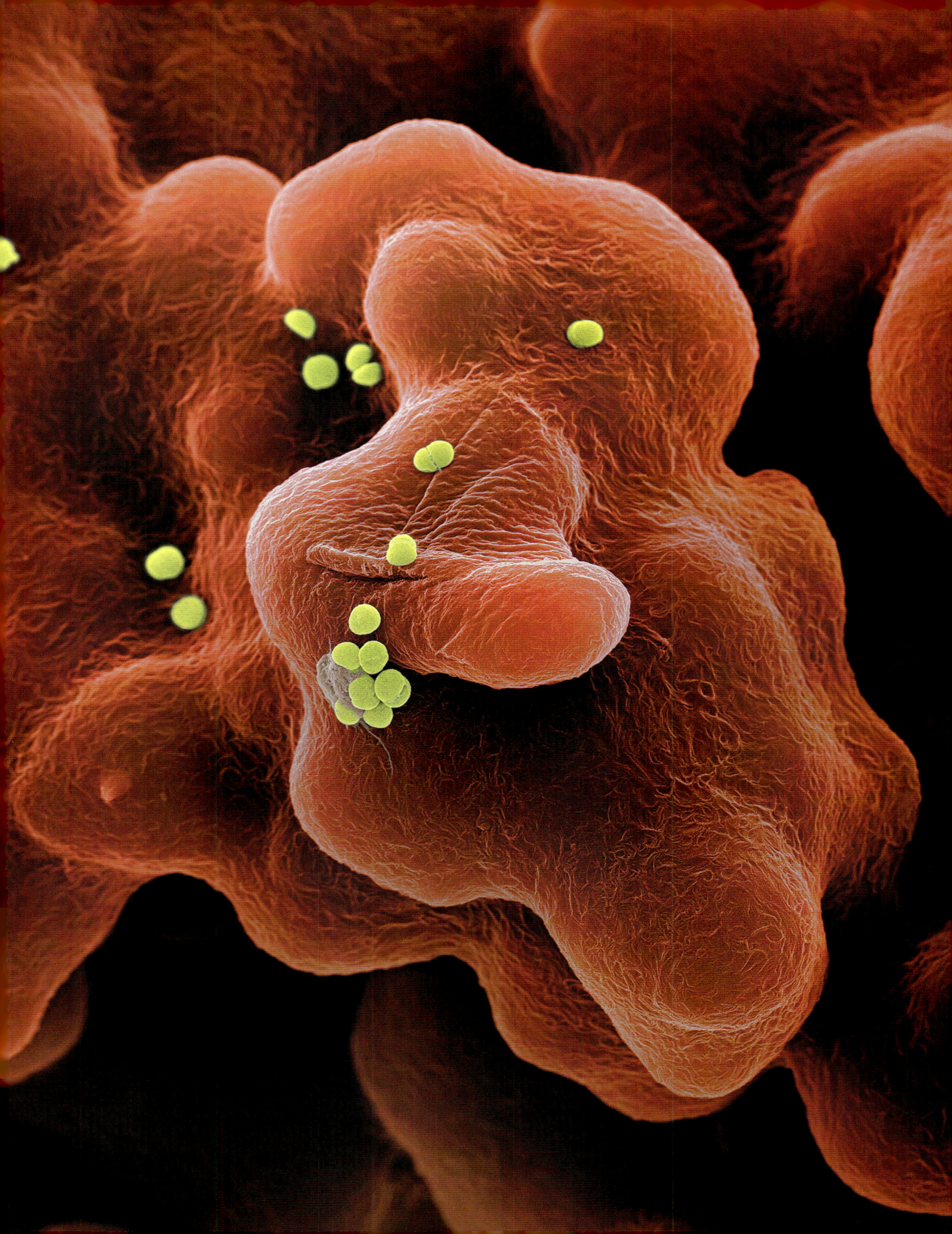

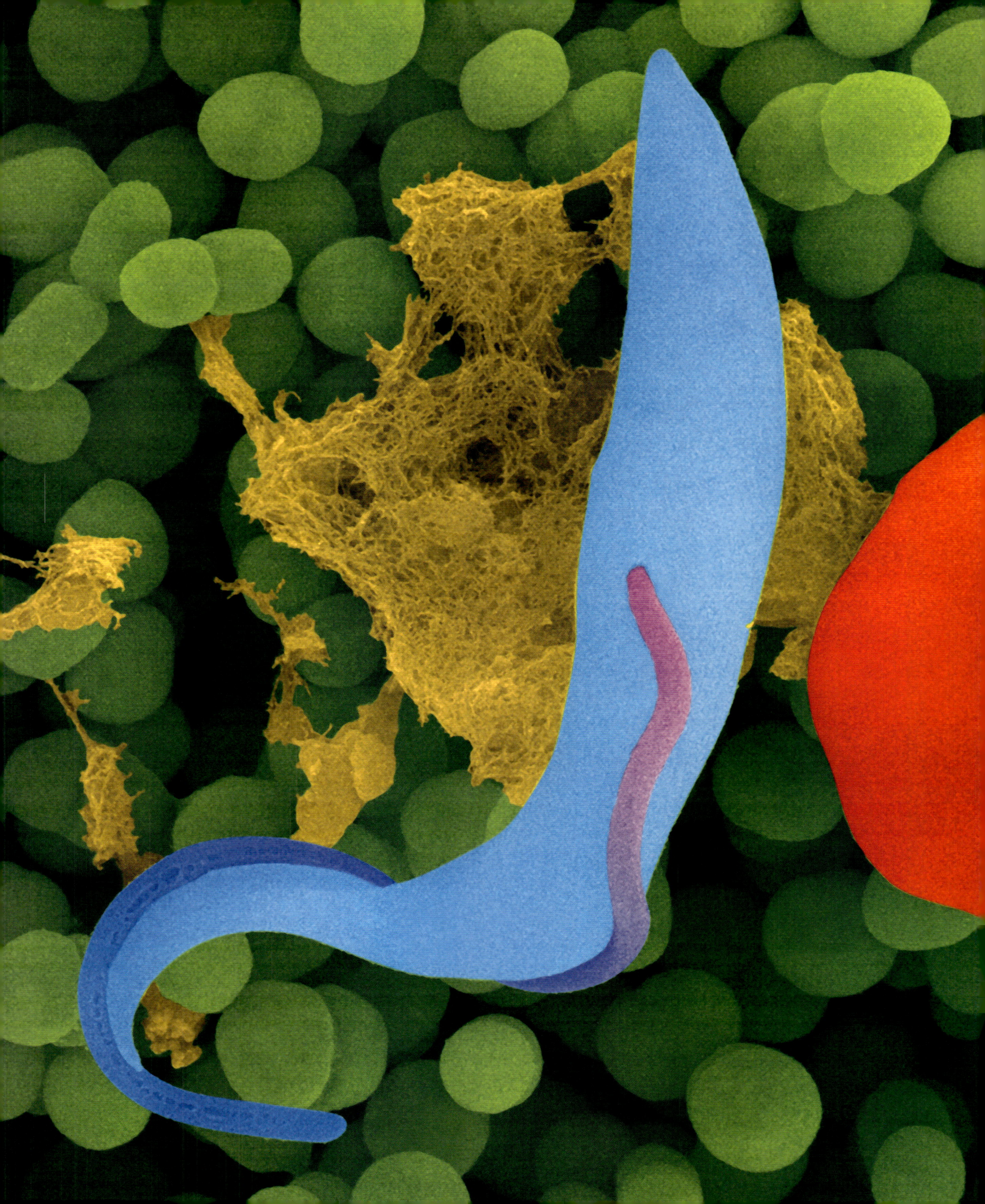

DAVID GEGEN GOLIATH

PARASITEN

Zahlreiche einzellige Lebewesen profitieren von vielzelligen Organismen. Sie nisten sich in deren Organen, im Lymphsystem oder im Blutkreislauf ein und gedeihen in der Wärme. Trotz eines bewährten Abwehrsystems haben Mensch und Tier bisweilen Mühe, dem Ansturm solcher winzigen Angreifer standzuhalten.

Giftiger Serviervorschlag: Auf einem Bett von grünen *Moraxella catarrhalis*-Bakterien ein blaues Geißeltierchen der Gattung *Trypanosoma* anrichten. Das Ganze mit einem senffarbenen und einem roten Blutkörperchen garnieren!

Bakterien und Protisten (Sammelbegriff für alle einzelligen Tiere und Pflanzen) sind Lebewesen, die aus nur einer Zelle bestehen. Die beiden hier vertretenen „Modelle" einzelliger Organismen leben als Parasiten und verursachen zum Teil schwere Krankheiten. Das *Moraxella catarrhalis*-Bakterium kann vor allem Atemwegsinfekte sowie Mittelohr- und Nasennebenhöhlenentzündungen auslösen, während die Trypanosomen als Erreger für die Schlafkrankheit und die Chagas-Krankheit verantwortlich sind.

Die Schlafkrankheit wird durch die ebenfalls mit Trypanosomen infizierte, in Afrika heimische Tsetsefliege übertragen. Wenn diese Menschen oder Tiere sticht, injiziert sie ihnen den Einzeller. Nach der Infektion kommt es zu Fieber, Kopf- und Gelenkschmerzen, geistiger Verwirrtheit, Koordinations- und Schlafstörungen. Die in Mittel- und Südamerika verbreitete Chagas-Krankheit wird durch blutsaugende Raubwanzen übertragen. In ihrer chronischen Phase, die in einem Drittel der Fälle eintritt, sind das Herz, der Verdauungstrakt und das Nervensystem geschädigt.

 × 29 000 | 1/65 mm
15 μm

KRIEG DER SPOREN

Milzbranderreger

Der Milzbranderreger ist ein unbewegliches Stäbchenbakterium. Es kann widerstandsfähige rundliche Sporen bilden, die in schlechten Zeiten überleben, weite Strecken zurücklegen und schlimme Attentate verüben können: Sie verursachen Milzbrand oder Anthrax.

Man sieht es ihnen nicht an, aber diese kleinen grünen Kugeln sind Agenten des Bioterrorismus. Zumindest können sie von Personen mit kriminellen Absichten als Waffe eingesetzt werden. Das Bild zeigt Sporen des Milzbranderregers *Bacillus anthracis* (38 000-fach vergrößert), die gerade ins Innere der Lunge, in eine Bronchiole (600-fach vergrößert), wandern. Sie lösen Lungenmilzbrand aus, der meist tödlich verläuft.

Sporen sind eine Überdauerungsform bestimmter Bakterien. Wenn ungünstige Bedingungen vorherrschen, treibt *Bacillus anthracis* diese kleinen runden Sporen aus, die der Trockenheit, Hitze, Strahlung, den Antibiotika und auch der Zeit trotzen. In Sporenform können Milzbrandbakterien an die hundert Jahre lang im Boden schlummern, während andere *Bacillus*-Arten sogar erst nach mehreren Tausend Jahren wieder zum Leben erwachen! Sobald die Milieubedingungen wieder günstiger sind, keimen die Sporen, und aus ihnen gehen von Neuem aktive Entwicklungsstadien der Bakterien hervor.

Sofern man einige Grundkenntnisse in Biologie hat, kann man derartige Sporen leicht kultivieren. Ihre Verbreitung über die Luft – als Aerosol oder Staub – ist problemlos möglich. Daher rührt auch die Panikwelle, als im September 2001 mehrere mit dem Anthraxerreger kontaminierte Briefe kursierten. Ein US-amerikanischer Mikrobiologe war der Hauptverdächtige, es konnten aber keine stichhaltigen Beweise erbracht werden.

 | X **38 000** | 1/75 mm
13 µm

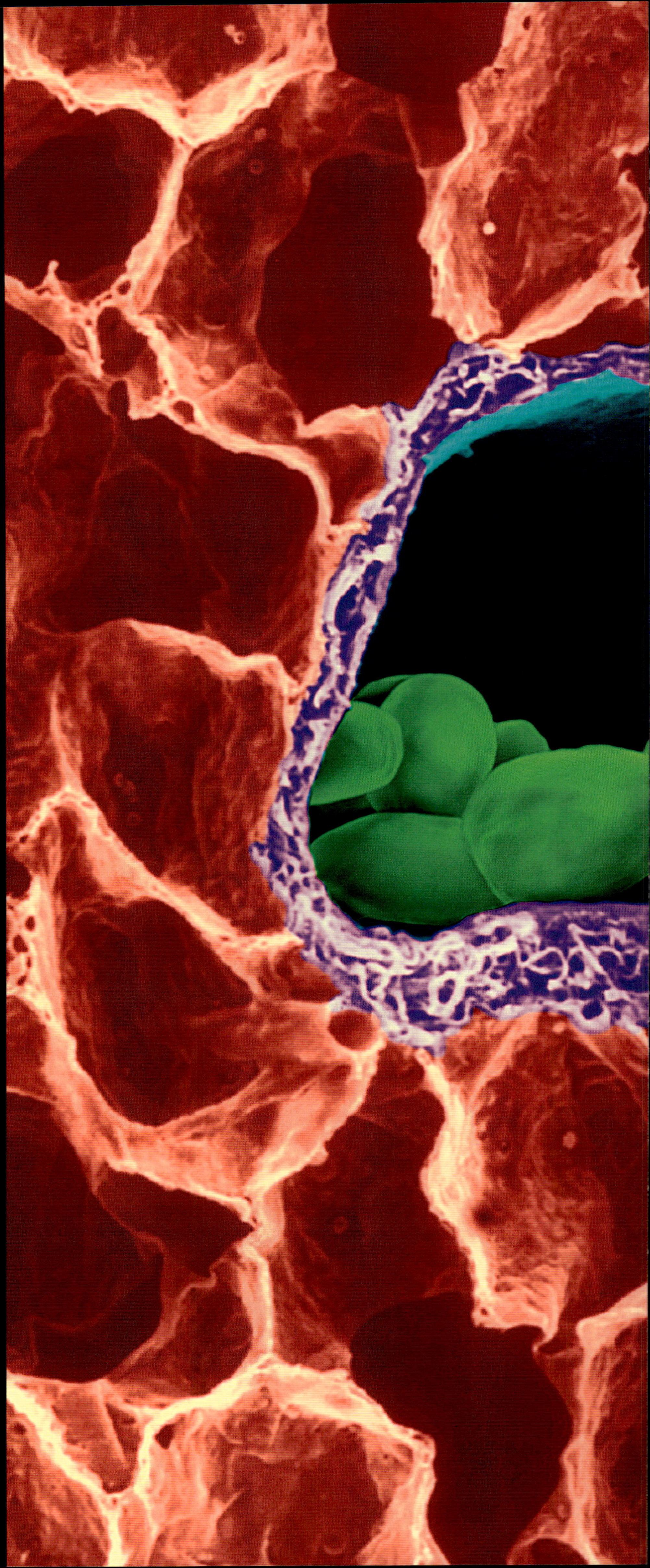

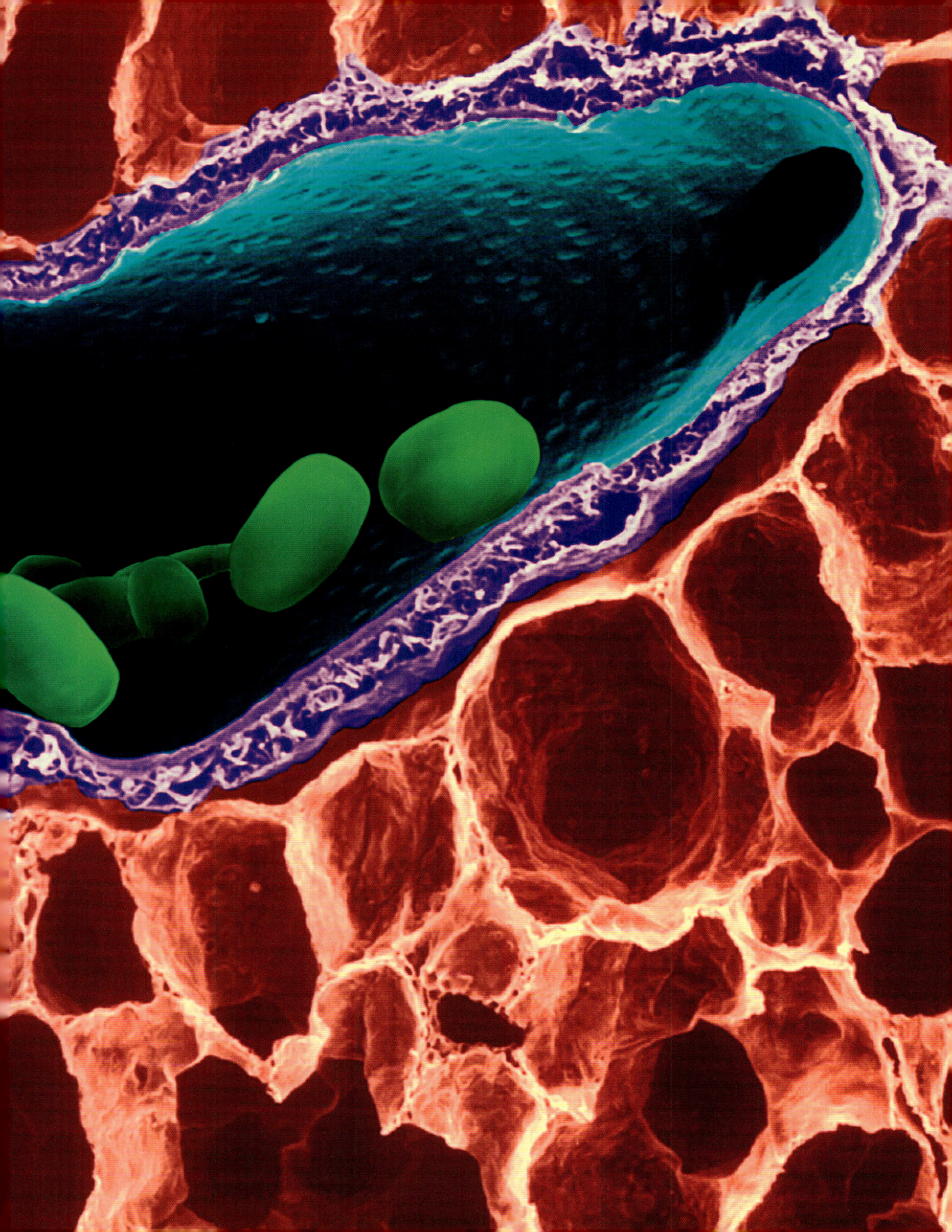

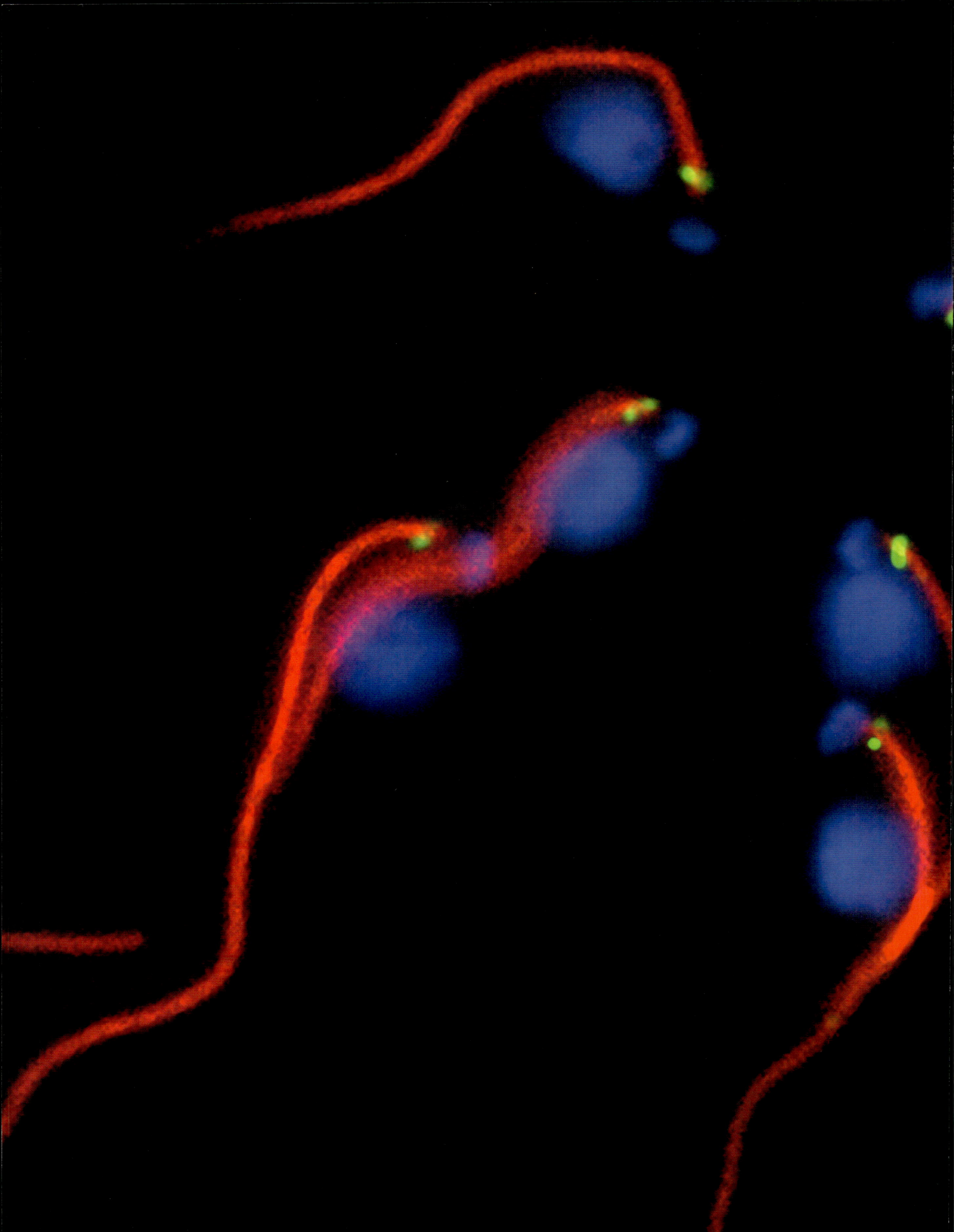

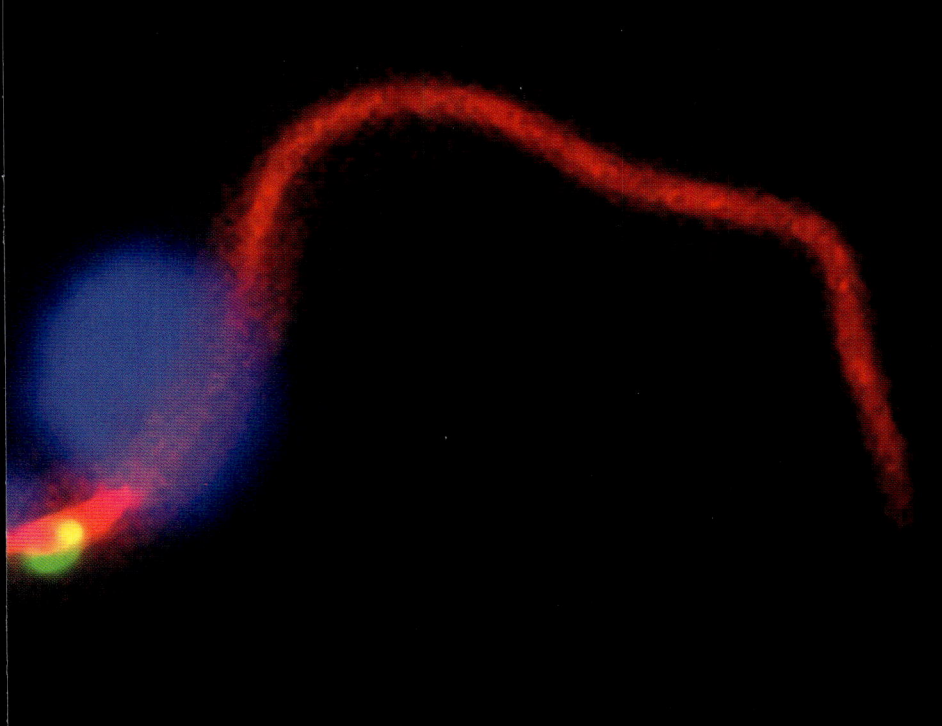

TÖDLICHE SEEPFERDCHEN
TRYPANOSOMEN

Trypanosomen sind Parasiten, die unter anderem die gefürchtete Schlafkrankheit übertragen. Zum Glück haben Wissenschaftler möglicherweise eine neue Behandlungsmethode gefunden, die daran erkrankte Personen heilen soll.

Warum beobachten Biologen diese seltsamen Seepferdchen? Weil sie für die in den tropischen Gebieten Afrikas vorkommende Schlafkrankheit verantwortlich sind. Fieber und Kopfschmerzen sind die ersten Symptome. Dann folgen geistige Verwirrtheit und Müdigkeitsanfälle, die der Krankheit ihren Namen gaben. Unbehandelt führt sie zum Tod. Nach Schätzungen der Weltgesundheitsorganisation (WHO) von 1995 erkrankten jährlich rund 300 000 Menschen daran. Dank einer entschiedenen Bekämpfung der Infektion ging diese Zahl stark zurück und sank im Jahr 2010 auf unter 10 000 Infizierte. Allerdings bleibt es schwierig, die Krankheit zu diagnostizieren und zu behandeln.

Neue Medikamente zu entwickeln ist demnach eine vordringliche Aufgabe des öffentlichen Gesundheitswesens. Daher erforschen Wissenschaftler die für die Krankheit verantwortlichen einzelligen Parasiten, die von der Tsetsefliege übertragenen Trypanosomen. Wir sehen sie hier. Ihr Zellkern erscheint in Blau und ihr Flagellum (Geißel), mit dem sie sich fortbewegen, in Rot. In Grün leuchtet ein Protein namens BILBO1, in das die Forscher große Hoffnungen setzen. Sie fanden nämlich heraus, dass sich Trypanosomen, denen es fehlt, nicht ernähren können und absterben. Medikamente herzustellen, die BILBO1 gezielt ausschalten, könnte ein neuer therapeutischer Lösungsansatz sein.

 X **80 000** 1/200 mm
5 µm

SCHWER VERDAULICH
S ALMONELLEN

Salmonellen sind Bakterien, die für den Menschen mehr oder weniger gefährlich sind. Je nach Art können sie eine einfache Lebensmittelvergiftung auslösen oder auch zum Tod ihres Wirts führen. Misstrauen ist also angebracht.

Eine, zwei, drei, vier … sollte man bei Schlaflosigkeit vielleicht eher Salmonellen als Schäfchen zählen? Auf diesem Foto dürften mehrere Dutzend der Bakterien abgebildet sein. Im Organismus vermehren sich Salmonellen zu Tausenden, doch bei Verdauungsbeschwerden ist Vorsicht geboten.

Es gibt mehr als 1000 Arten von Salmonellen. Sie siedeln sich gern in Eiern, Wurst, Fleisch oder Milchprodukten an, die ein bisschen zu lange im Kühlschrank gammeln. Im menschlichen Körper werden sie normalerweise von der Magensäure zerstört. Doch wenn sie es schaffen, sich stark zu vermehren und in den Darm zu gelangen, setzen sie reizerzeugende Toxine frei, die eine Lebensmittelvergiftung auslösen.

In Ländern, in denen die hygienischen Bedingungen unzulänglich sind, kann auch das Wasser mit Salmonellen verunreinigt sein. Reisende machen dann die Erfahrung von „Montezumas Rache". Sie leiden unter Bauchschmerzen und -krämpfen, Fieber, Durchfall und Erbrechen. Meist sind die Betroffenen nach ein paar Tagen Ruhe und viel Trinken zum Ausgleich von Flüssigkeitsdefiziten wieder genesen. Aber mitunter genügt das nicht. Wenn es sich um den Typ *Salmonella typhimurium*, Erreger einer oft tödlich verlaufenden, fieberhaften Darminfektion, handelt, ist die Einnahme von Antibiotika erforderlich. Ohne Behandlung sterben 10 bis 16 Prozent der Infizierten.

 ✕ **15 000** | 1/33 mm
30 µm

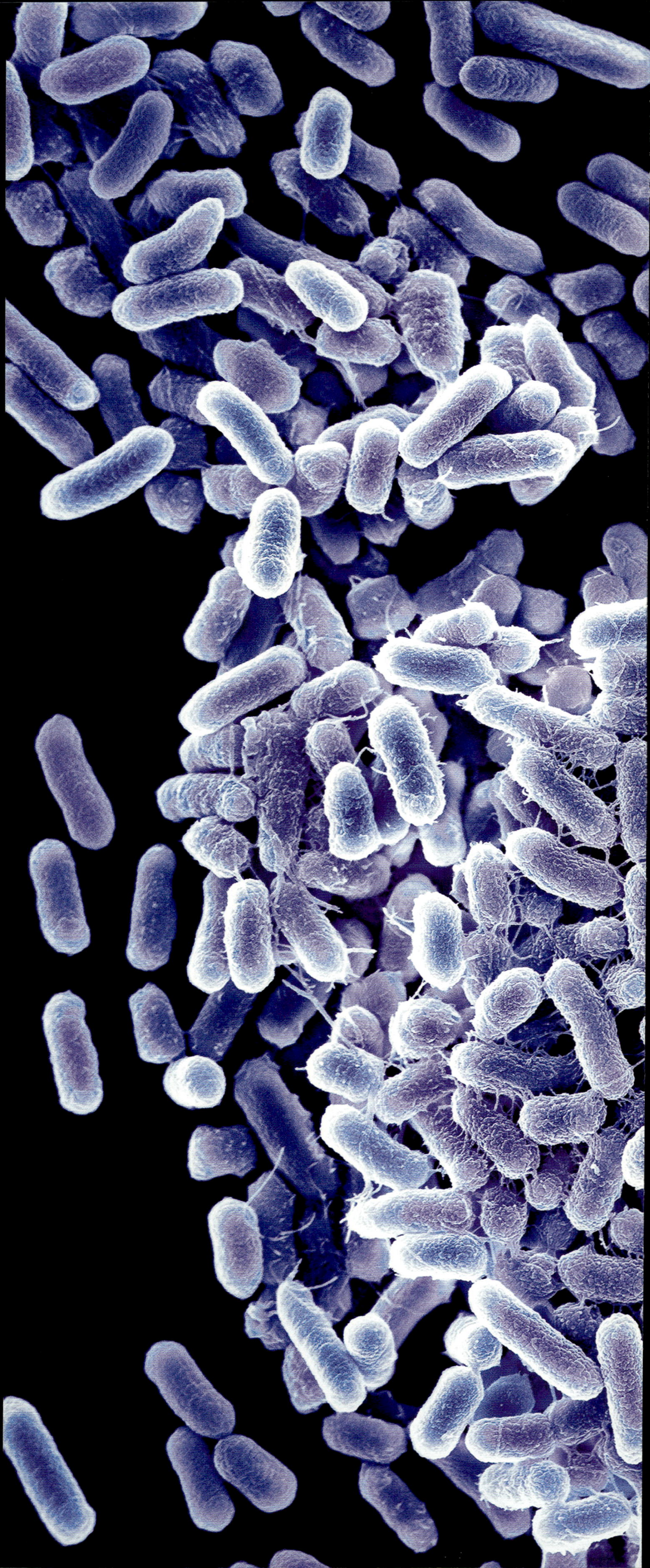

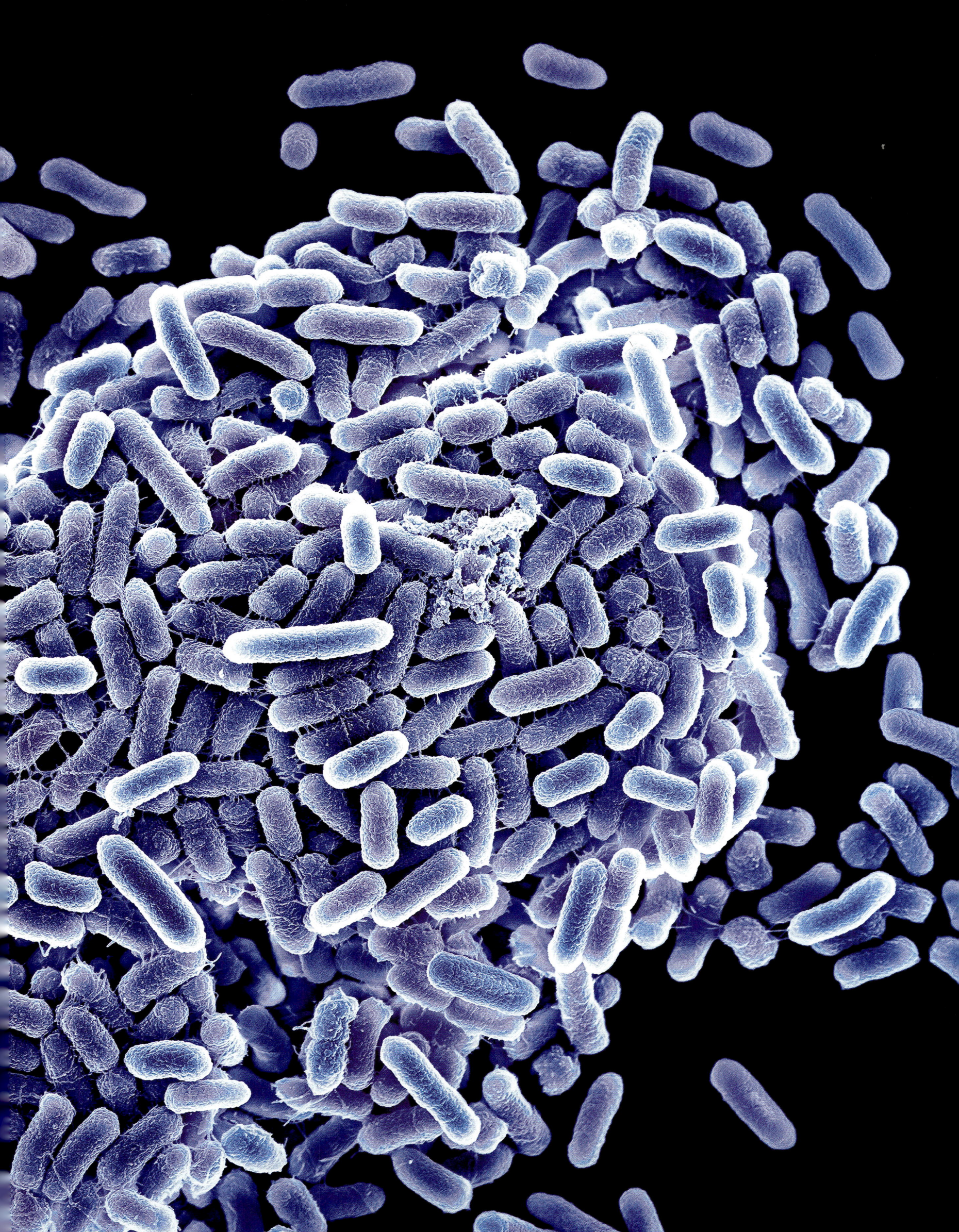

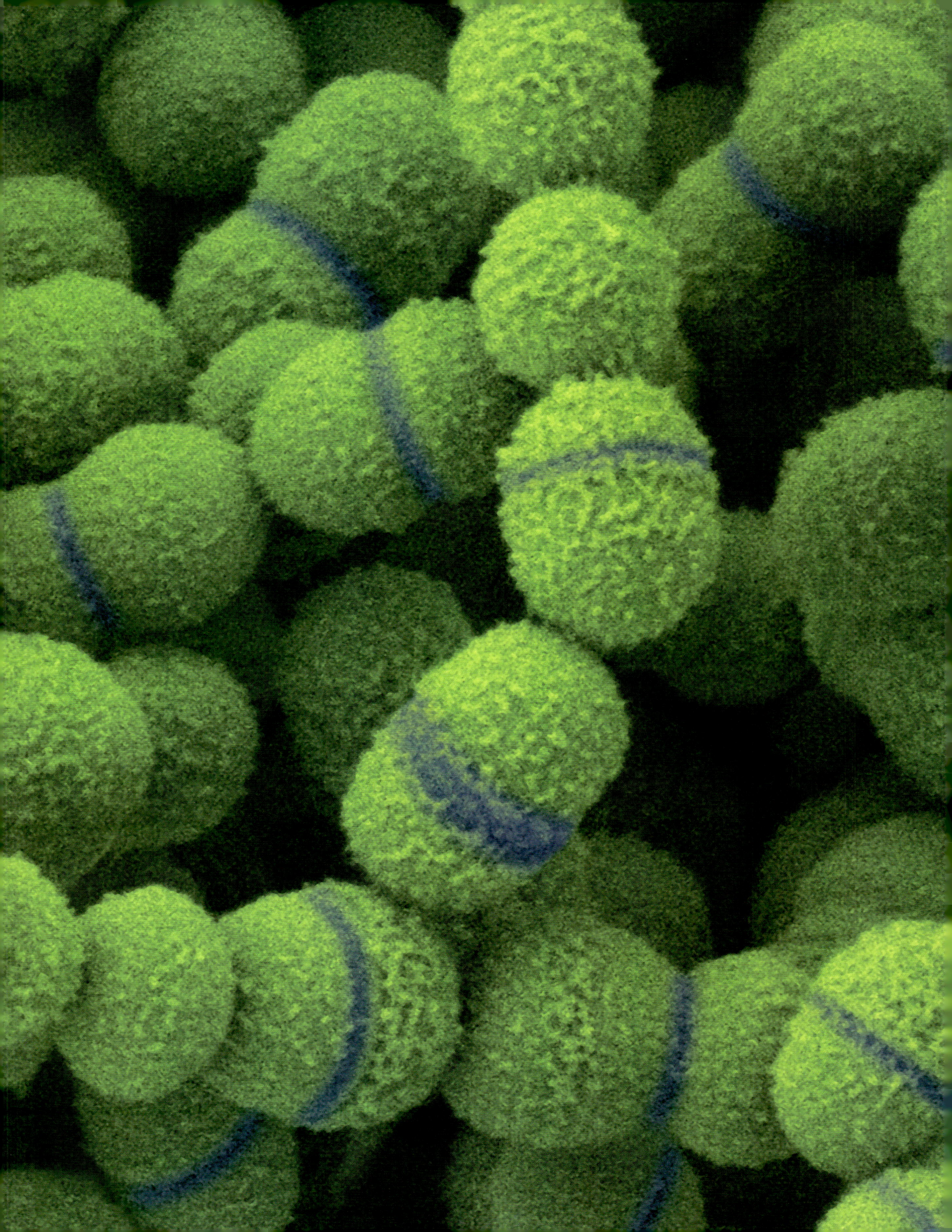

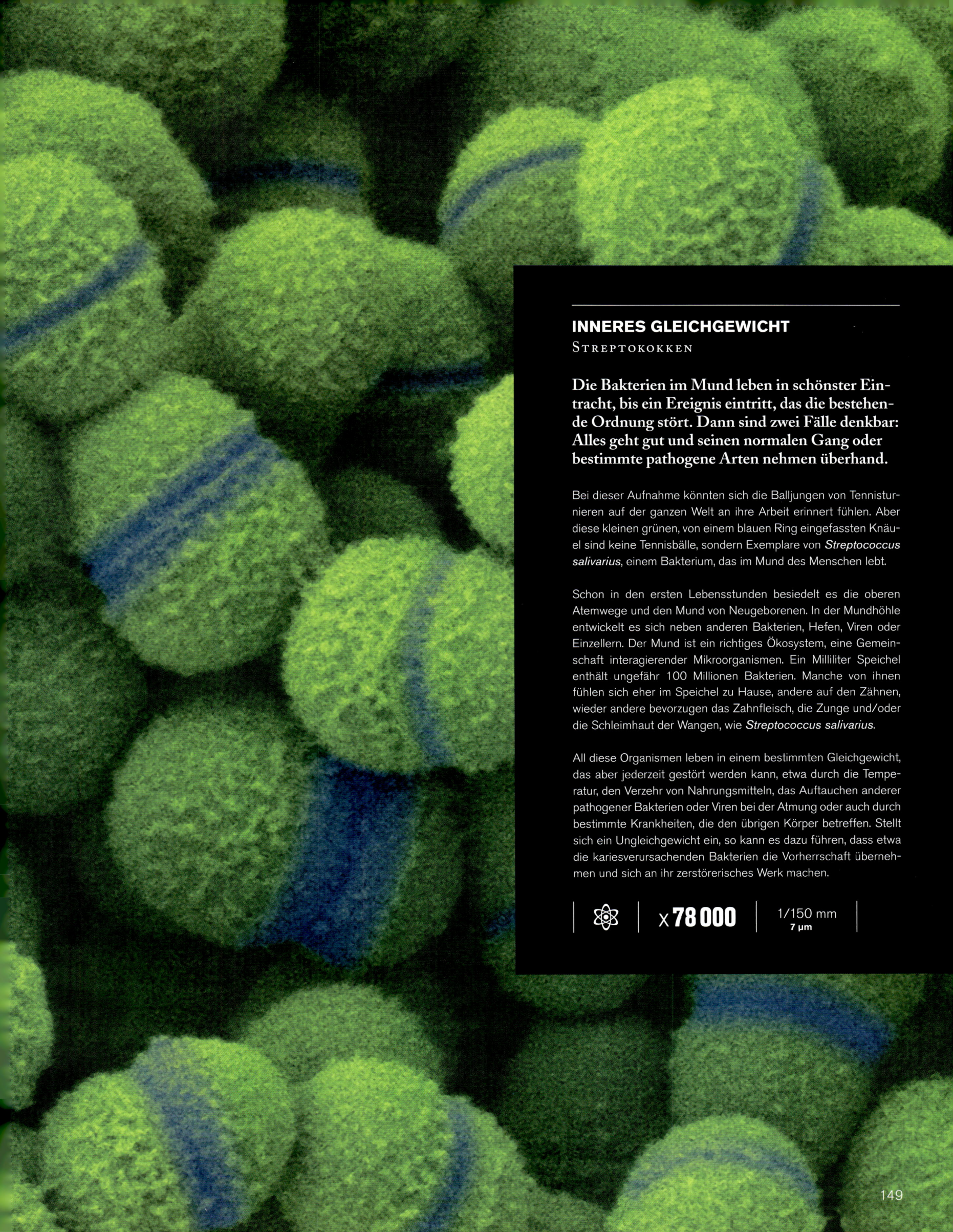

INNERES GLEICHGEWICHT
Streptokokken

Die Bakterien im Mund leben in schönster Eintracht, bis ein Ereignis eintritt, das die bestehende Ordnung stört. Dann sind zwei Fälle denkbar: Alles geht gut und seinen normalen Gang oder bestimmte pathogene Arten nehmen überhand.

Bei dieser Aufnahme könnten sich die Balljungen von Tennisturnieren auf der ganzen Welt an ihre Arbeit erinnert fühlen. Aber diese kleinen grünen, von einem blauen Ring eingefassten Knäuel sind keine Tennisbälle, sondern Exemplare von *Streptococcus salivarius*, einem Bakterium, das im Mund des Menschen lebt.

Schon in den ersten Lebensstunden besiedelt es die oberen Atemwege und den Mund von Neugeborenen. In der Mundhöhle entwickelt es sich neben anderen Bakterien, Hefen, Viren oder Einzellern. Der Mund ist ein richtiges Ökosystem, eine Gemeinschaft interagierender Mikroorganismen. Ein Milliliter Speichel enthält ungefähr 100 Millionen Bakterien. Manche von ihnen fühlen sich eher im Speichel zu Hause, andere auf den Zähnen, wieder andere bevorzugen das Zahnfleisch, die Zunge und/oder die Schleimhaut der Wangen, wie *Streptococcus salivarius*.

All diese Organismen leben in einem bestimmten Gleichgewicht, das aber jederzeit gestört werden kann, etwa durch die Temperatur, den Verzehr von Nahrungsmitteln, das Auftauchen anderer pathogener Bakterien oder Viren bei der Atmung oder auch durch bestimmte Krankheiten, die den übrigen Körper betreffen. Stellt sich ein Ungleichgewicht ein, so kann es dazu führen, dass etwa die kariesverursachenden Bakterien die Vorherrschaft übernehmen und sich an ihr zerstörerisches Werk machen.

× 78 000 1/150 mm 7 µm

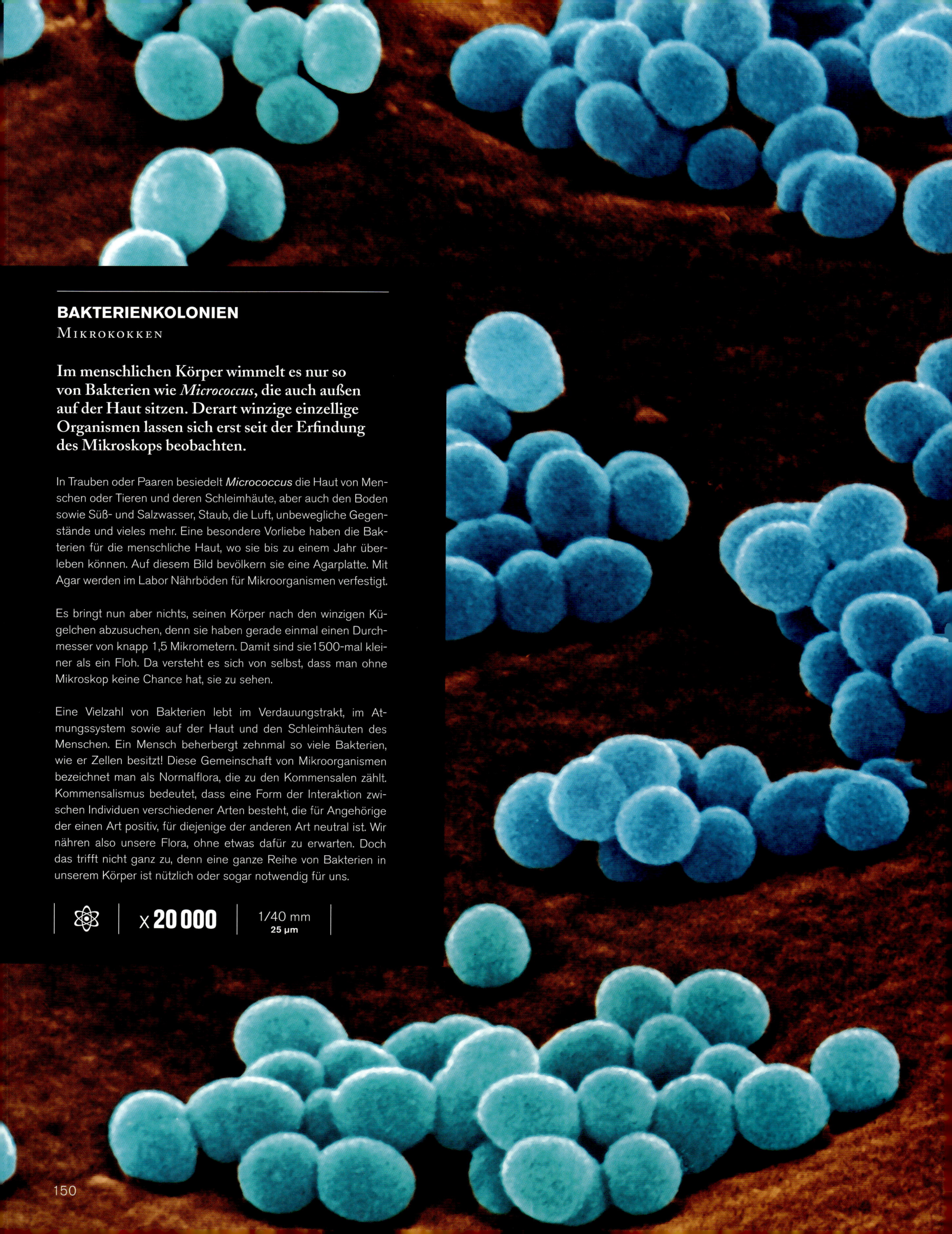

BAKTERIENKOLONIEN
Mikrokokken

Im menschlichen Körper wimmelt es nur so von Bakterien wie *Micrococcus*, die auch außen auf der Haut sitzen. Derart winzige einzellige Organismen lassen sich erst seit der Erfindung des Mikroskops beobachten.

In Trauben oder Paaren besiedelt *Micrococcus* die Haut von Menschen oder Tieren und deren Schleimhäute, aber auch den Boden sowie Süß- und Salzwasser, Staub, die Luft, unbewegliche Gegenstände und vieles mehr. Eine besondere Vorliebe haben die Bakterien für die menschliche Haut, wo sie bis zu einem Jahr überleben können. Auf diesem Bild bevölkern sie eine Agarplatte. Mit Agar werden im Labor Nährböden für Mikroorganismen verfestigt.

Es bringt nun aber nichts, seinen Körper nach den winzigen Kügelchen abzusuchen, denn sie haben gerade einmal einen Durchmesser von knapp 1,5 Mikrometern. Damit sind sie 1500-mal kleiner als ein Floh. Da versteht es sich von selbst, dass man ohne Mikroskop keine Chance hat, sie zu sehen.

Eine Vielzahl von Bakterien lebt im Verdauungstrakt, im Atmungssystem sowie auf der Haut und den Schleimhäuten des Menschen. Ein Mensch beherbergt zehnmal so viele Bakterien, wie er Zellen besitzt! Diese Gemeinschaft von Mikroorganismen bezeichnet man als Normalflora, die zu den Kommensalen zählt. Kommensalismus bedeutet, dass eine Form der Interaktion zwischen Individuen verschiedener Arten besteht, die für Angehörige der einen Art positiv, für diejenige der anderen Art neutral ist. Wir nähren also unsere Flora, ohne etwas dafür zu erwarten. Doch das trifft nicht ganz zu, denn eine ganze Reihe von Bakterien in unserem Körper ist nützlich oder sogar notwendig für uns.

✕ **20 000** | 1/40 mm
25 µm

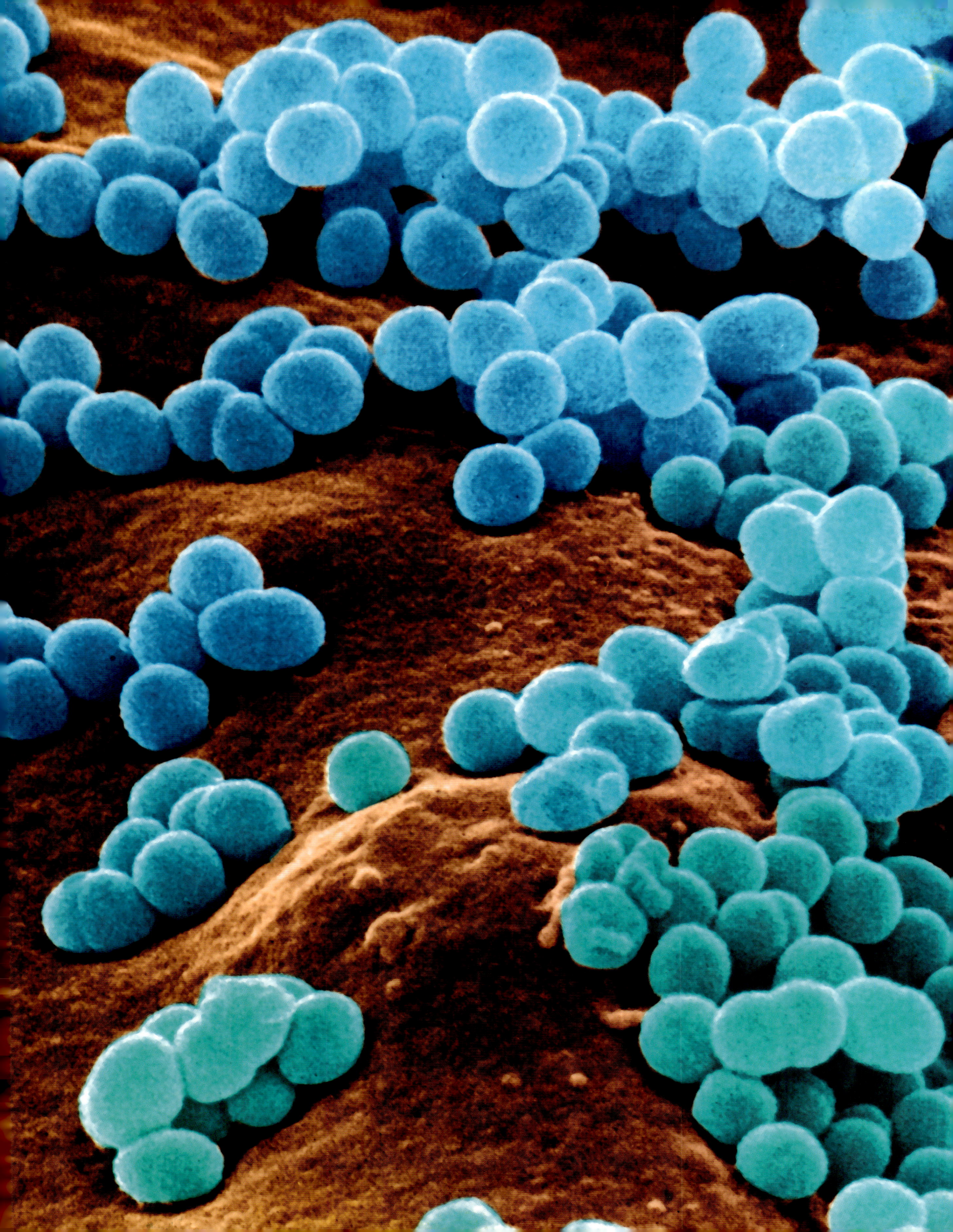

MINERALISCHES SCHOTTENKARO
Leucit

**Unter dem Mikroskop offenbaren die Minera-
lien ihre innerste Struktur. Sie gibt Aufschluss
über den Bauplan, nach dem die Atome der
Mineralien angeordnet sind.**

Ein schönes Beispiel geometrischer Kunst, nicht wahr? Umso
mehr, als dies das Werk der Natur ist. Leucit, so heißt das Mineral, entsteht in vulkanischem Gestein. Seinen Namen erhielt es
wegen seiner durchscheinenden, überwiegend weißen (griech.
leukos, „weiß") oder farblosen Kristalle.

Die charakteristische Struktur dieser rechtwinkligen Parkettstä-
be rührt von der Anordnung der Atome des Leucits her: Je nach
Temperatur haben sie eine unterschiedliche Kristallstruktur. Über
625 °C kristallisieren sie im kubischen System. Beim Abkühlen
wird das Kristallsystem tetragonal, ohne dass sich jedoch die
äußere Form verändert. So kann man dieses hübsche schwarz-
weiße Schottenkaro beobachten.

Das im Allgemeinen eher seltene Mineral findet sich relativ häufig in alkalireichen und siliziumdioxidarmen jungen Laven: Es
zersetzt sich leicht. Leucit wird durch Säuren wie Salzsäure und
Oxalsäure geschädigt. Früher wurde er zur Gewinnung von Kali-
um und Aluminium, seinen beiden Hauptbestandteilen, genutzt.

✕ **16 000** | 1/40 mm
25 µm

HÖLZERNES HORN

Zellulose

Alltägliche Naturmaterialien können zum Gegenstand hoch entwickelter Forschung werden. So auch im Fall der Zellulose. Aufgrund ihrer Struktur lassen sich beispielsweise Moleküle ausfiltern, was eine für Wissenschaftler äußerst nützliche Funktion ist.

Dieses Horn ist quasi ein Hightechmaterial. Zumindest taucht es in diesem Bereich auf. Dennoch ist es kein seltener Stoff: Es handelt sich um Zellulose, also die Substanz, aus der auch pflanzliche Zellwände bestehen.

Was aber ist an ihr so interessant, dass sie die Labors erobert hat? Vor allem zwei Eigenschaften der Zellulose lassen Wissenschaftlerherzen höherschlagen. Zum einen ihre Porosität: Man erahnt sie in den übereinanderliegenden Schichten des Teilstücks auf dem Foto. Zellulose kann als Filter dienen, um bestimmte Moleküle in einer Flüssigkeit zurückzuhalten, die selbst ungehindert hindurchfließt. Da Zellulose in der Natur überaus reichlich vorkommt, ist eine wirtschaftliche, ökologische und chemisch verträgliche Nutzung möglich. So hat sie vielfältige Anwendungsbereiche gefunden, etwa im Hüttenwesen, in der chemischen und pharmazeutischen Industrie sowie in der Abwasserwirtschaft.

Zum anderen dient Zellulose auch schlicht und einfach als Trägersubstanz. Um einen flüssigen Stoff unter dem Mikroskop zu beobachten, wird dieser auf einen Probenhalter aus Zellulose aufgetragen. Die grüne Farbe ist hier künstlich hinzugefügt – eine Wahl des Mikrofotografen.

 | X **46 700** | 1/110 mm
9 µm

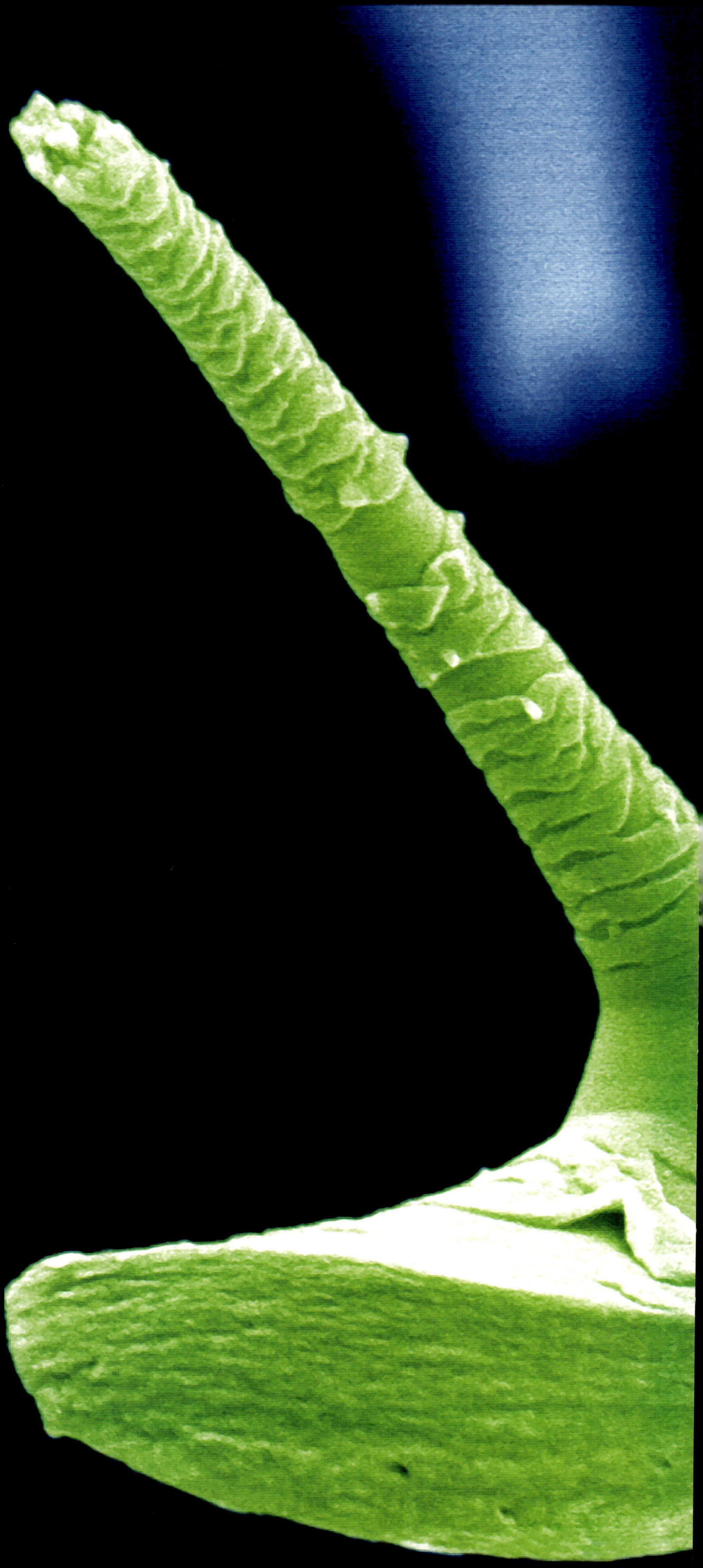

154

PORÖSE STEINE
ZEOLITHE

Trifft Wasser im Erdinneren auf vulkanisches Gestein, so entstehen Zeolithe. Sie kommen als Mineralien in der Natur vor, können aber auch synthetisch hergestellt werden – sehr zur Freude der Bonsaigärtner und der Industrie.

Eine raffinierte Waschkugel oder eine leicht lädierte Sandrose? Danach: Käsewürfel unter blauem Licht? Keineswegs! Diese Kristalle sind Zeolithe, Mineralien aus der Gruppe der Silikate. Sie bestehen aus einem Gerüst aus AlO_4- und SiO_4-Tetraedern, wobei die Aluminium- und Siliziumatome untereinander durch Sauerstoffatome verbunden sind. Die violetten Mineralien sind Sodalithe, die ebenfalls zur Gruppe der Silikate gehören. Die blauen (auf dem nächsten Bild, 30000-fach vergrößert) sind Zeolithe des Typs NaP1.

Ihre mikroporöse Struktur macht sie als Molekularsiebe interessant: Es bleiben nur Moleküle zurück, die kleiner sind als die Porenöffnungen der Zeolithstruktur. In der Medizin wird diese Eigenschaft zur Sauerstoffgewinnung eingesetzt, da der Stickstoff in der Luft vom Zeolith absorbiert wird.

Derzeit sind 48 natürlich vorkommende Zeolithtypen bekannt. Sie bilden sich als Resultat chemischer Reaktionen von vulkanischen Gesteinen und Aschen mit alkalischem Grundwasser. Natürliche Zeolithe sind häufig mit metallischen Mineralien, Quarz oder anderen Zeolithen verunreinigt. Dadurch sind sie für industrielle Anwendungen ungeeignet. Doch glücklicherweise können sie auch synthetisch hergestellt werden, und zwar auf der Basis von Silizium- und Aluminiumverbindungen, die zu den reichhaltigsten Vorkommen auf der Erde zählen. Die 150 synthetischen Zeolithtypen sind reiner und entsprechen daher eher dem Bedarf der Industrie. Ihre Fähigkeit, Wasser zu speichern und als Ionenaustauscher die Wasserqualität zu verbessern, wird auch von Bonsailiebhabern geschätzt. Sie verwenden Zeolith als Substrat für ihre Miniaturbäume.

X **57 000**   1/125 mm
8 µm

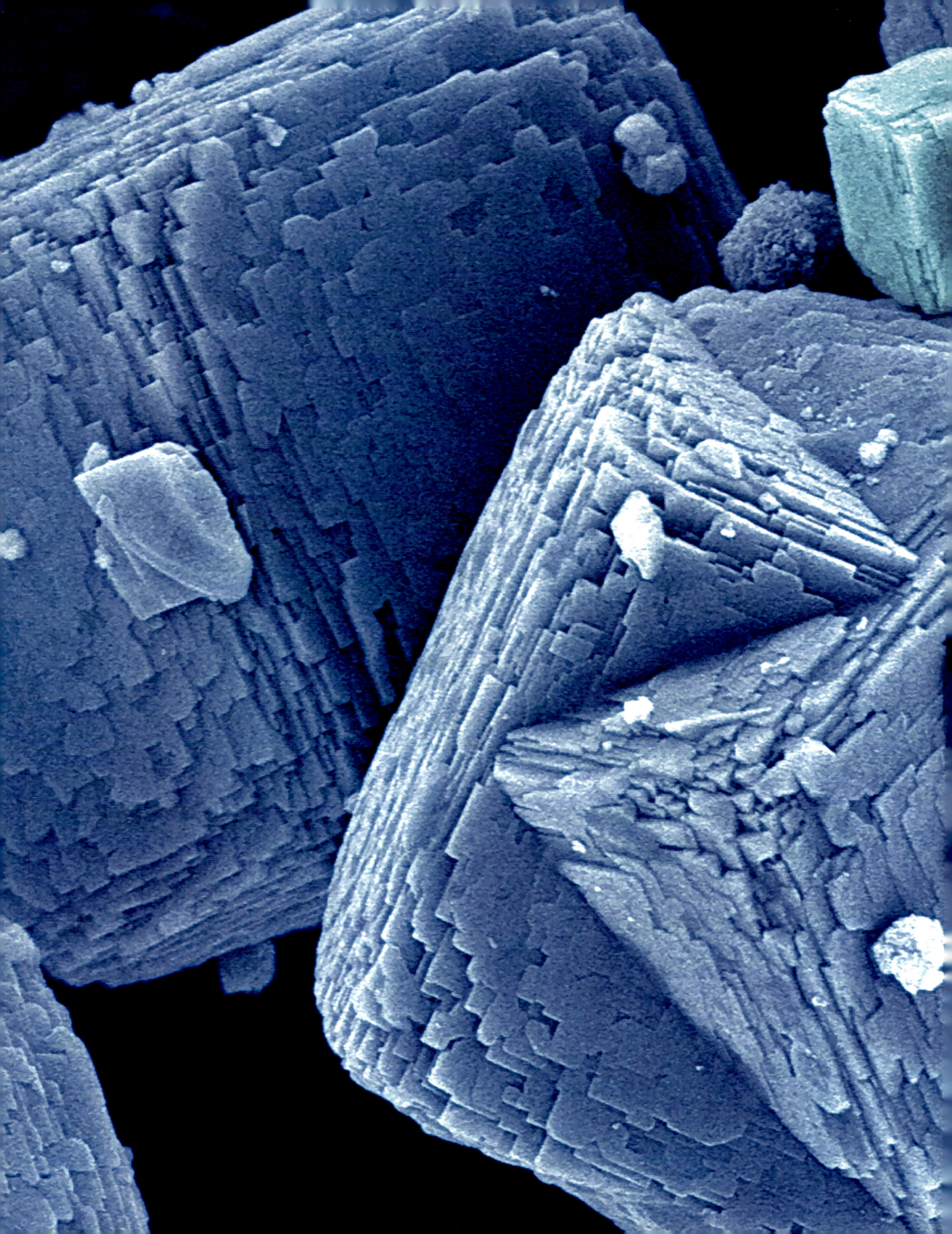

ZARTES ATOMGEBÄCK
KOHLENSTOFFNANORÖHREN

Durch die Kombination der Eigenschaften von Diamant und Graphit haben Kohlenstoffnanoröhren die Physik revolutioniert. Hier ein kleines Porträt dieser Laborstars.

Sie sind ungefähr zwanzig Jahre alt, ein paar Mikrometer lang, haben – wie das DNA-Molekül – einen Durchmesser von ein paar milliardstel Metern (Nanometern) und sind schon berühmt. Die Rede ist von Kohlenstoffnanoröhren, hier in Form mehrwandiger Röhren. Doch worin liegt ihr Geheimnis?

Es steckt in ihrer Kohlenstoffstruktur. Im Diamanten, der ebenfalls aus Kohlenstoff besteht, sind die Kohlenstoffatome tetraedrisch gebunden. Jedes Atom hat vier symmetrisch ausgerichtete, extrem feste Bindungen zu seinen nächsten Nachbarn, was dem Diamanten seine Härte in den drei Dimensionen verleiht. Graphit besteht ebenfalls aus Kohlenstoff, allerdings aus parallel verlaufenden ebenen Schichten. Das erklärt, warum eine Bleistiftmine leicht bricht. Rollt man nun eine dieser Graphitschichten zusammen, erhält man eine Kohlenstoffnanoröhre. Und wenn mehrere Schichten zusammengerollt werden, ergibt das ein mehrwandiges Exemplar.

Diese Nanoröhren besitzen unübertroffene Eigenschaften. Sie sind 200-mal so widerstandsfähig wie Stahl, behalten dabei aber ihre Elastizität. Man kann sie ineinander verschachteln, um daraus geschmeidige und zugleich feste Materialien herzustellen. Außerdem sind sie elektrische Leiter. Dank ihrer geringen Größe haben sie sich einen Platz in der Nanoelektronik erobert. Hohl dienen sie auch als Behältnisse für Atome bei chemischen Reaktionen. Mittlerweile arbeiten weltweit Tausende Labors mit ihnen.

X **83 000**

1/140 mm
7 µm

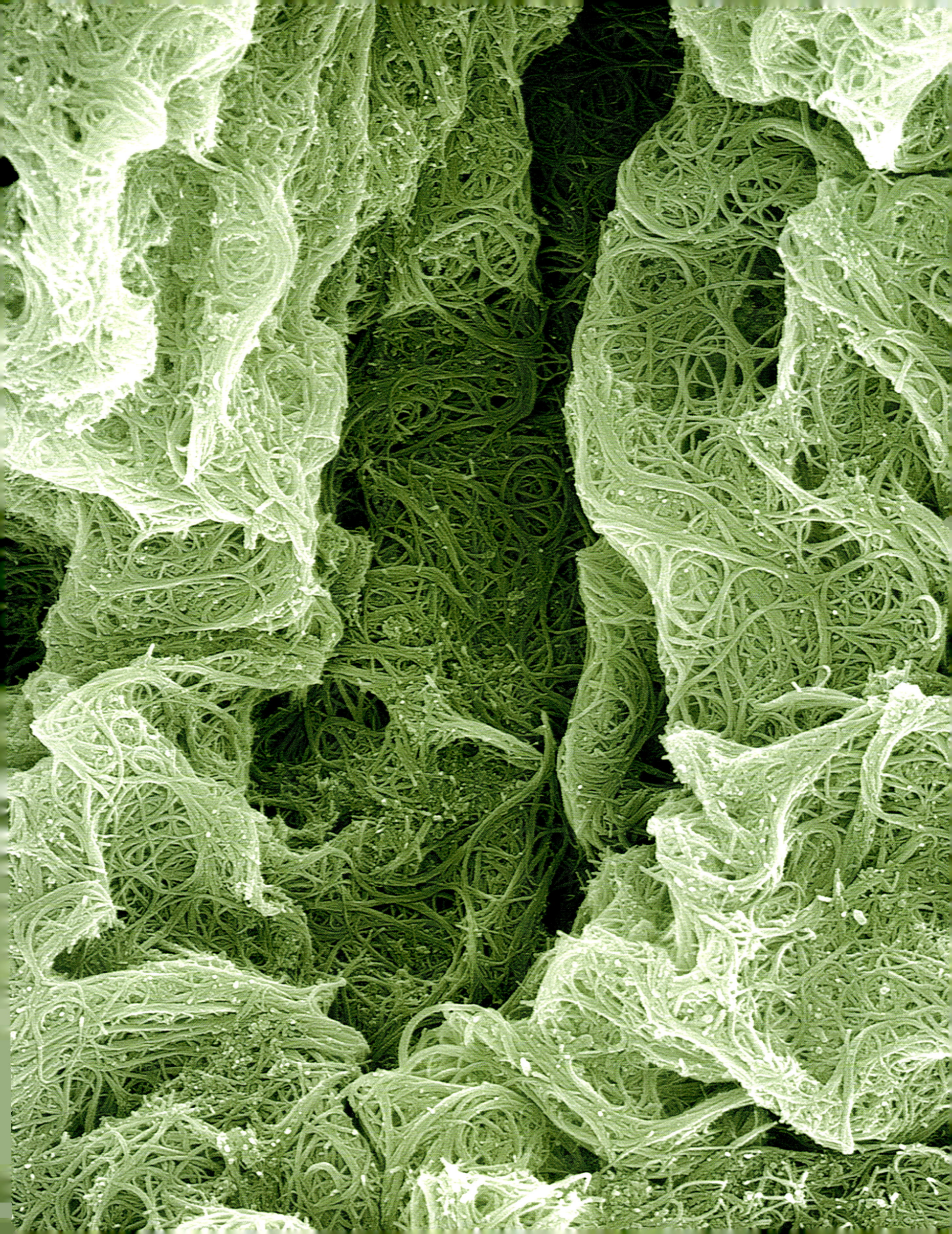

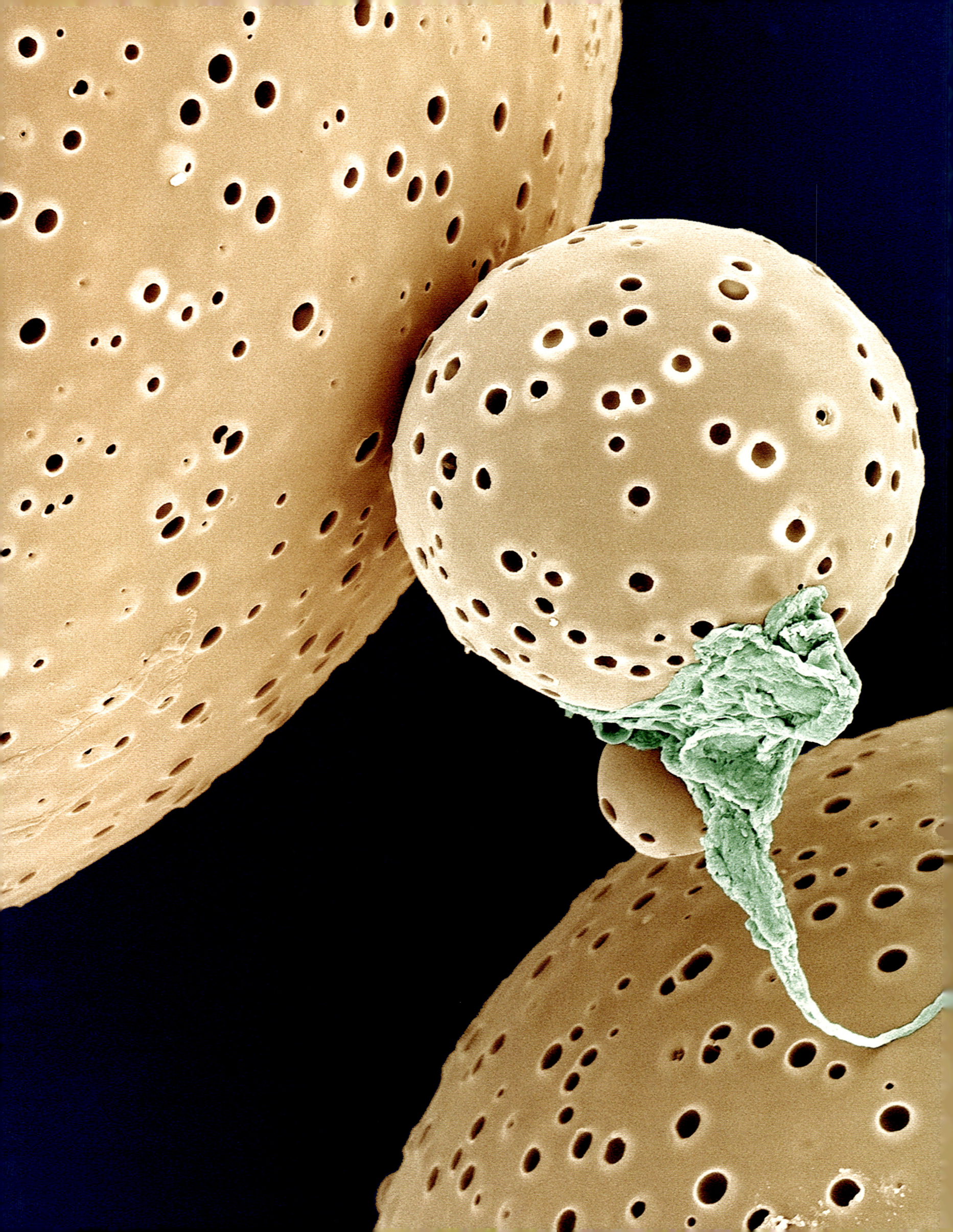

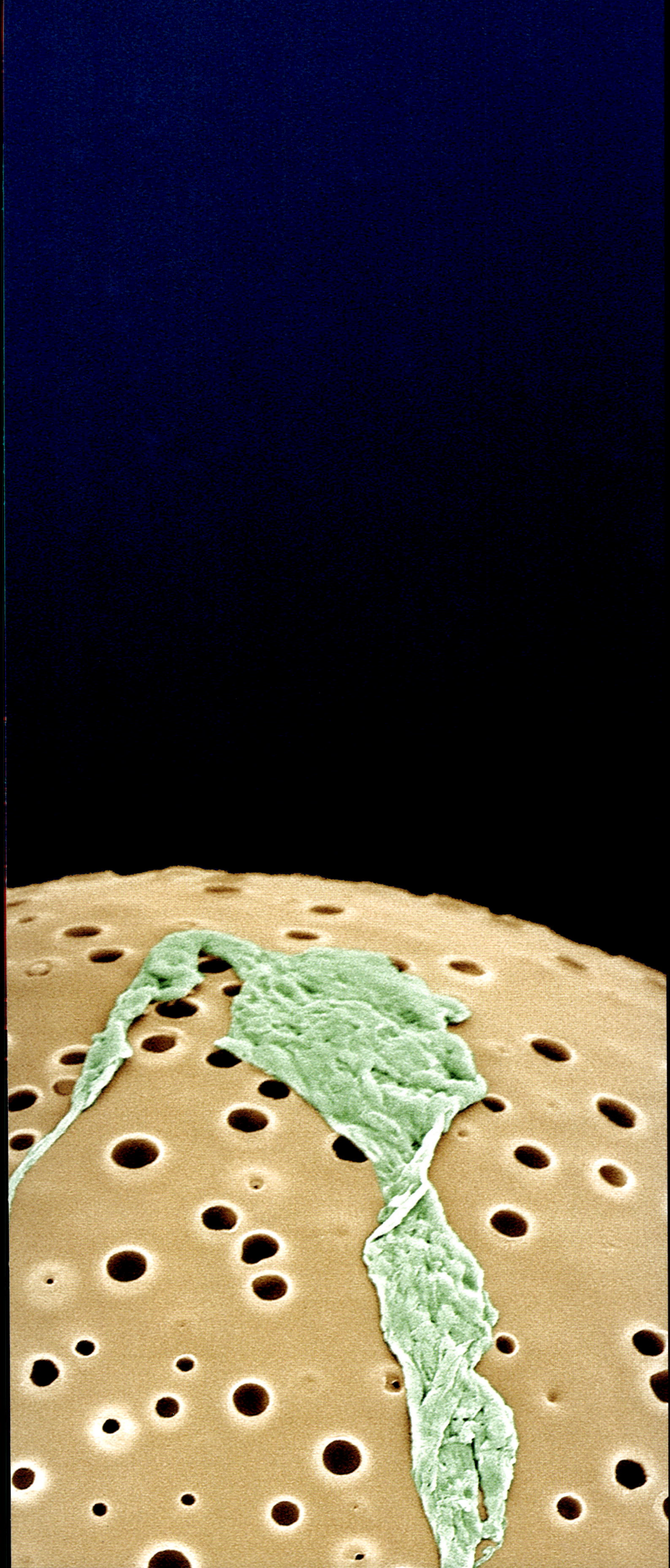

LÖCHRIGE KUGELN

POLYMERKAPSELN

Mitunter ist das Wichtigste nicht die Materie selbst, sondern die Löcher darin. Dies ist der Fall bei diesen durchlöcherten Kapseln, die sich als richtige Mikrocontainer präsentieren.

Planeten, deren Oberfläche mit Meteoriteneinschlägen überzogen ist? Eizellen eines Aliens mit einem grünen Spermium? Nichts dergleichen. Der grüne Kaugummi ist ein Klebstoff, und die rosa Kugeln bestehen aus Polymeren, chemischen Verbindungen aus Makromolekülen, die durchlöchert sind. Dieses Foto stammt aus einem Labor. Zur Beobachtung ihres Untersuchungsobjekts, der durchlöcherten Kugeln, haben die Forscher es mit Klebstoff befestigt. Den hat der Mikrofotograf anschließend grün eingefärbt, um ihn farblich abzuheben.

Spielen Wissenschaftler etwa zum Spaß mit Murmeln? Selbstverständlich nicht. Diese hohlen Kugeln fungieren als Kapseln, in denen Moleküle geschützt auf die Reise geschickt werden können. Zum Beispiel kann ein so eingekapseltes Medikament gegen Krebs genau an die Stelle des Tumors transportiert werden. Es wirkt dann besser, weil es nicht durch das Verdauungssystem und die Adern hindurchgeschleust wird. Und man kann die Dosis erhöhen, ohne Nebenwirkungen im übrigen Organismus befürchten zu müssen. Dieses sogenannte *Drug Targeting* (gezielte Arzneimitteltherapie) gehört zu den Verfahren in der Nanomedizin, an denen Forscher weltweit intensiv arbeiten.

 | ×**7 000** | 1/17 mm
60 μm

163

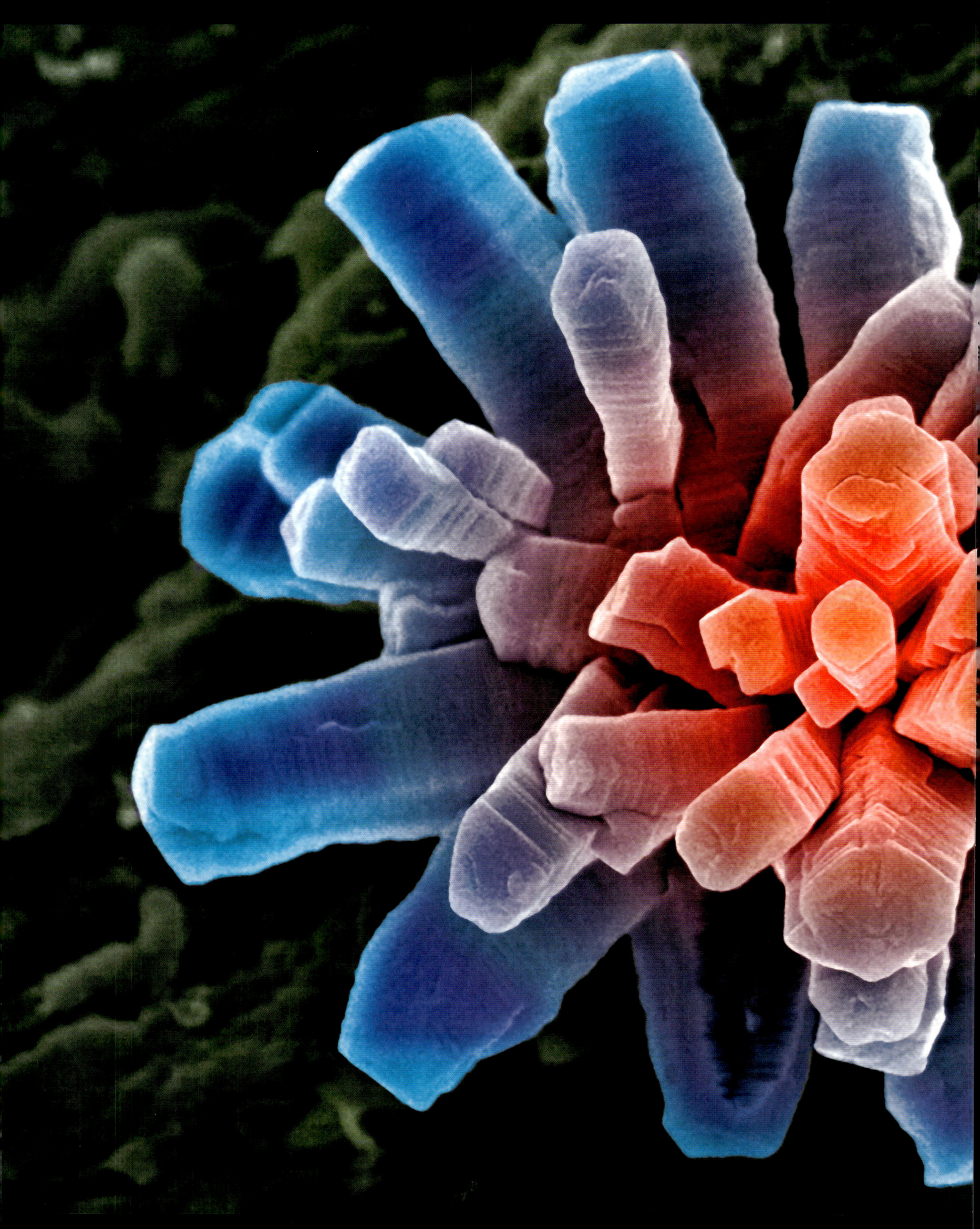

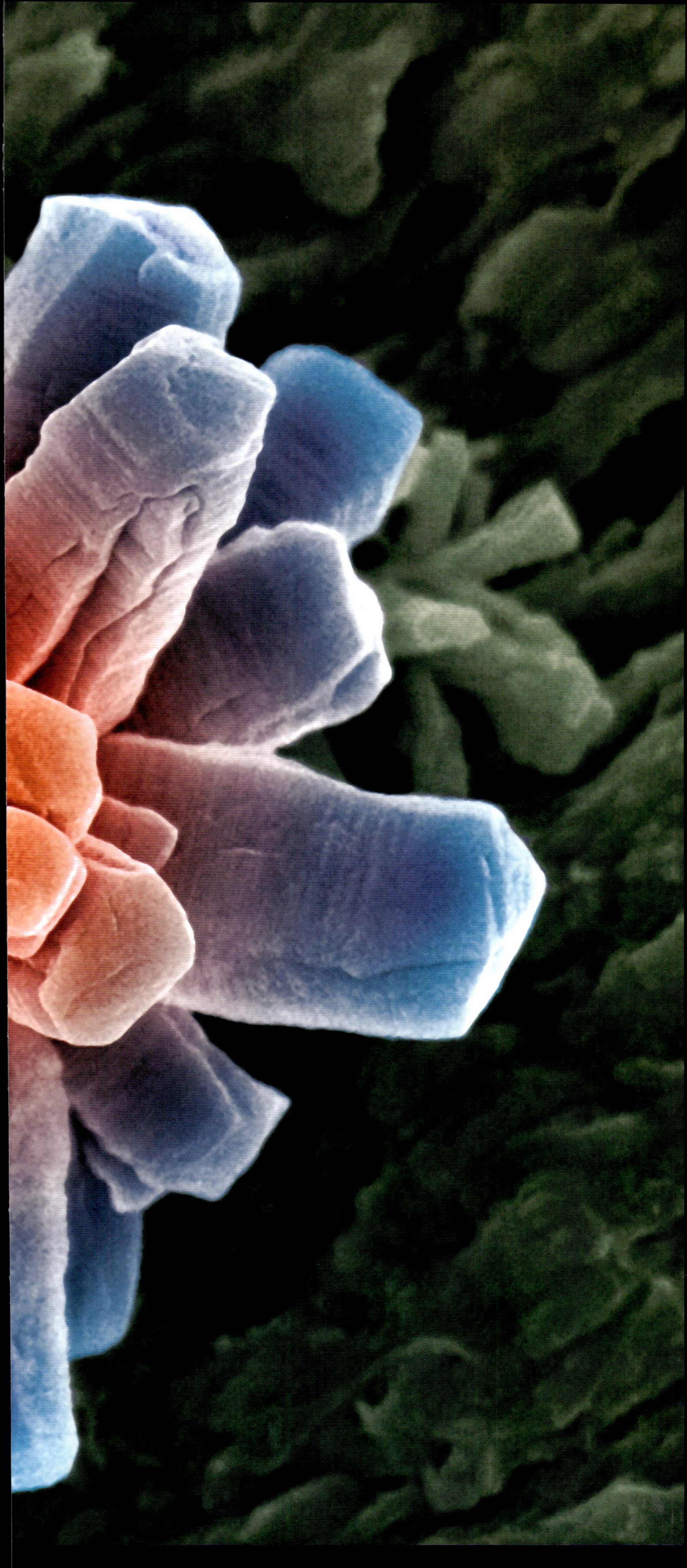

EIN STRÄUSSCHEN KRISTALLE

KALZIUMPHOSPHAT

Natürliches Kalziumphosphat findet sich im menschlichen Körper. Doch man kann diesen Kristall auch künstlich herstellen.

Was für ein leuchtender Strauß! Was ist das wohl? Kalziumphosphat, im Rasterelektronenmikroskop (REM) untersucht. Mit dieser Mikroskoptechnik kann man ins Innere des Kristalls vordringen und die wohlgeordnete Struktur bewundern. Die Phosphationen und die Kalziumionen sind in einer regelmäßigen Gitterstruktur angeordnet und bilden geometrische Formen. Wie immer bei einer REM-Aufnahme sind die Farben nicht die natürlichen, sondern wurden vom Fotografen so gewählt.

Wo findet man diesen Kristall? Sie brauchen nicht zu suchen, Sie haben ihn schon bei sich. Oder vielmehr in sich: Kalziumphosphat bildet den mineralischen Anteil der Knochen und Zähne. Inzwischen kann er auch industriell hergestellt werden. Nicht etwa, weil er so schön ist, sondern für Anwendungen in der Medizin. So werden von den 1,5 Millionen Knochentransplantationen in Europa 20 Prozent mit Knochenersatzmaterialien auf der Basis von Kalziumphosphat durchgeführt. Diese Technik ist bei der Behandlung von Brüchen oft vorteilhafter als metallische Implantate oder Knochenmaterial, das aus anderen Körperpartien entnommen wird. Man kann Osteoporose-Patienten sogar eine Paste aus Kalziumphosphat in die betroffenen Knochen injizieren.

Zur Erhöhung des Kalziumgehalts lässt sich übrigens Sojamilch mit Kalziumphosphat anreichern. Das gilt auch für Tierfutter.

| | x **28 000** | 1/70 mm **14 µm** |

STERN AUS GEFRORENEM WASSER

SCHNEEKRISTALL

Schneekristalle sind nicht nur ästhetisch reizvoll, sondern interessieren auch Wissenschaftler, die verstehen wollen, welchen Einfluss klimatische Bedingungen auf ihre Form haben.

Bei diesem Foto ist kein Zweifel möglich, den Schneekristall erkennt man gut. Aber wissen Sie, wie er entstanden ist? Aus Wasser natürlich, aber auch mithilfe eines festen Partikels, zum Beispiel eines Staubteilchens. Solche Kristallisationskeime sind erforderlich, damit der in den Wolken enthaltene Wasserdampf sich anlagert und in Eis verwandelt. Dieser Prozess vollzieht sich ohne Zwischenstufe über die flüssige Phase bei Temperaturen zwischen 0 und −20 °C.

Ausschlaggebend für die unterschiedlichen Formen von Schnee-kristallen sind Faktoren wie Temperatur, Luftfeuchtigkeit, aber auch Wind oder die Beschaffenheit des elektrischen Feldes, das die Kristalle bei ihrer Entstehung durchqueren. Bereits 1611 hatte der Astronom Johannes Kepler Aufzeichnungen über die Symmetrie ihrer meist sechseckigen Struktur gemacht. 1951 listete die Internationale Kommission für Schnee und Eis sieben Kategorien auf: Plättchen, Stern, Säule, Nadel, Dendrit, Manschettenknopf, unregelmäßige Formen. Seitdem haben sich die Beobachtungstechniken weiterentwickelt, und es wurden sogar 80 verschiedene Schneeflockentypen definiert. Das spricht für die Kreativität der Natur bei den vergänglichen Kunstwerken. Es scheint sogar, als gäbe es keine zwei gleichen Kristalle …

 | X**200** | 2 mm

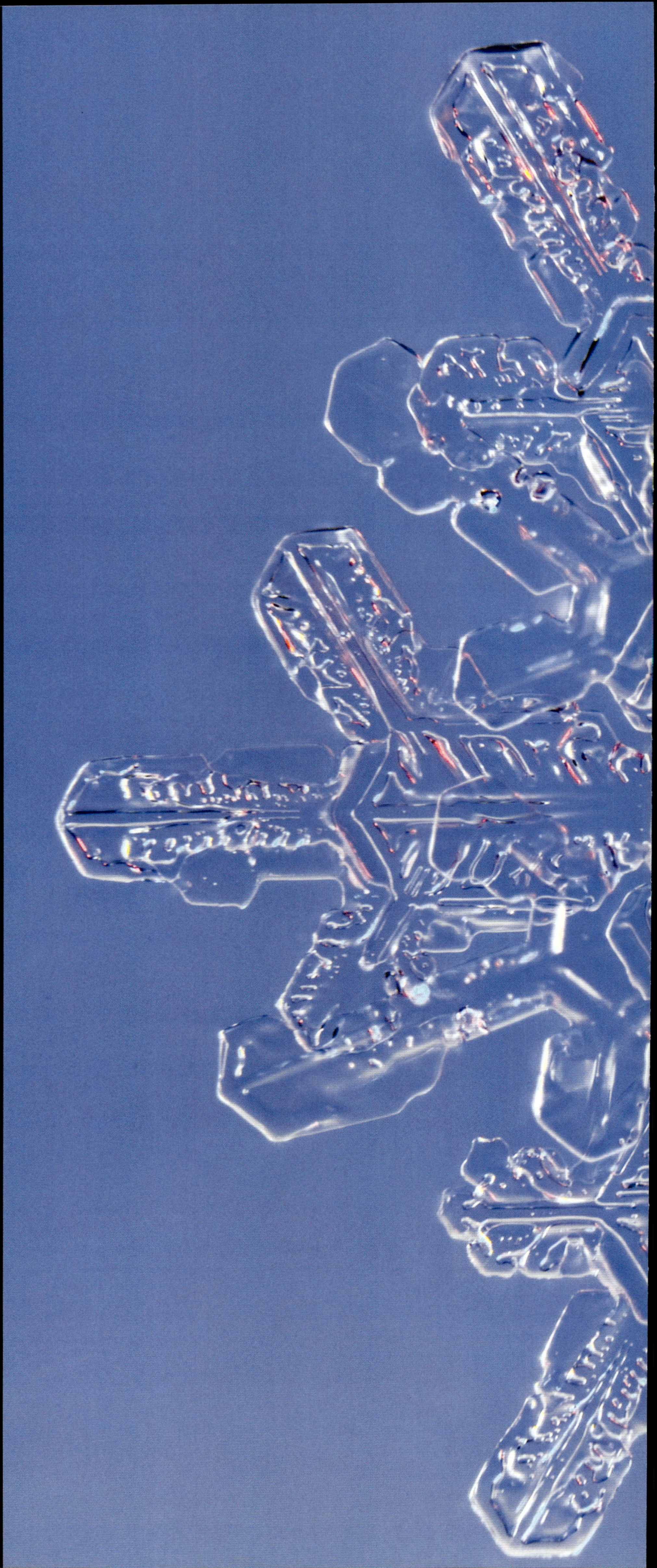

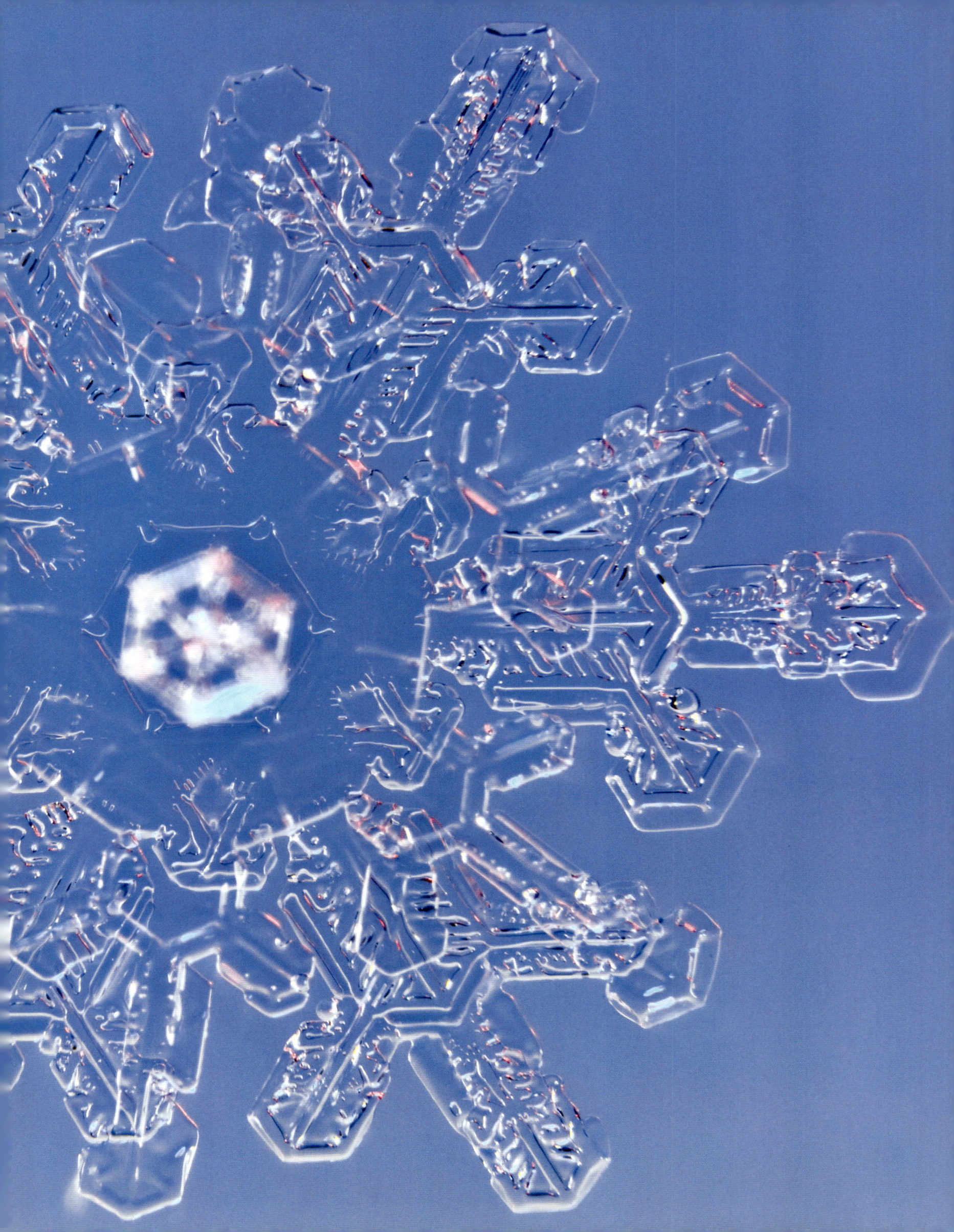

DER STOFF, AUS DEM TEXTILIEN SIND
BAUMWOLLFASERN UND POWERNET-GEWEBE

Ganz gleich, welches Material verwendet wird, ein Gewebe beruht stets auf dem Prinzip miteinander verschlungener Fasern. Dabei haben Natur- und Synthetikfasern jeweils ihre charakteristischen Merkmale.

Bevorzugen Sie für Ihre Unterwäsche Natur- oder Synthetikfasern? Im ersten Fall kennen Sie sich bestimmt mit Baumwolle aus. Sehen Sie mal, wie geschmeidig die Fasern auf dem Bild sind! Sie haben dem Fotografen den achten Platz beim Fotowettbewerb „Nikon Small World" 2009 eingebracht. Die Fasern wurden mit Berberin, einem Pflanzenpigment, eingefärbt und mithilfe der Laserscanning-Mikroskopie aufgenommen. Diese Technik der Lichtmikroskopie ermöglicht scharfe, dreidimensionale Bilder.

Vielleicht ziehen Sie aber auch die Haltbarkeit und Elastizität der Synthetikfaser dem Tragekomfort der Baumwolle vor. Dann wird Sie das PowerNet-Gewebe überzeugen, das 100-fach vergrößert auf dem nächsten Bild zu sehen ist. Dieses Gewebe besteht aus Polyester; es hat den Vorteil, dass es schnell trocknet und seine Form behält. Da PowerNet eine schlank machende Wirkung erzielt, wird es vor allem für große Größen verwendet.

Das 1935 erfundene Nylon erlebte seine Sternstunde 1940 mit der Herstellung von Nylonstrümpfen – es wurde quasi zum Synonym für Strümpfe. Polyester ist die weltweit am meisten produzierte Kunstfaser: Sie ist in 70 Prozent der Kleidung enthalten.

X **18 000** | 0,5 mm

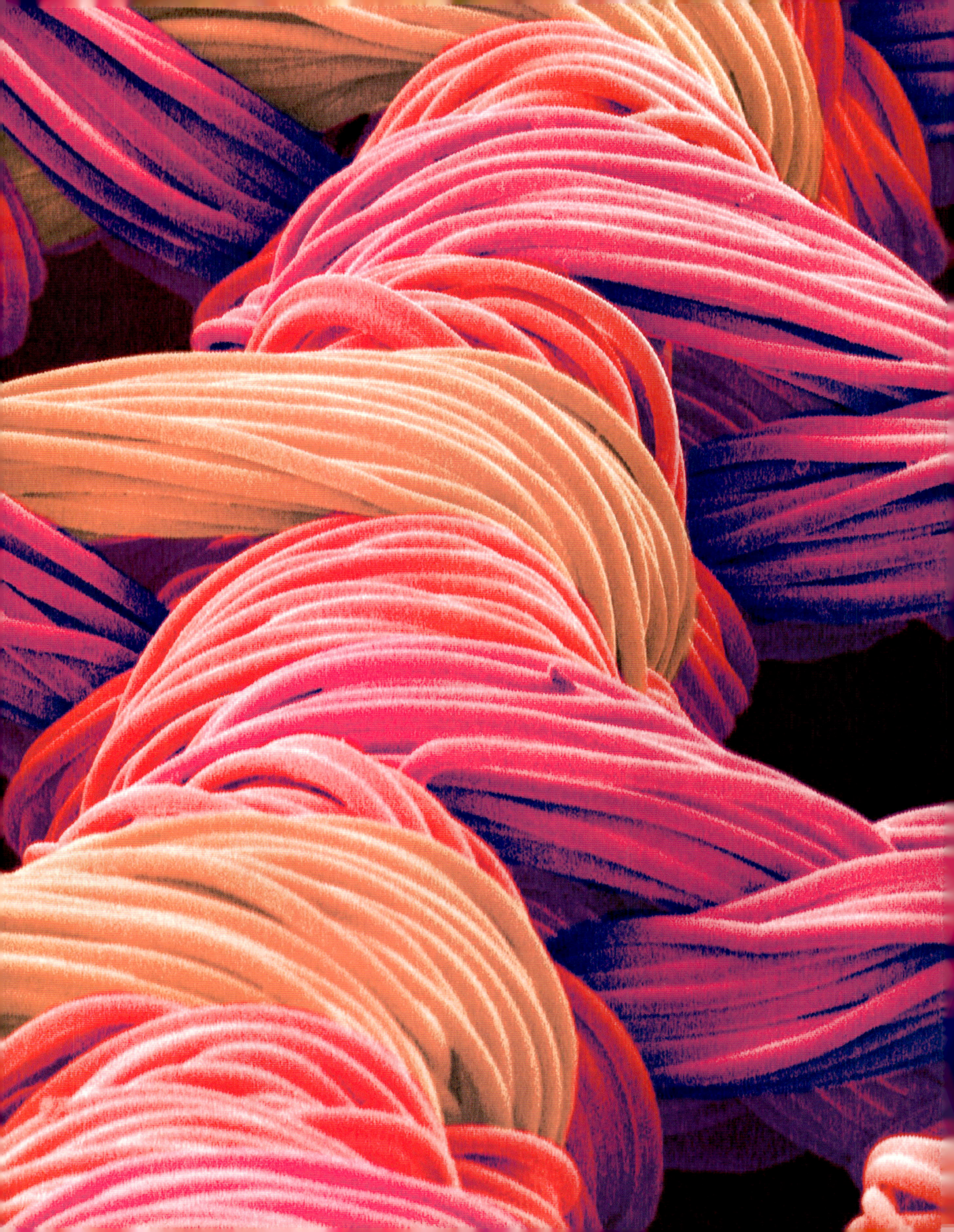

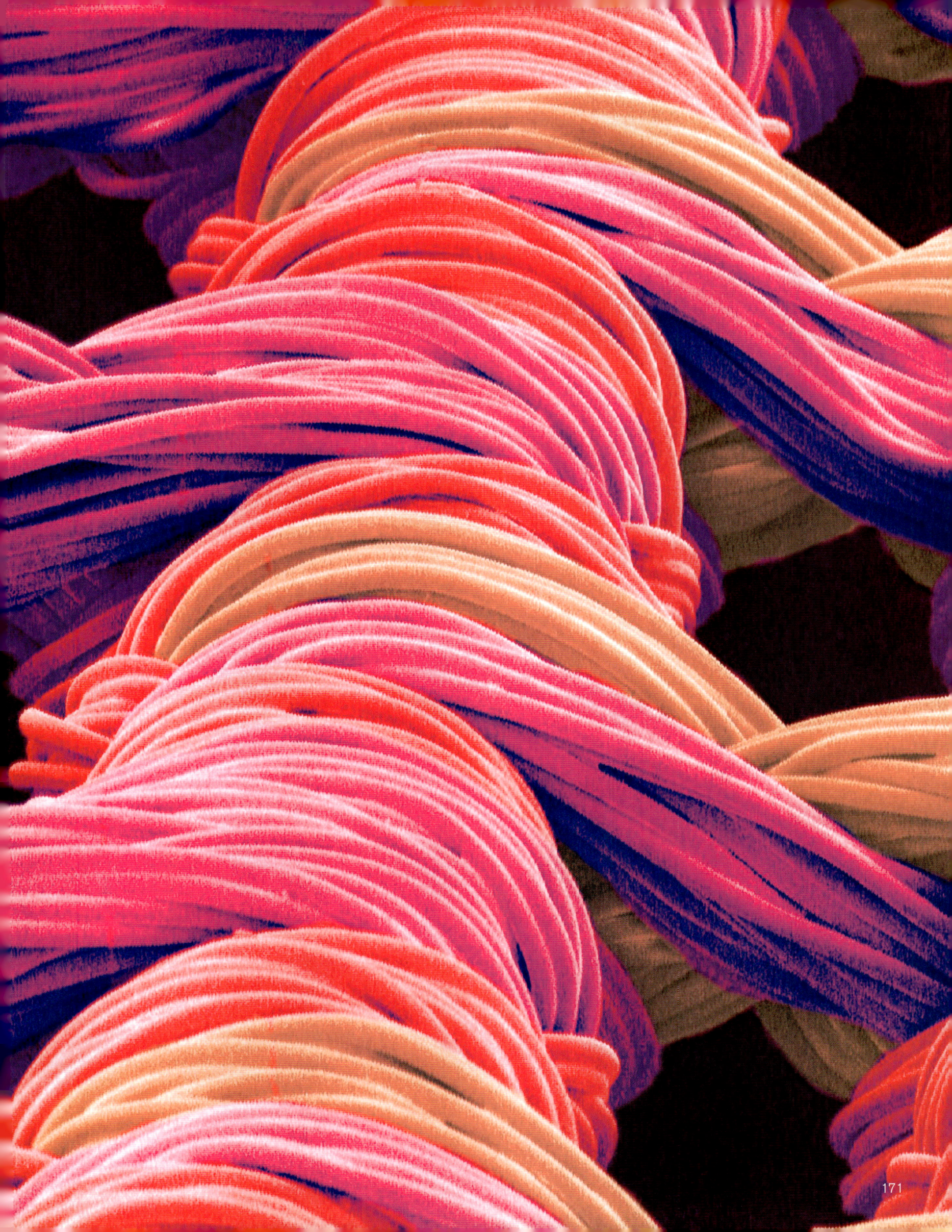

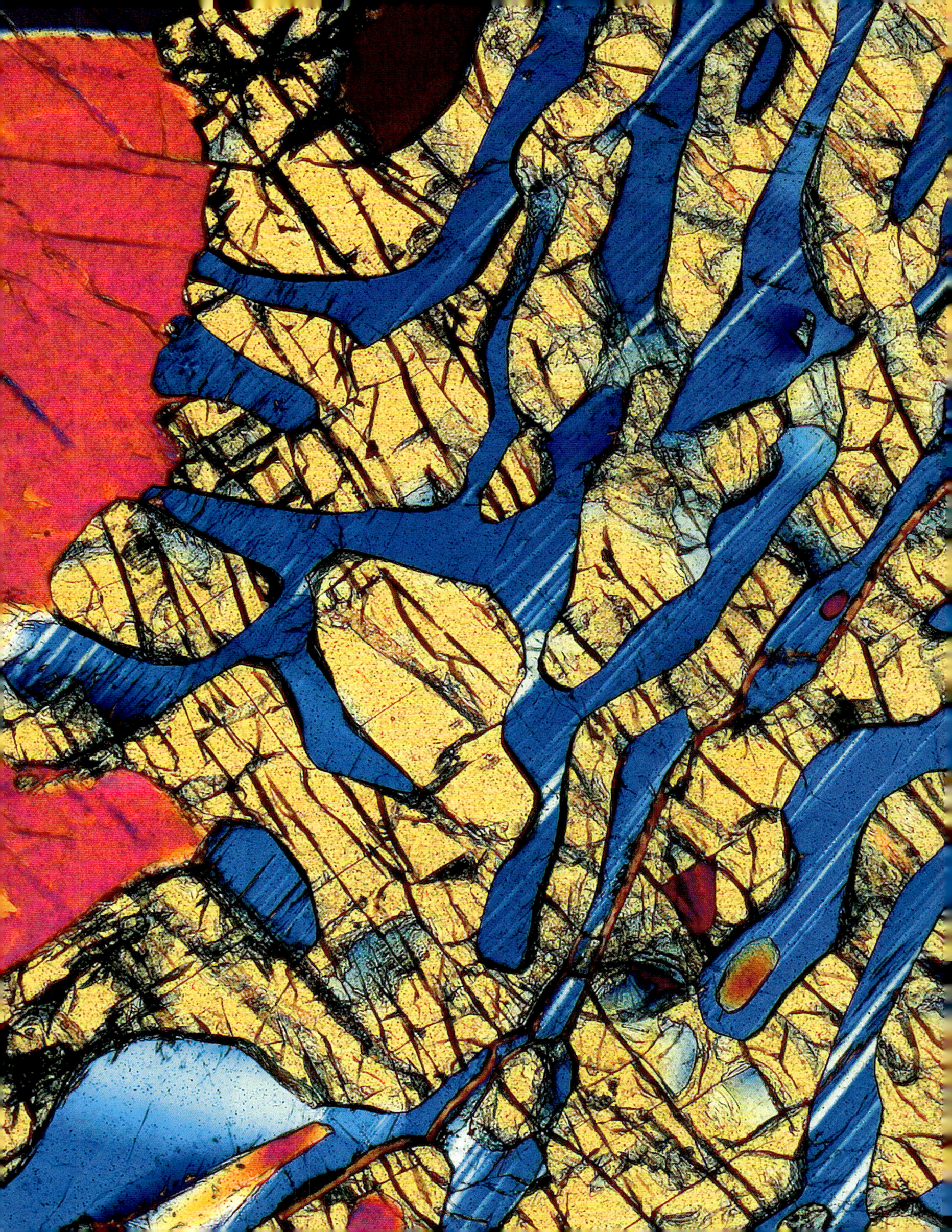

PUZZLE FÜR GEOLOGEN
GRANULIT

Suchen Sie ein tief in der Erde liegendes, 1,8 Milliarden Jahre altes Gestein, und erhitzen Sie es: Dadurch werden seine Mineralien umgewandelt und nehmen diese mosaikartige Gestalt an. Lassen Sie nun die Erosion wirken, und entdecken Sie das Gestein schließlich an der Erdoberfläche!

In Kanada gibt es nicht nur Ahornsirup, sondern auch überaus interessantes Gestein, wie etwa in der Provinz Manitoba. Südwestlich der Hudson Bay befindet sich ein gut erhaltenes Vorkommen von metamorphem Gestein. Als metamorphe Gesteine oder Metamorphite werden Gesteine bezeichnet, die bei der Umwandlung von magmatischen oder sedimentären Gesteinen aufgrund von sehr hohen Druck- und Temperatureinwirkungen entstehen. Im vorliegenden Fall wurde tief in der Erdkruste lagernder Basalt umgewandelt.

In 30 bis 40 Kilometer Tiefe ist es etwa 850 °C heiß. Die Mineralien im Gestein schmelzen und bilden neue Ausprägungen: Ein Plagioklas, hier in Blau, und ein Pyroxen, in Gelb, wachsen gleichzeitig und fügen sich wie Puzzleteile zusammen. Als neu gebildetes Gestein entsteht ein Granulit.

Um dieses schöne farbige Bild zu erhalten, musste die Gesteinsprobe auf eine Dicke von 30 Mikrometern heruntergeschliffen und auf einen gläsernen Objektträger geklebt werden. Mithilfe der Technik des polarisierten Lichts (Polarisationsmikroskopie) lassen sich solche ästhetischen Bilder erzeugen, mit denen vor allem die Struktur und die Zusammensetzung des Gesteins näher bestimmt werden können.

x **1 350** | 1/3 mm 340 µm

BUNTER SCHMUCK AM STRAND

S A N D K Ö R N E R

Viel Quarz, Bruchstücke von Muschelschalen, vulkanische Partikel, ein paar Korallen … Sand ist nicht gleichförmig. Jedes winzige Körnchen, das zwischen 50 Mikrometer und einige Millimeter groß sein kann, erzählt seine eigene Geschichte.

Man könnte meinen, das wären fein geschliffene Edelsteine, die sich hier in leuchtenden Farben präsentieren. Nicht ganz. Diese „Schmuckstücke" werden sichtbar, wenn Sie den Sand Ihres Lieblingsstrands 100- bis 200-mal heranzoomen. Ihre Zusammensetzung kann je nach Ort stark variieren. Sand entsteht durch die Erosion von Gesteinen: Mit vereinten Kräften ringen Wind und Wasser ihnen die Materie ab. Der Hauptbestandteil von Sand ist Quarz, das zweithäufigste Mineral der Erdkruste. Quarz ist durchscheinend und bildet Körner (Quarzsand) in verschiedenen Farben: Weiß, Braun, Violett, Rosa oder Gelb. Entsprechend dem Ursprungsgestein kann Sand sogar weiße Gipskristalle enthalten, wie in der Wüste von New Mexico, oder schwarze vulkanische Partikel, wie auf Lanzarote.

Auch die Meerestiere tragen zu der erstaunlichen Vielfalt der Sandkörner bei. So werden Muschelschalen und Korallenstücke im Rhythmus der Gezeiten zerbröselt und abgeschliffen. Die buntesten Sandkörner findet man übrigens an den Stränden Hawaiis; das liegt an den Böden vulkanischen Ursprungs und den stachligen orangefarbenen Überresten von Seeigeln.

Der Fotograf dieses farbenfrohen Bildes, der Wissenschaftskünstler Gary Greenberg, hat es sich zur Lebensaufgabe gemacht, die Schönheiten der Natur zu enthüllen. Für ihn ist jedes Sandkorn auf der Welt einzigartig, wenn man es unter dem Mikroskop betrachtet.

 | X **100** | 4 mm

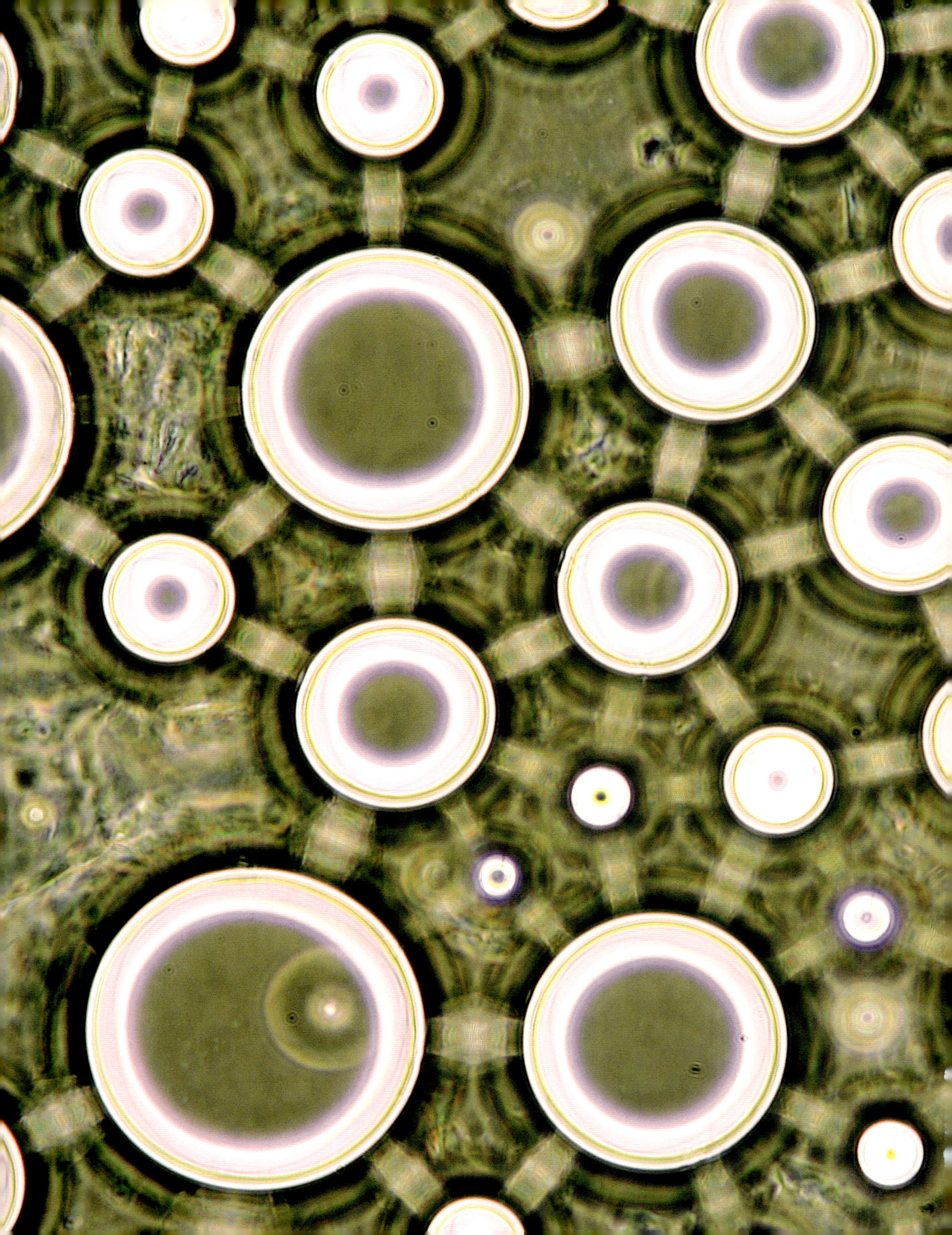

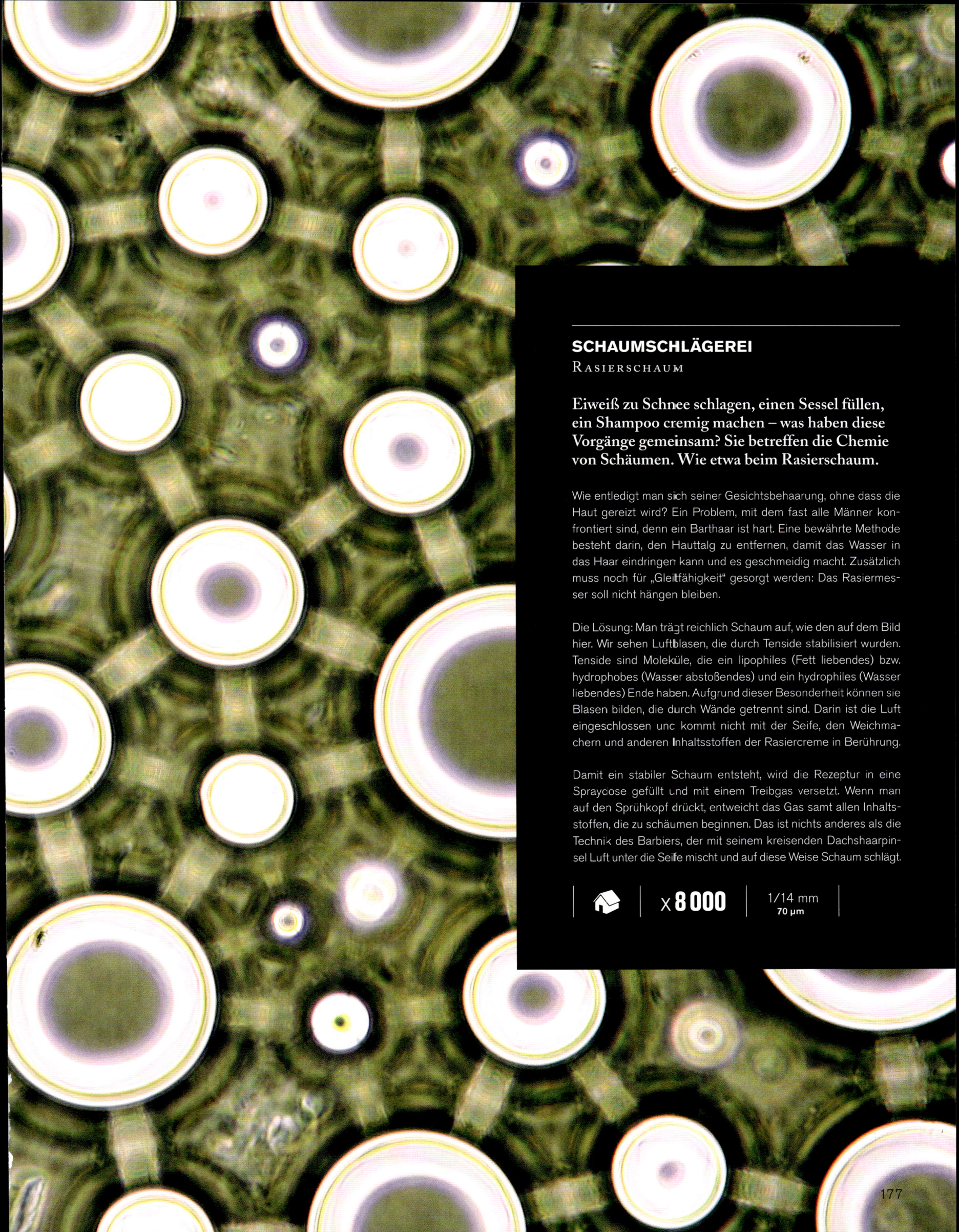

SCHAUMSCHLÄGEREI
RASIERSCHAUM

Eiweiß zu Schnee schlagen, einen Sessel füllen, ein Shampoo cremig machen – was haben diese Vorgänge gemeinsam? Sie betreffen die Chemie von Schäumen. Wie etwa beim Rasierschaum.

Wie entledigt man sich seiner Gesichtsbehaarung, ohne dass die Haut gereizt wird? Ein Problem, mit dem fast alle Männer konfrontiert sind, denn ein Barthaar ist hart. Eine bewährte Methode besteht darin, den Hauttalg zu entfernen, damit das Wasser in das Haar eindringen kann und es geschmeidig macht. Zusätzlich muss noch für „Gleitfähigkeit" gesorgt werden: Das Rasiermesser soll nicht hängen bleiben.

Die Lösung: Man trägt reichlich Schaum auf, wie den auf dem Bild hier. Wir sehen Luftblasen, die durch Tenside stabilisiert wurden. Tenside sind Moleküle, die ein lipophiles (Fett liebendes) bzw. hydrophobes (Wasser abstoßendes) und ein hydrophiles (Wasser liebendes) Ende haben. Aufgrund dieser Besonderheit können sie Blasen bilden, die durch Wände getrennt sind. Darin ist die Luft eingeschlossen und kommt nicht mit der Seife, den Weichmachern und anderen Inhaltsstoffen der Rasiercreme in Berührung.

Damit ein stabiler Schaum entsteht, wird die Rezeptur in eine Spraycose gefüllt und mit einem Treibgas versetzt. Wenn man auf den Sprühkopf drückt, entweicht das Gas samt allen Inhaltsstoffen, die zu schäumen beginnen. Das ist nichts anderes als die Technik des Barbiers, der mit seinem kreisenden Dachshaarpinsel Luft unter die Seife mischt und auf diese Weise Schaum schlägt.

X **8 000** | 1/14 mm
70 μm

MASKENGESICHT

SCHAUMSTOFF

Woher kommt das Füllmaterial, das den Inhalt unzähliger Pakete schützt? Aus Industrielabors. Aber davor, als es die Labors noch nicht gab? Vom Amberbaum, dessen Harz im 19. Jahrhundert einen Apotheker inspirierte.

Sieh mal an, eine afrikanische Maske. Aus welcher Ethnie stammt sie wohl? Nun, aus der Gruppe der Chemiker. Denn das Gesicht, das man hier zu erkennen glaubt, ist das von einem Forscher verewigte Zufallsergebnis bei der Betrachtung von expandiertem Polystyrol. Die hier deutlich sichtbare Porosität des Materials ist in der Wissenschaft als Filtermembran von großem Nutzen.

Die Entdeckung des Polystyrols ist dem Berliner Apotheker Eduard Simon zu verdanken. Im Jahr 1835 beschäftigte er sich mit Styrax, dem Harz des Orientalischen Amberbaums *(Liquidambar orientalis)*, das als Wundbalsam bekannt war. Bei der Destillation des Baumwachses gewann Simon eine farblose Flüssigkeit und benannte sie nach dem Ausgangsstoff Styrol. Als er die Flüssigkeit erwärmte, bildete sich ein neuer Stoff, von dem er annahm, dass es sich um Styroloxid handelte – also mehrere zusammenhängende Styrolmoleküle. Dieses Material wurde später Polystyrol genannt. Inzwischen wird der Schaumkunststoff auf Erdölbasis (Ethylen und Benzol) hergestellt.

In seiner Ausgangsform ist Polystyrol hart und spröde. Das, was auf dem Bild zu sehen ist und womit Waren bruchsicher verpackt werden, ist etwas anderes. Um dem kompakten weißen Schaum seine schützenden Eigenschaften zu verleihen, wird Polystyrol mit einem Gas aufgebläht. Auf diese Weise entsteht expandierter Polystyrol-Hartschaum (EPS) – auch bekannt als Styropor. Und der umhüllt und schützt unsere Elektrogeräte.

 | X **70 000** | 1/167 mm
6 µm

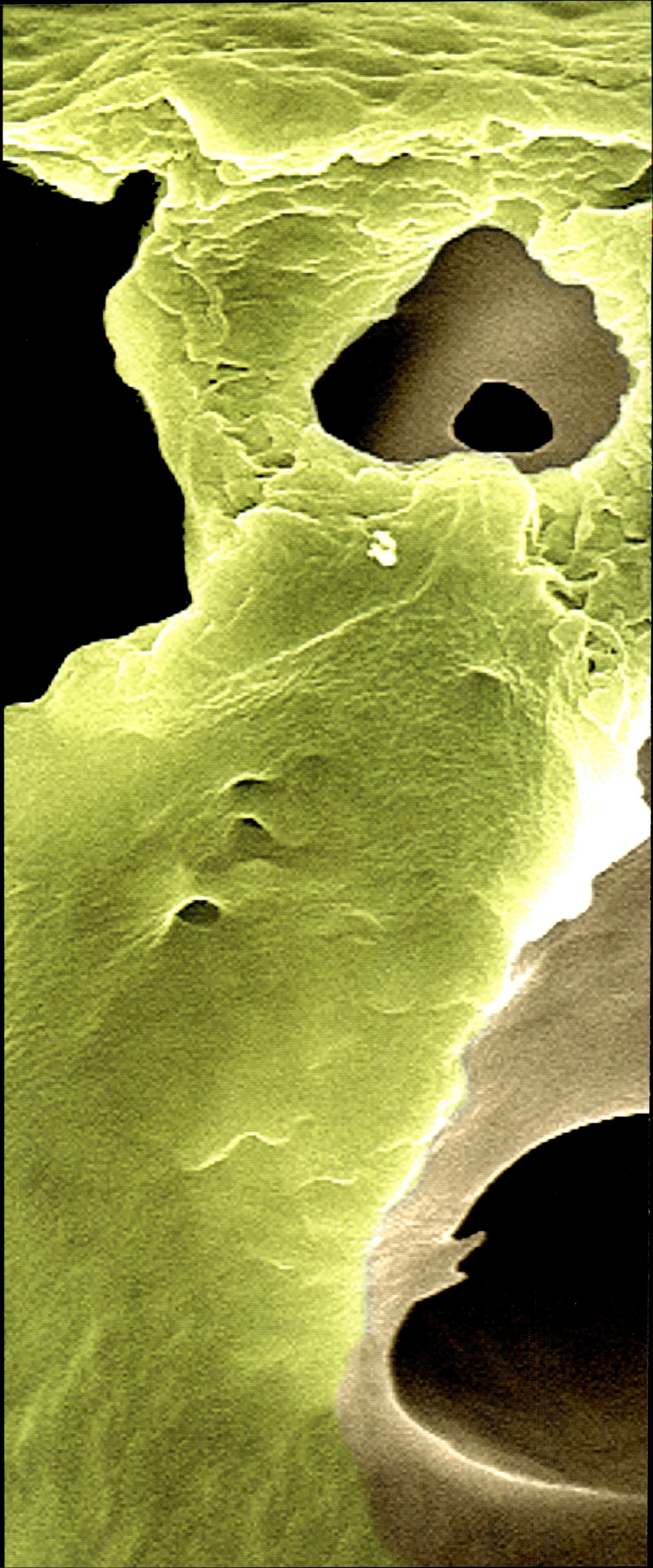

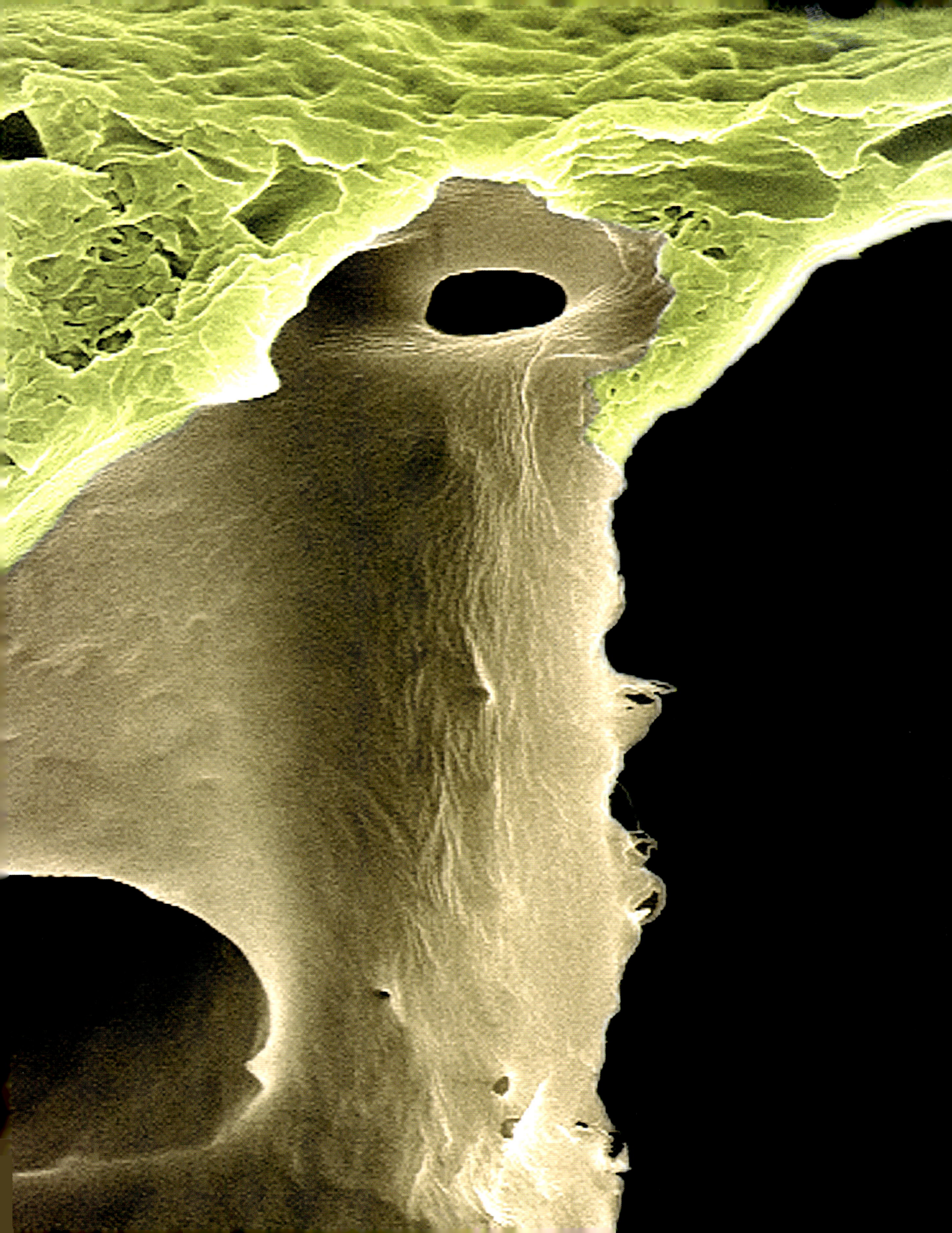

KORROSIONSROSEN
ROSTKRISTALLE

Normalerweise versucht man, ihm aus dem Weg zu gehen, denn er ist ein Zeichen von Verfall. Doch unter dem Mikroskop betrachtet, offenbart der Rost seine kristalline Schönheit.

Sind diese vermeintlichen Sandrosen wirklich das, wonach sie aussehen? Nein, denn sie bestehen hauptsächlich aus Metall! Dieses charakteristische Flechtwerk ist durch Rostkristalle auf der Oberfläche eines Nagels zustande gekommen.

Mit bloßem Auge sehen wir, dass manche Materialien eine rotbraune Farbe annehmen, wenn sie Wasser und Sauerstoff ausgesetzt sind. Das liegt an ihrem Eisengehalt: Eisen reagiert mit den Chemikalien in der Umgebung in Gegenwart von Wasser, dabei bilden sich Sauerstoff und Eisenhydroxide. Auf atomarer Ebene ist deren Farbe nicht mehr sichtbar. Es ist also Sache des Mikrofotografen, sie hervorzuheben; hier hat er sie sandfarben koloriert.

Da Wasser und Sauerstoff allgegenwärtig vorkommen, sind Eisenwerkstoffe permanent der Rostbildung ausgesetzt. Als Korrosionsschutz bietet sich das Überziehen mit einer Zinkschicht an. Eine weitere Lösung besteht darin, Öl oder Fett zu verwenden, wie für Fahrradketten, oder eine Spezialfarbe, wie für den Eiffelturm. Dessen Äußeres wird alle sieben Jahre aufgefrischt. Dafür werden nicht weniger als 60 Tonnen Farbe benötigt, um die 220 000 Quadratmeter der eisernen Schönheit zu überziehen. Eine riesige Fläche, die 30 Fußballfeldern entspricht!

X **9 000** | 1/15 mm
67 µm

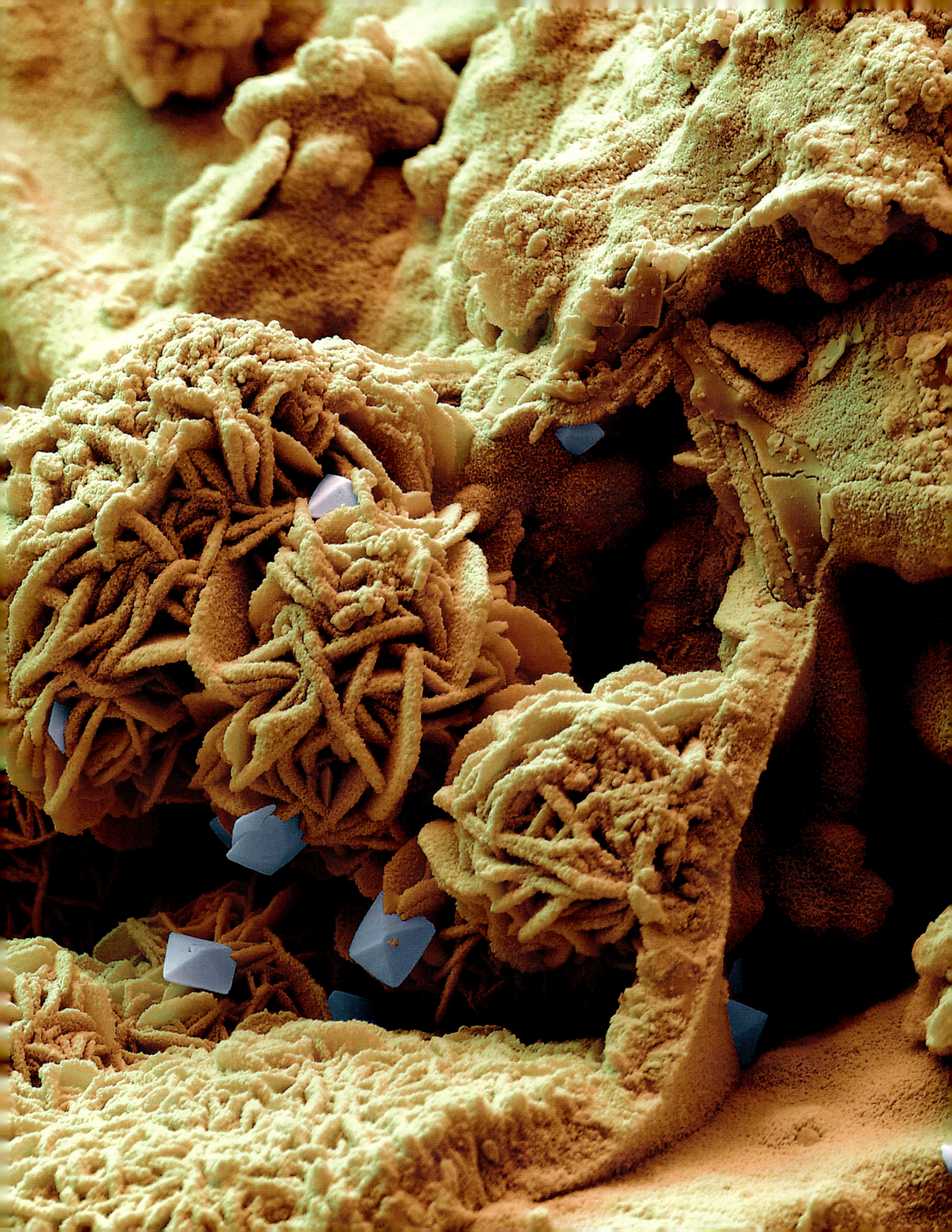

BEWEGTE KÖRNCHEN
Pulver

Durch Sintern lässt sich die Kohäsionskraft eines Werkstoffs beeinflussen. Das Verfahren wird zwar vor allem in der Industrie angewandt, aber auch Töpfer machen ganz praktische Erfahrungen damit.

Zur Fertigung eines Werkstücks gibt es mehrere Methoden: Man kann verschiedene Teile zusammensetzen, indem man sie ineinanderfügt, man kann einen flüssigen Werkstoff gießen, der dann beim Abkühlen zu einem festen Körper erstarrt, oder man kann einen Stoff sintern. Beim Sintern werden körnige oder pulvrige Stoffe bis unterhalb ihres Schmelzpunkts erhitzt. Mit steigender Temperatur verbinden sich die Körner – wie die verschiedenfarbigen Partikel auf dem Foto – miteinander und werden sozusagen „zusammengebacken", was für den Zusammenhalt des Werkstücks sorgt.

Diese Technik kommt Ihnen ziemlich ungewöhnlich vor? Sie werden staunen, denn bestimmt finden Sie in Ihrem Haushalt eine ganze Reihe auf diese Weise hergestellter Gegenstände. Keramik beispielsweise beruht auf diesem Verfahren.

In der Industrie kann durch Sintern die Porosität eines Werkstoffs dosiert werden: Je stärker er erhitzt wird, desto dichter liegen die Pulverpartikel beieinander. Forscher, die mithilfe eines bestimmten Werkstoffs Moleküle nach ihrer Größe ausfiltern wollen, können so den Abstand der Löcher in einem Sieb bestimmen.

 ✕ **23 000** | 1/50 mm **20 µm**

FOTOKRISTALLE

EISEN(II)-OXALAT

Digitalkameras mögen das Fotografieren für alle erleichtert haben, doch die alten Techniken der Entwicklung erfreuen sich bei den Anhängern traditioneller Fotografie weiterhin großer Beliebtheit. Dafür ist Eisen(II)-oxalat unentbehrlich.

Dieses strahlende Gebilde dürfte Fotografen gefallen, nicht nur wegen der Schönheit des Bildes, sondern wegen dem, was es darstellt. Die gletscherblauen Kreidestücke sind Kristalle von Eisen(II)-oxalat, einem Eisensalz der Oxalsäure. Eisensalz hat natürlich nichts mit Tafelsalz zu tun. Die Kristalle bestehen aus einem negativ geladenen Ion (Atom, das ein oder mehrere Elektronen aufgenommen hat), dem Oxalat, und einem positiv geladenen Ion (Atom, das ein oder mehrere Elektronen abgegeben hat), dem Eisen. Das Ganze ist neutral.

Diese Art von Molekülen wird bei der Fotoentwicklung genutzt. Dabei kommt ihre Lichtempfindlichkeit ins Spiel. Wie die in der Analogfotografie verwendeten Silbersalze wirken Eisensalze beim sogenannten Platin-Palladium-Druck. Ein Papier wird mit einer Lösung aus Eisenoxalat und Platin- sowie Palladium-Salzen getränkt und getrocknet. Dann wird das Blatt durch ein Negativ belichtet. Nach Eintauchen in Entwicklerflüssigkeit und mehrmaligem Wässern erscheint das Positivbild in Form der in die Papierfaser eingebetteten Platinpartikel. Die für ultraviolette Strahlen und Chemikalien unempfindlichen Eisensalze sind haltbarer als Silbersalze.

 | X **14 000** | 1/35 mm
28 µm

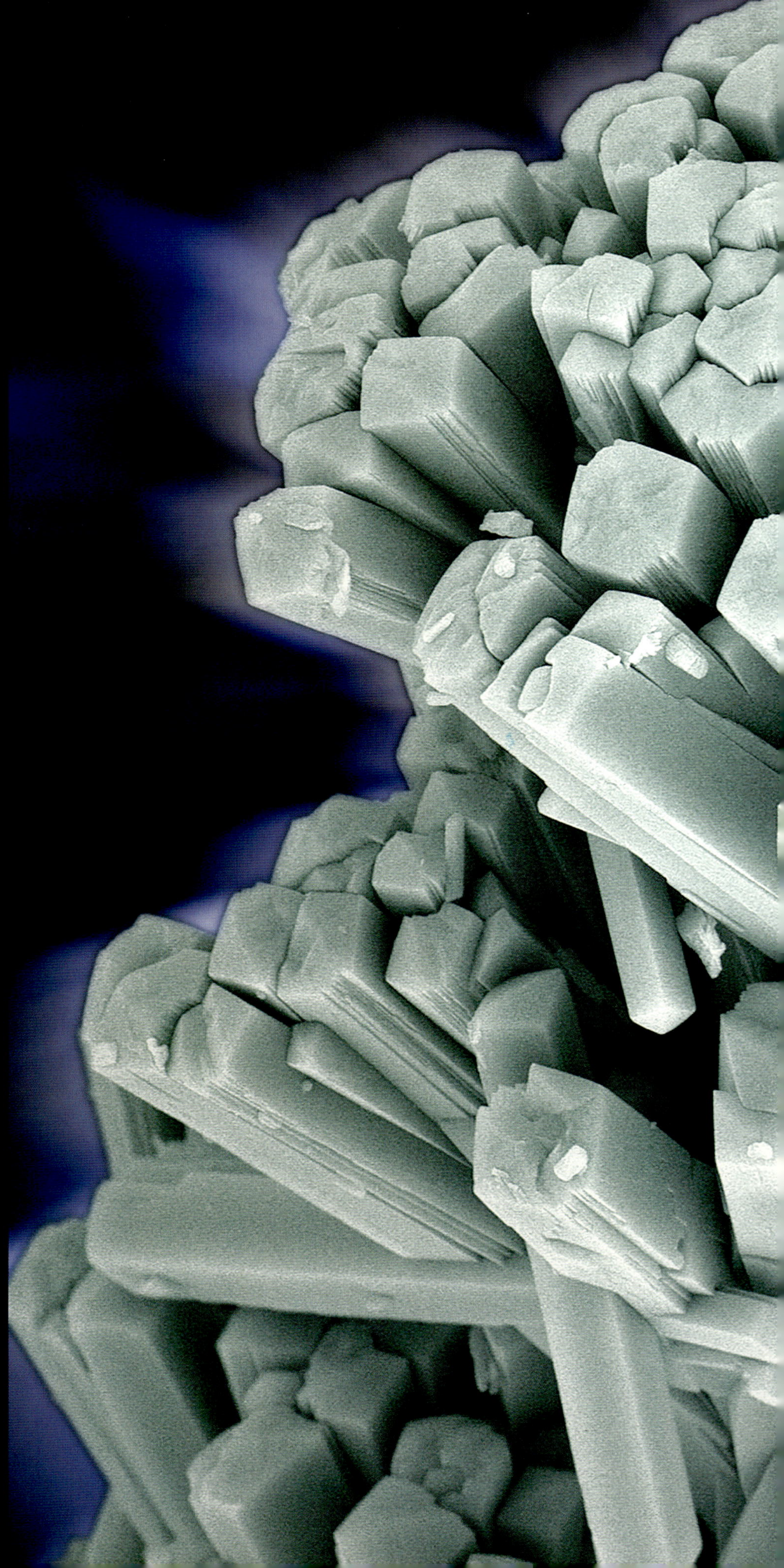

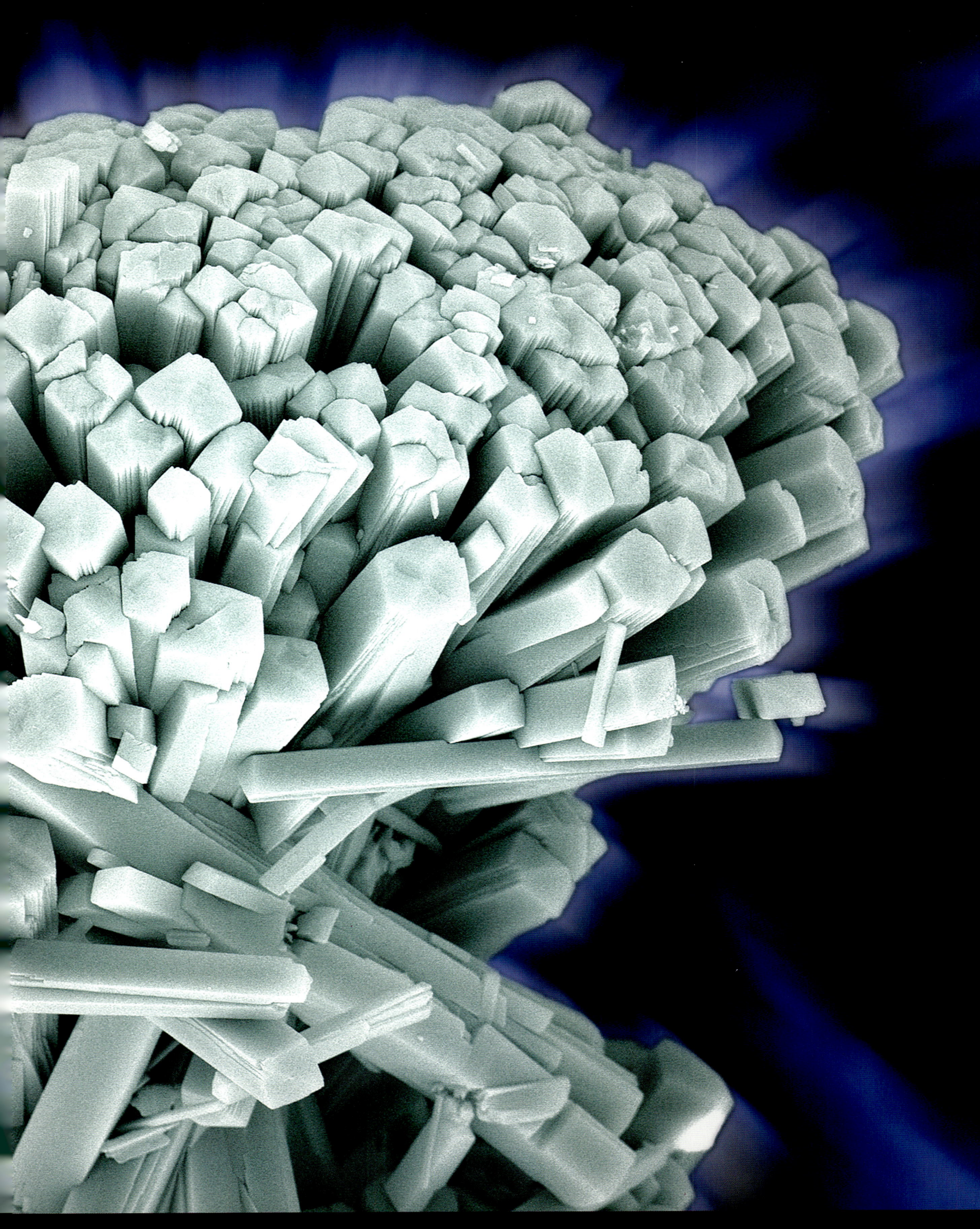

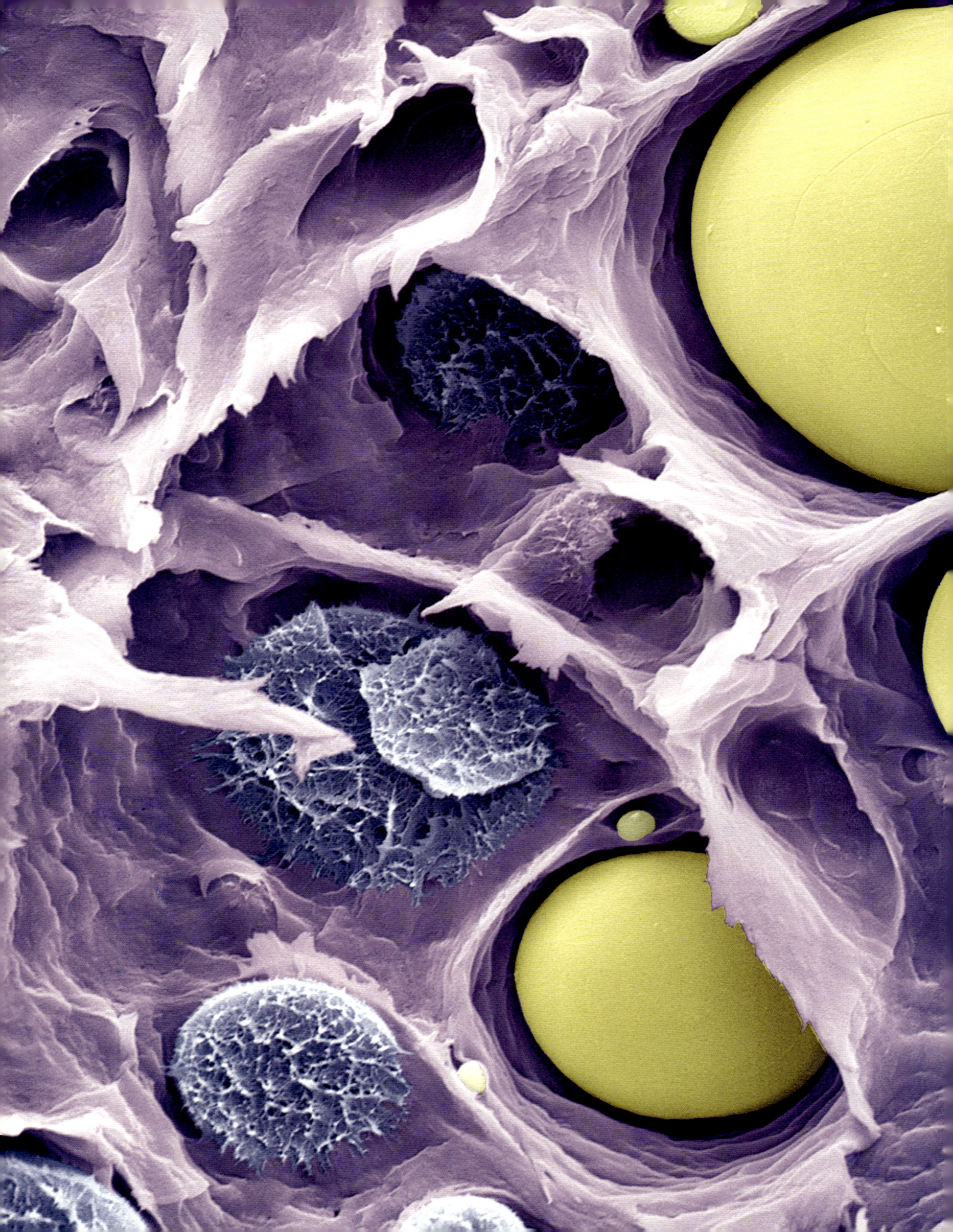

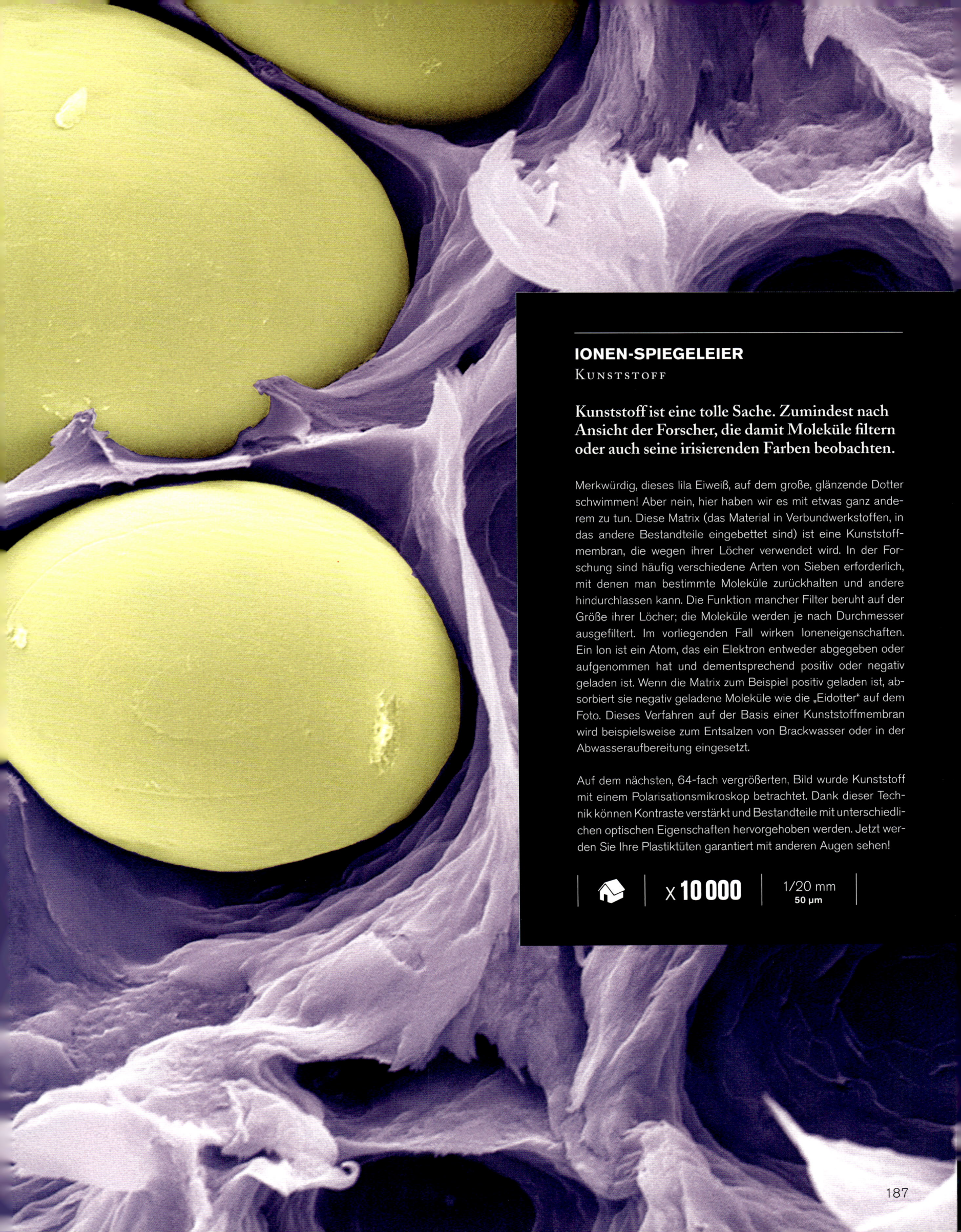

IONEN-SPIEGELEIER
K U N S T S T O F F

Kunststoff ist eine tolle Sache. Zumindest nach Ansicht der Forscher, die damit Moleküle filtern oder auch seine irisierenden Farben beobachten.

Merkwürdig, dieses lila Eiweiß, auf dem große, glänzende Dotter schwimmen! Aber nein, hier haben wir es mit etwas ganz anderem zu tun. Diese Matrix (das Material in Verbundwerkstoffen, in das andere Bestandteile eingebettet sind) ist eine Kunststoffmembran, die wegen ihrer Löcher verwendet wird. In der Forschung sind häufig verschiedene Arten von Sieben erforderlich, mit denen man bestimmte Moleküle zurückhalten und andere hindurchlassen kann. Die Funktion mancher Filter beruht auf der Größe ihrer Löcher; die Moleküle werden je nach Durchmesser ausgefiltert. Im vorliegenden Fall wirken Ioneneigenschaften. Ein Ion ist ein Atom, das ein Elektron entweder abgegeben oder aufgenommen hat und dementsprechend positiv oder negativ geladen ist. Wenn die Matrix zum Beispiel positiv geladen ist, absorbiert sie negativ geladene Moleküle wie die „Eidotter" auf dem Foto. Dieses Verfahren auf der Basis einer Kunststoffmembran wird beispielsweise zum Entsalzen von Brackwasser oder in der Abwasseraufbereitung eingesetzt.

Auf dem nächsten, 64-fach vergrößerten, Bild wurde Kunststoff mit einem Polarisationsmikroskop betrachtet. Dank dieser Technik können Kontraste verstärkt und Bestandteile mit unterschiedlichen optischen Eigenschaften hervorgehoben werden. Jetzt werden Sie Ihre Plastiktüten garantiert mit anderen Augen sehen!

X **10 000**   1/20 mm
50 µm

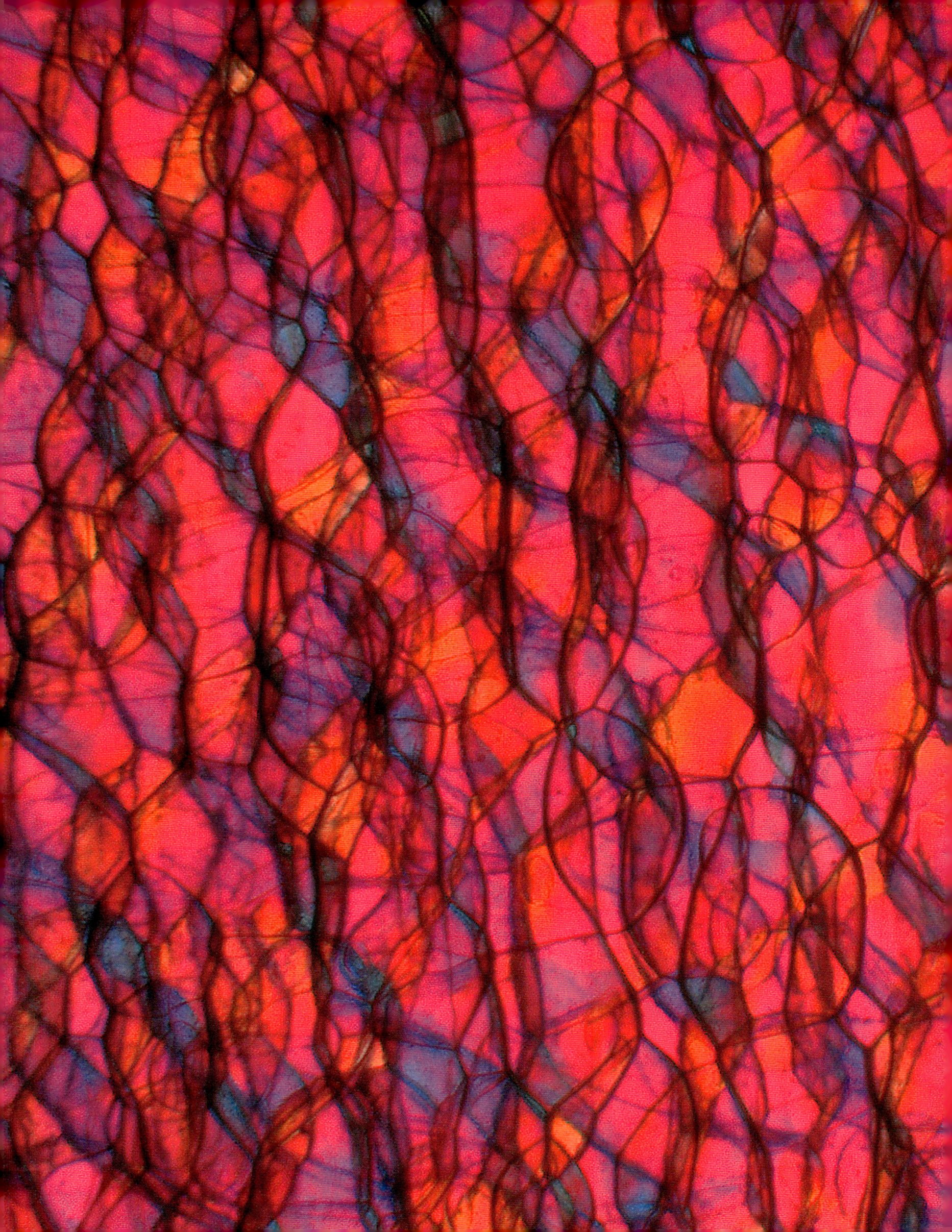

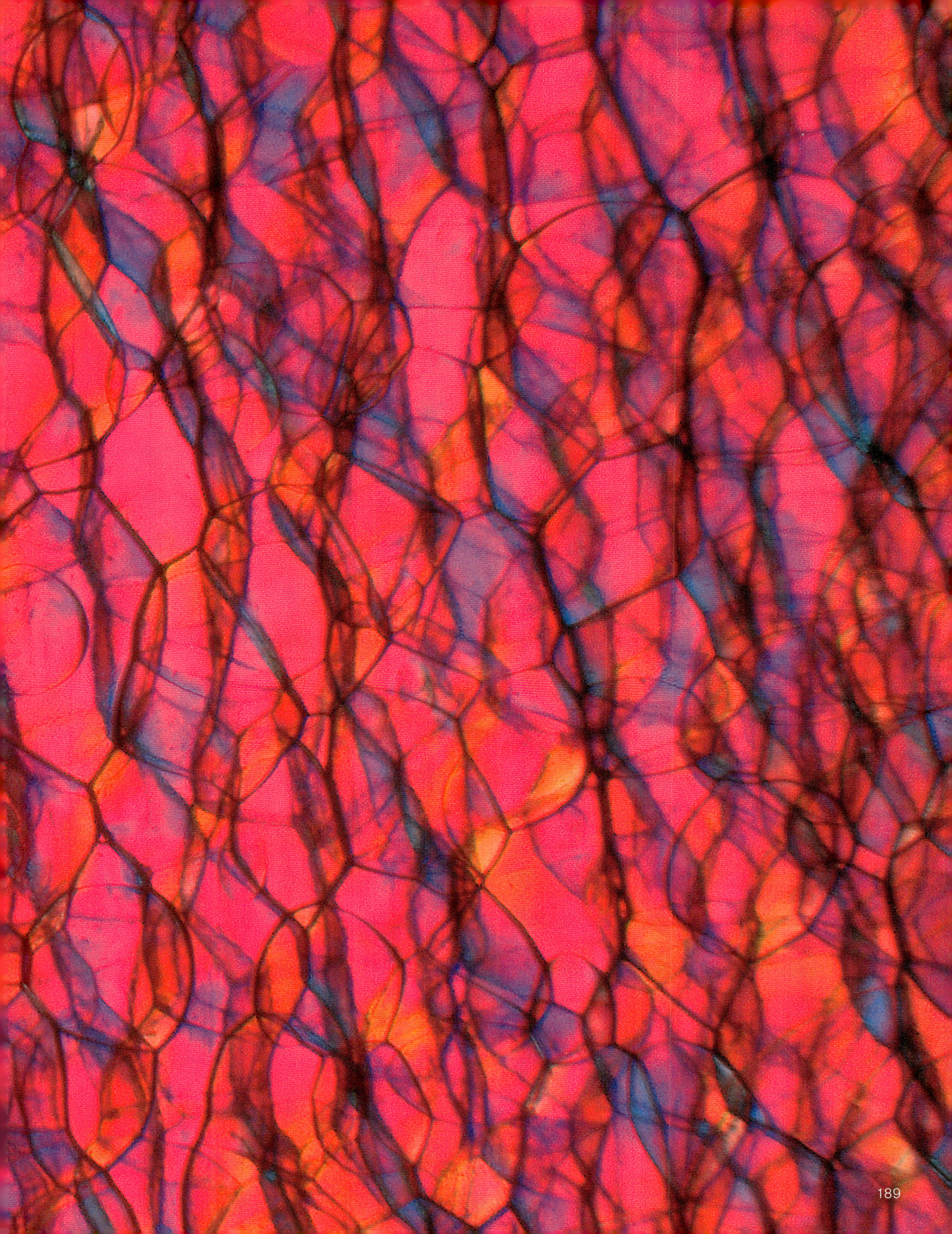

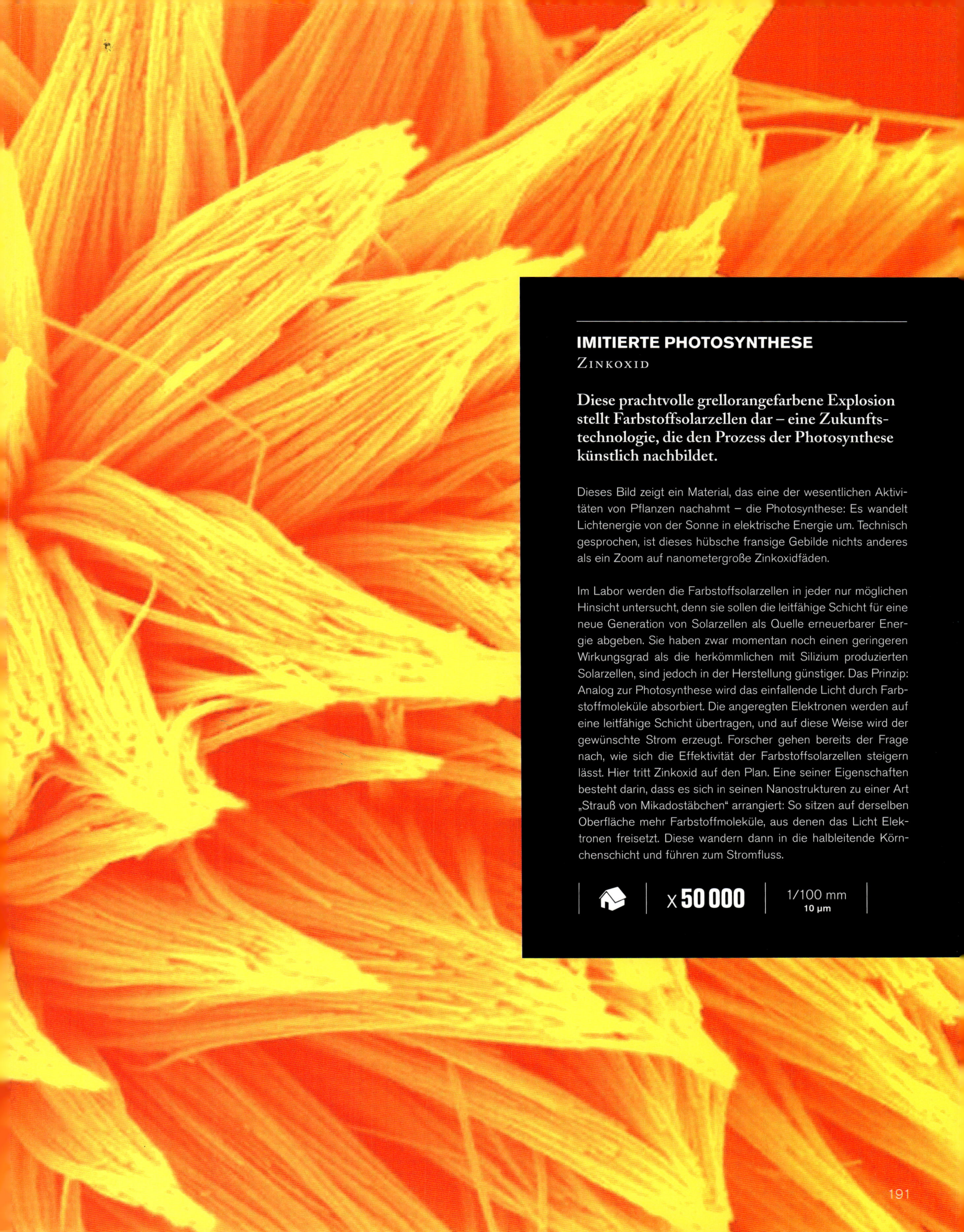

IMITIERTE PHOTOSYNTHESE
Zinkoxid

Diese prachtvolle grellorangefarbene Explosion stellt Farbstoffsolarzellen dar – eine Zukunftstechnologie, die den Prozess der Photosynthese künstlich nachbildet.

Dieses Bild zeigt ein Material, das eine der wesentlichen Aktivitäten von Pflanzen nachahmt – die Photosynthese: Es wandelt Lichtenergie von der Sonne in elektrische Energie um. Technisch gesprochen, ist dieses hübsche fransige Gebilde nichts anderes als ein Zoom auf nanometergroße Zinkoxidfäden.

Im Labor werden die Farbstoffsolarzellen in jeder nur möglichen Hinsicht untersucht, denn sie sollen die leitfähige Schicht für eine neue Generation von Solarzellen als Quelle erneuerbarer Energie abgeben. Sie haben zwar momentan noch einen geringeren Wirkungsgrad als die herkömmlichen mit Silizium produzierten Solarzellen, sind jedoch in der Herstellung günstiger. Das Prinzip: Analog zur Photosynthese wird das einfallende Licht durch Farbstoffmoleküle absorbiert. Die angeregten Elektronen werden auf eine leitfähige Schicht übertragen, und auf diese Weise wird der gewünschte Strom erzeugt. Forscher gehen bereits der Frage nach, wie sich die Effektivität der Farbstoffsolarzellen steigern lässt. Hier tritt Zinkoxid auf den Plan. Eine seiner Eigenschaften besteht darin, dass es sich in seinen Nanostrukturen zu einer Art „Strauß von Mikadostäbchen" arrangiert: So sitzen auf derselben Oberfläche mehr Farbstoffmoleküle, aus denen das Licht Elektronen freisetzt. Diese wandern dann in die halbleitende Körnchenschicht und führen zum Stromfluss.

X **50 000** 1/100 mm **10 µm**

FARBENFROHES STILLLEBEN

Staub

**Man geht hinein, um sich zu waschen und blitz-
sauber wieder herauszukommen. Und dabei tummeln sich dort Leichen und Schimmelpilze in
Hülle und Fülle: Die Rede ist vom Badezimmer!**

Was für harmonische Farben auf diesem Bild! Und dieser kleine grüne Blickfang, der das Ganze zur Geltung bringt, das ist
ausnehmend hübsch. Weniger hübsch ist es, die verschiedenen
Bestandteile zu identifizieren und zu erfahren, wo das Foto aufgenommen wurde. In dem blaugrünen Ding erkennt man den
biegsamen Widerhaken eines Klettverschlusses. Die zerdrück-
ten, mit kleinen Unebenheiten bedeckten orangefarbenen Kugeln sind natürlich Pollenkörner. Dann die bläulich grauen Stängel: Pflanzenteile. Die noch unappetitlicheren braunen Stücke
sind abgefallene Haare und die kleinen Kapseln in dunklerem
Orange Schimmelpilzsporen.

Ist das Foto irgendwo im Unterholz gemacht worden? Keine
schlechte Idee, aber nein, der ungesunde Ort, an dem sich dieser Schmutz befindet, ist ein Badezimmer im Sommer! Dort hätte
man sogar noch mehr finden können: Textilfasern, tote Insekten,
Katzenhaare, Milben, abgeschnittene Fingernägel …

In der Regel sind die Partikel, aus denen Staub besteht, nicht
größer als 500 Mikrometer. Doch obwohl sie so klein sind, können sie Gesundheitsprobleme, insbesondere Allergien, verursachen. Bestimmt werden Sie den Staubteilchen in Ihrem Bad
schleunigst mit Besen und Scheuerlappen zu Leibe rücken!

 | X **1 200** | 400 µm

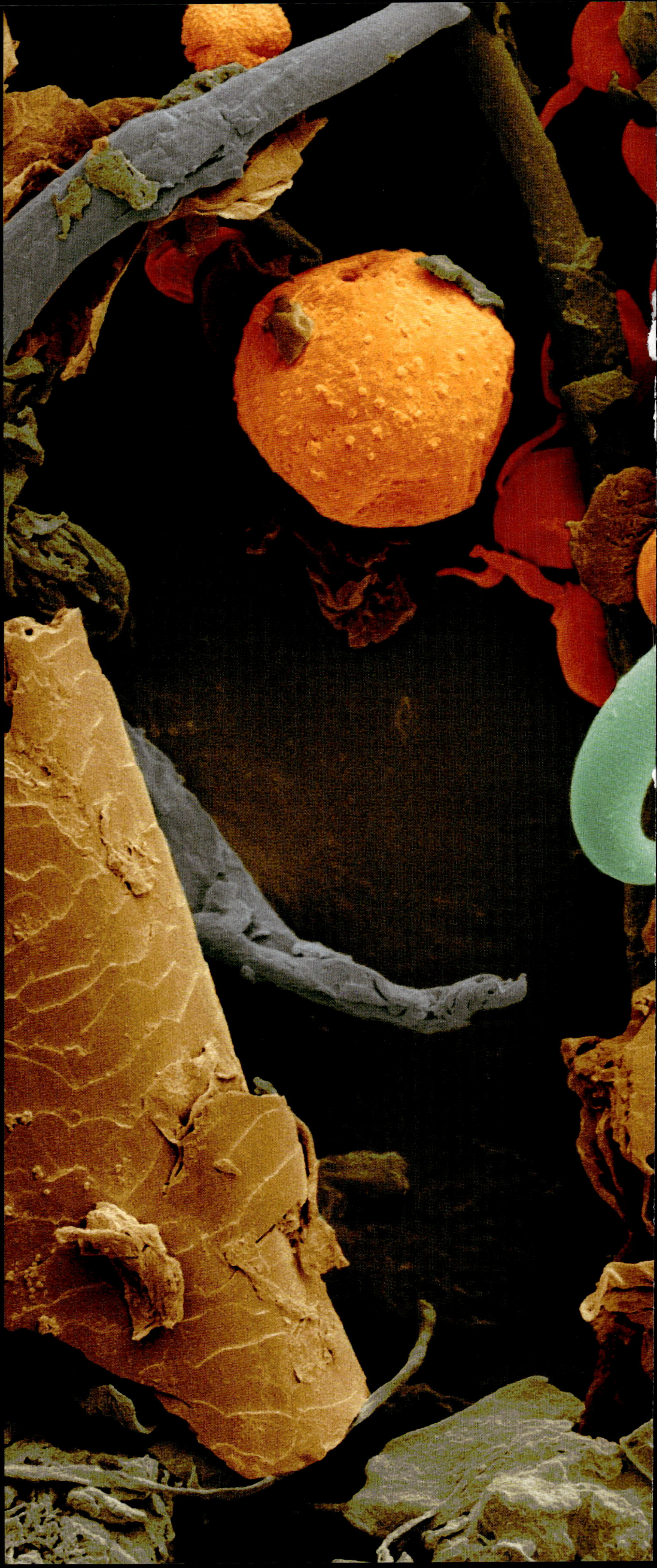

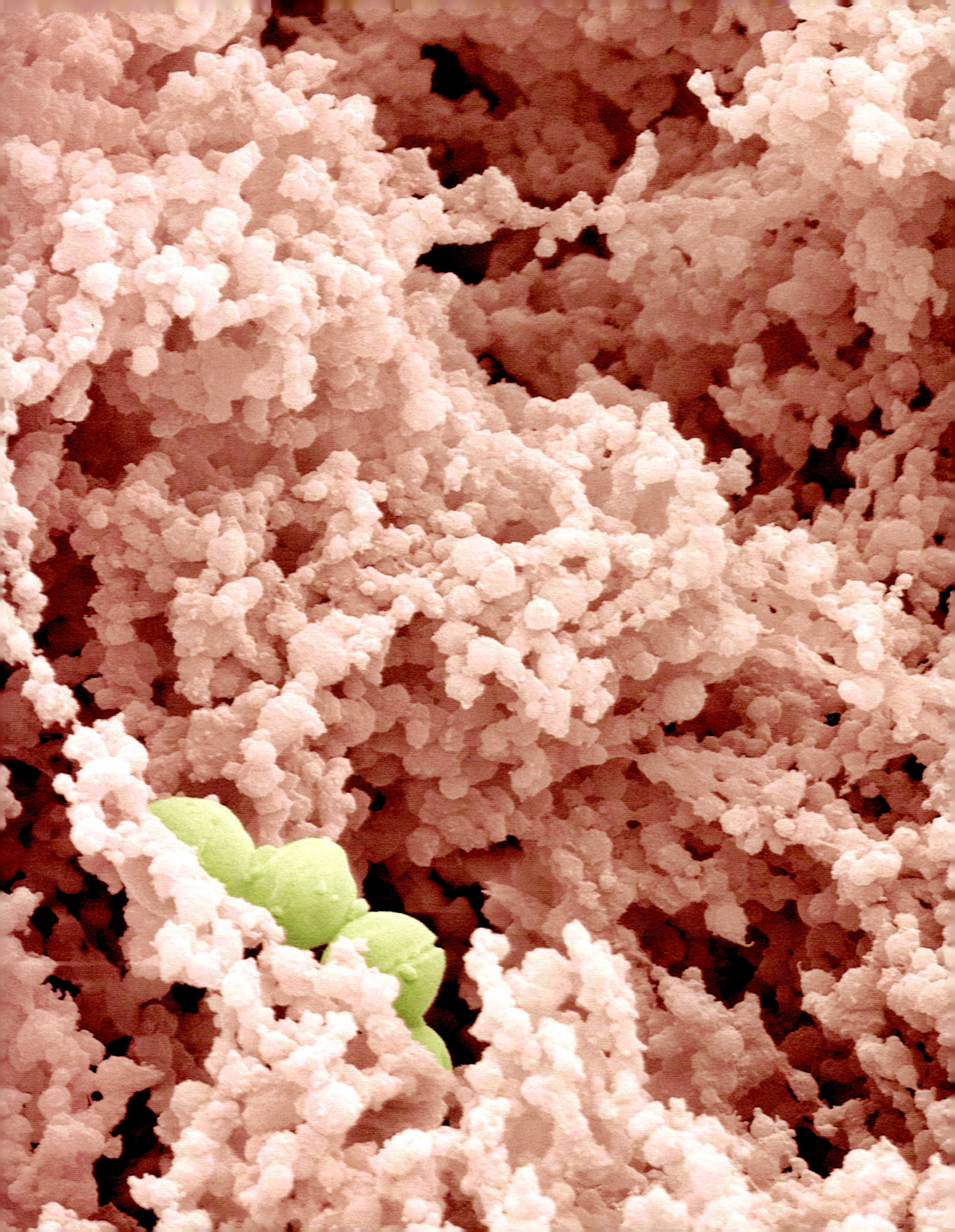

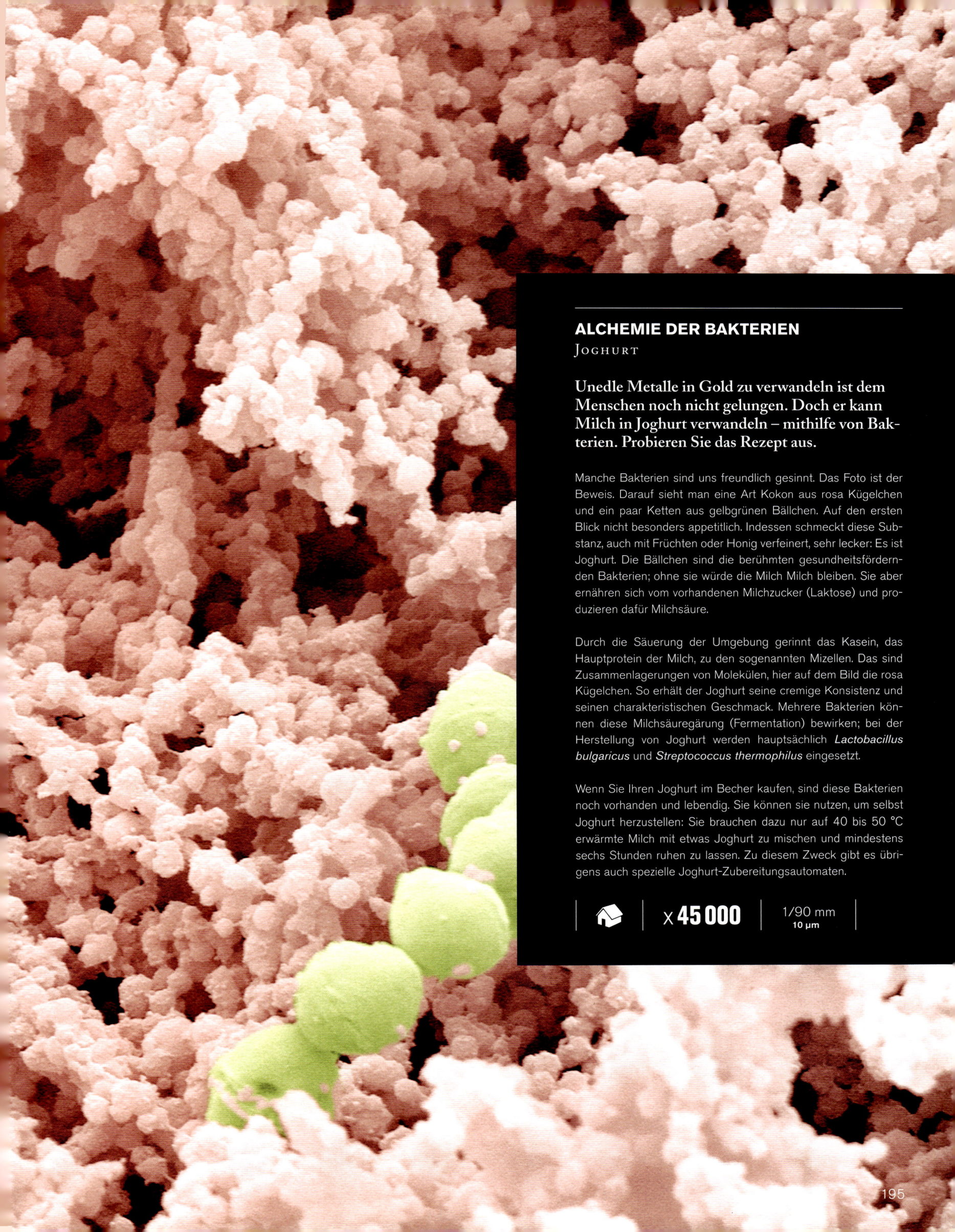

ALCHEMIE DER BAKTERIEN
Joghurt

Unedle Metalle in Gold zu verwandeln ist dem Menschen noch nicht gelungen. Doch er kann Milch in Joghurt verwandeln – mithilfe von Bakterien. Probieren Sie das Rezept aus.

Manche Bakterien sind uns freundlich gesinnt. Das Foto ist der Beweis. Darauf sieht man eine Art Kokon aus rosa Kügelchen und ein paar Ketten aus gelbgrünen Bällchen. Auf den ersten Blick nicht besonders appetitlich. Indessen schmeckt diese Substanz, auch mit Früchten oder Honig verfeinert, sehr lecker: Es ist Joghurt. Die Bällchen sind die berühmten gesundheitsfördernden Bakterien; ohne sie würde die Milch Milch bleiben. Sie aber ernähren sich vom vorhandenen Milchzucker (Laktose) und produzieren dafür Milchsäure.

Durch die Säuerung der Umgebung gerinnt das Kasein, das Hauptprotein der Milch, zu den sogenannten Mizellen. Das sind Zusammenlagerungen von Molekülen, hier auf dem Bild die rosa Kügelchen. So erhält der Joghurt seine cremige Konsistenz und seinen charakteristischen Geschmack. Mehrere Bakterien können diese Milchsäuregärung (Fermentation) bewirken; bei der Herstellung von Joghurt werden hauptsächlich *Lactobacillus bulgaricus* und *Streptococcus thermophilus* eingesetzt.

Wenn Sie Ihren Joghurt im Becher kaufen, sind diese Bakterien noch vorhanden und lebendig. Sie können sie nutzen, um selbst Joghurt herzustellen: Sie brauchen dazu nur auf 40 bis 50 °C erwärmte Milch mit etwas Joghurt zu mischen und mindestens sechs Stunden ruhen zu lassen. Zu diesem Zweck gibt es übrigens auch spezielle Joghurt-Zubereitungsautomaten.

X **45 000**   1/90 mm
10 μm

LEBENDIGE WAND
Schimmlige Tapete

Man kann sie nicht daran hindern, ins Haus zu kommen, aber man kann sie entfernen und dafür sorgen, dass sie sich nicht allzu wohlfühlen. Also weg mit Schimmelpilz & Co.!

In einem Haus lauern viele Gefahren. Diese mit dem Elektronenmikroskop beobachteten orangebraunen Fäden gehören zu einem Pilz, der sich auf einer Tapete angesiedelt hat. Nach einiger Zeit wird die Wandbekleidung schwarzbraun sein. Doch wie ist das möglich? Sporen, die der Vermehrung und Ausbreitung des Pilzes dienen, sind ins Zimmer eingedrungen. Sie sind so gut wie immer in der Umgebungsluft vorhanden. Durch die in Kellern, Badezimmern oder der Küche herrschende Feuchtigkeit finden sie ideale Wachstumsbedingungen vor. Sie keimen aus, vermehren sich und überziehen alles. Einzige Lösung: Die befallene Tapete abtragen, die Wand mit Desinfektionsmittel behandeln und neu tapezieren.

Das ist auch dringend angeraten, denn außer dass sie unangenehm riechen, können solche Pilze gesundheitliche Probleme verursachen. Sie produzieren die für den Menschen schädlichen Mykotoxine (Schimmelpilzgifte). Langfristig können sie Allergien auslösen und Atmungsprobleme verschlimmern.

Und damit sich kein neuer Schimmel bildet, vergessen Sie nicht, den Raum stets gut zu lüften!

 X **2 200** | 1/6 mm
180 μm

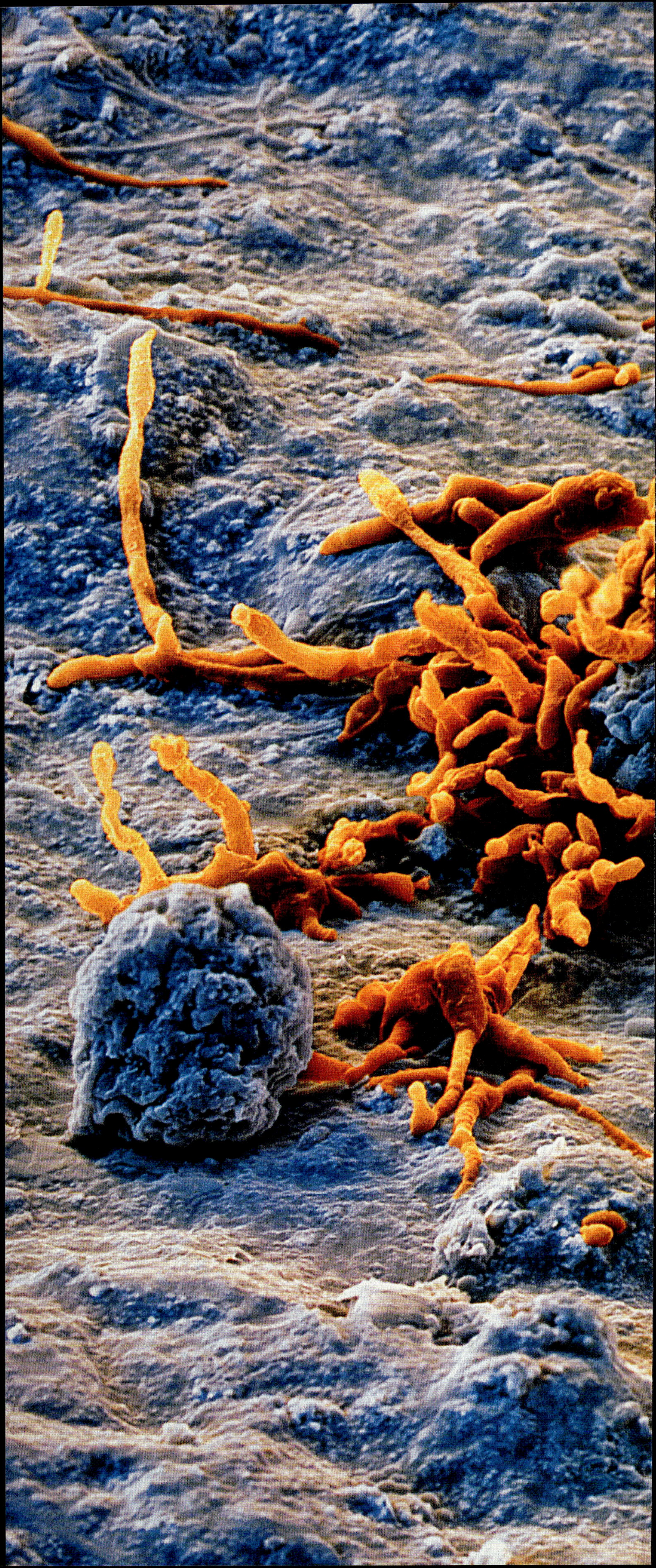

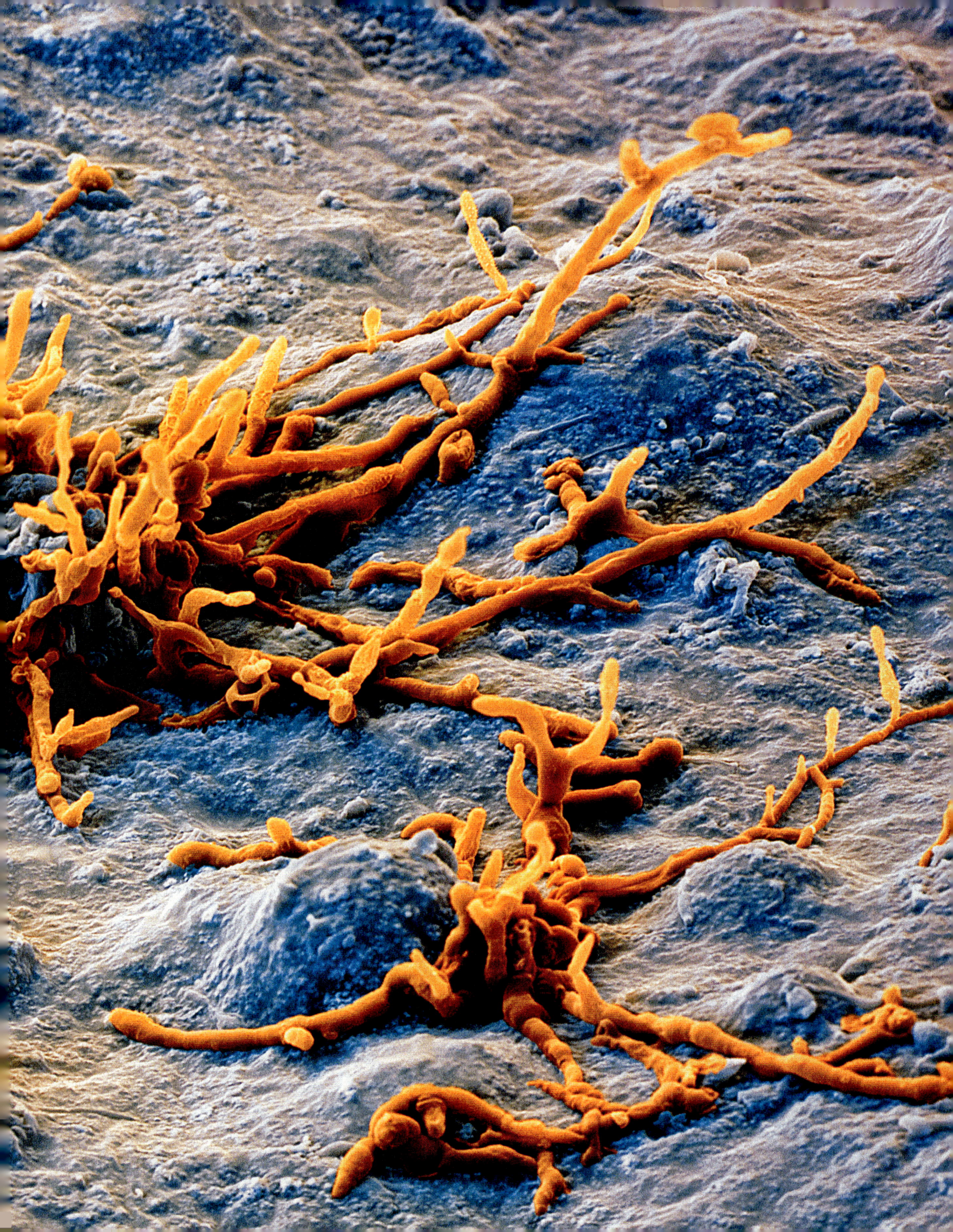

EXPLOSIVE KRISTALLE
AMMONIUMDICHROMAT

Man verwendet es zum Gerben von Leder, um Farbe haltbar zu machen, bei der Herstellung magnetischer Datenträger oder für pyrotechnische Erzeugnisse. Ammoniumdichromat hat vielfältige Anwendungsmöglichkeiten.

Diese seltsamen Kalknadeln werden auch „Feuer des Vesuvs" genannt. In der Tat können sie Feuer entfachen. Stellen Sie sich ein Experiment im Chemieunterricht vor, bei dem Sie einen Vulkanausbruch simulieren sollen. Dabei bilden Ammoniumdichromat-Kristalle die Grundlage. Schütten Sie das – im makroskopischen Bereich – orangefarbene Pulver zu einem Häufchen auf, und stecken Sie einen mit Ethanol getränkten Docht hinein. Zünden Sie ihn an. Die brennenden Kristalle setzen Energie frei. Die Reaktion geht von allein weiter, unter lebhaftem Sprühen wandeln sich die orangefarbenen Körner in einen graugrünen Stoff um.

Ammoniumdichromat ist übrigens hochgiftig, besonders beim Einatmen, und es kann Krebs erzeugen. Bei seiner Verbrennung entsteht neben Stickstoff Dichromtrioxid. Chromoxide dienten früher als Trägermaterial für Magnetbänder von Tonband- und Videogeräten. Sie werden zudem als Schleifmittel, zum Gerben von Leder und als Emaillefarbe eingesetzt.

Explosiv, feuergefährlich, toxisch – Ammoniumdichromat ist mit äußerster Vorsicht zu behandeln. Daher wird der „Vulkanversuch" an deutschen Schulen nicht mehr gemacht.

X **2000** | 1/4 mm **250 µm**

ENERGIEKRISTALL
Vitamin C

Was ist das für ein Kristall, der da in allen Regenbogenfarben schillert? Kleiner Tipp: Wenn Seeleute früher auf langen Schiffsreisen kein frisches Obst hatten, litten sie an Skorbut …

Genau, es handelt sich um Vitamin C, das mit polarisiertem Licht aufgenommen wurde. Mithilfe dieser Technik lässt sich die Struktur von Kristallen gut analysieren. Auch als Ascorbinsäure bekannt, ist Vitamin C an zahlreichen Reaktionen im menschlichen Körper beteiligt, etwa bei der Biosynthese von Kollagen, dem in allen Strukturen vorhandenen Protein, und von roten Blutkörperchen. Es spielt aber auch eine wichtige Rolle im Immunsystem, mit dem der Körper sich gegen fremde Mikroorganismen wehrt.

Dieses Vitamin ist für uns Menschen also unentbehrlich, unser Organismus kann es jedoch nicht selbst produzieren. Wir führen es uns über die Nahrung zu. Kiwis und Zitrusfrüchte sind eine gute Vitamin-C-Quelle. In noch höherem Maß sind das die exotischen Guaven oder die heimischen Speiserüben *(Brassica rapa* subsp. *rapa)*. Seit den 1940er-Jahren kann Ascorbinsäure auch synthetisch hergestellt werden.

Entgegen einer verbreiteten Ansicht wirkt Vitamin C übrigens nicht als Muntermacher: Wenn Sie vor dem Zubettgehen Orangensaft trinken, hindert Sie das nicht am Schlafen. Um seine gesunde Wirkung voll auszunutzen, sollten Sie den Saft aber rasch austrinken, denn Vitamin C baut sich im Kontakt mit der Luft ab.

x **240** | 2,1 mm

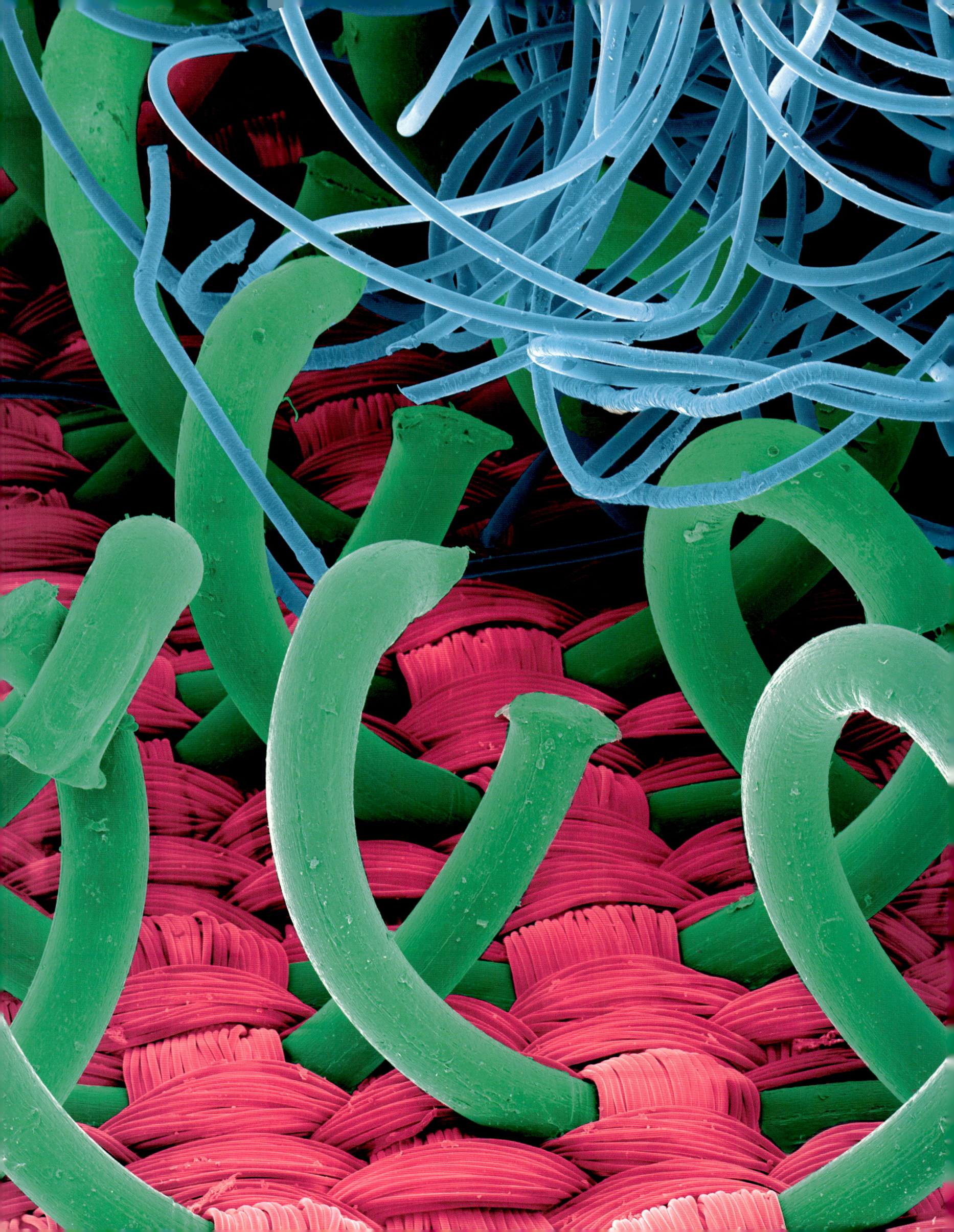

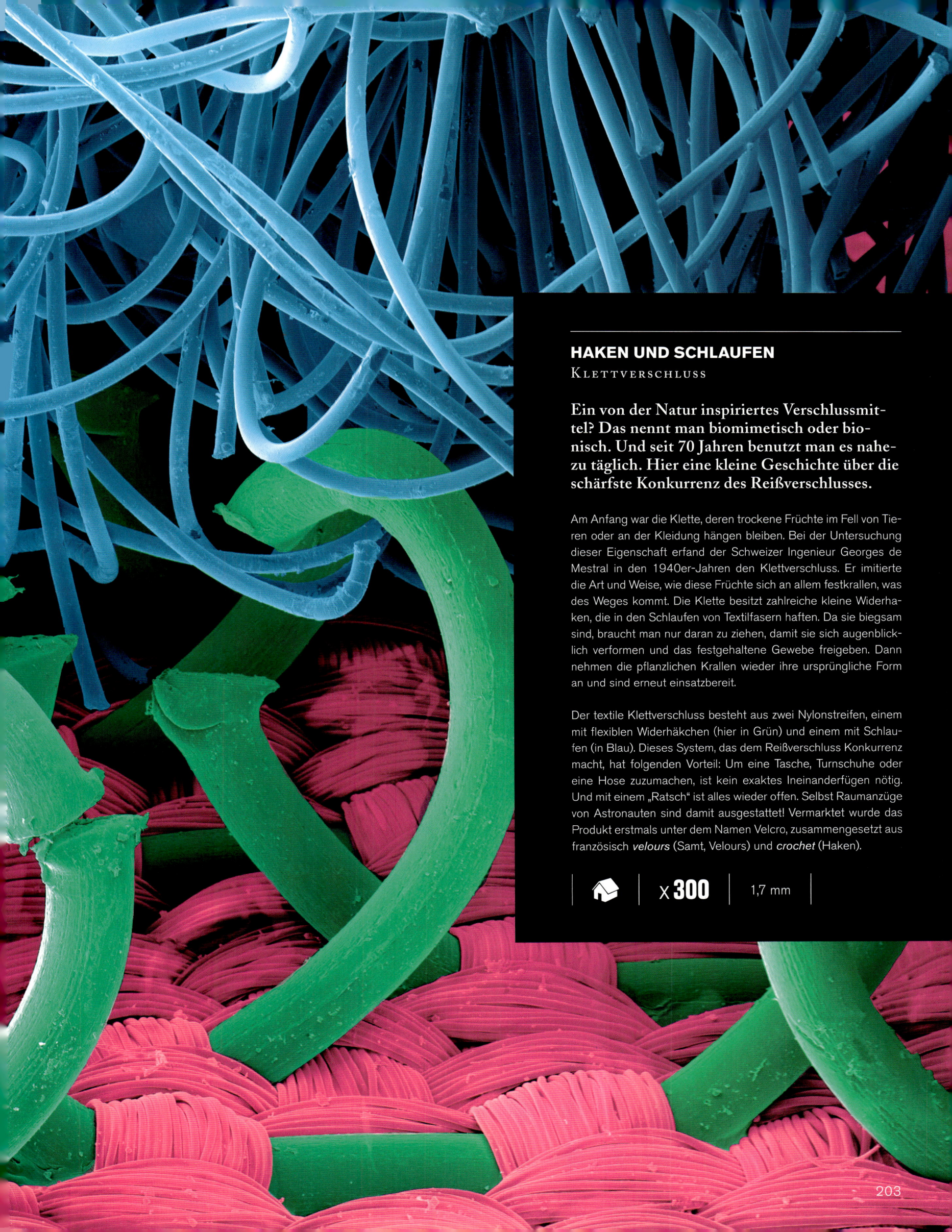

HAKEN UND SCHLAUFEN
KLETTVERSCHLUSS

Ein von der Natur inspiriertes Verschlussmittel? Das nennt man biomimetisch oder bionisch. Und seit 70 Jahren benutzt man es nahezu täglich. Hier eine kleine Geschichte über die schärfste Konkurrenz des Reißverschlusses.

Am Anfang war die Klette, deren trockene Früchte im Fell von Tieren oder an der Kleidung hängen bleiben. Bei der Untersuchung dieser Eigenschaft erfand der Schweizer Ingenieur Georges de Mestral in den 1940er-Jahren den Klettverschluss. Er imitierte die Art und Weise, wie diese Früchte sich an allem festkrallen, was des Weges kommt. Die Klette besitzt zahlreiche kleine Widerhaken, die in den Schlaufen von Textilfasern haften. Da sie biegsam sind, braucht man nur daran zu ziehen, damit sie sich augenblicklich verformen und das festgehaltene Gewebe freigeben. Dann nehmen die pflanzlichen Krallen wieder ihre ursprüngliche Form an und sind erneut einsatzbereit.

Der textile Klettverschluss besteht aus zwei Nylonstreifen, einem mit flexiblen Widerhäkchen (hier in Grün) und einem mit Schlaufen (in Blau). Dieses System, das dem Reißverschluss Konkurrenz macht, hat folgenden Vorteil: Um eine Tasche, Turnschuhe oder eine Hose zuzumachen, ist kein exaktes Ineinanderfügen nötig. Und mit einem „Ratsch" ist alles wieder offen. Selbst Raumanzüge von Astronauten sind damit ausgestattet! Vermarktet wurde das Produkt erstmals unter dem Namen Velcro, zusammengesetzt aus französisch *velours* (Samt, Velours) und *crochet* (Haken).

X **300** | 1,7 mm

IM FADENKREUZ
NADELÖHR

Seit 18 000 Jahren hat sich im Reich der Nadel nichts geändert: Es ist immer noch schwierig, einen Faden einzufädeln. Immerhin gibt es kleine Hilfsmittel und ein paar Tricks.

Zweifellos wäre jede Näherin entzückt, wenn sie ihre Nadel so heranzoomen könnte. Das Nadelöhr wäre klar erkennbar, und widerspenstige Fäden ließen sich mühelos hindurchführen. Wenn man das Bild aufmerksam betrachtet, wird einem klar, warum das Einfädeln mitunter so mühsam ist. Fäden, die eigentlich ganz glatt erscheinen, bestehen im Allgemeinen aus mehreren Fasern, die überstehen. Jede Faser reibt sich am Nadelöhr, und alle zusammen erschweren das Einfädeln.

Während diese Nadel aus Metall ist, waren die ersten aus Knochen. Schon vor 18 000 Jahren, im Jungpaläolithikum, dienten sie dazu, Tierhäute zusammenzunähen. Die Erfindung der Nadel könnte man fast auf dieselbe Stufe stellen wie die Erfindung des Rads: Ohne sie gäbe es weder Haute Couture noch Chirurgie.

Seitdem ist die Nadel, vom wechselnden Material abgesehen, kaum weiterentwickelt worden. Zu den innovativsten Entwicklungen zählen die Nadel mit halb offenem Nadelöhr zum leichteren Einfädeln oder die Einfädelhilfe in Form eines dünnen Drahts. Vermutlich ist es also noch ein weiter Weg, bis ein Kamel durch ein Nadelöhr geht …

 | X **440** | 1,5 mm

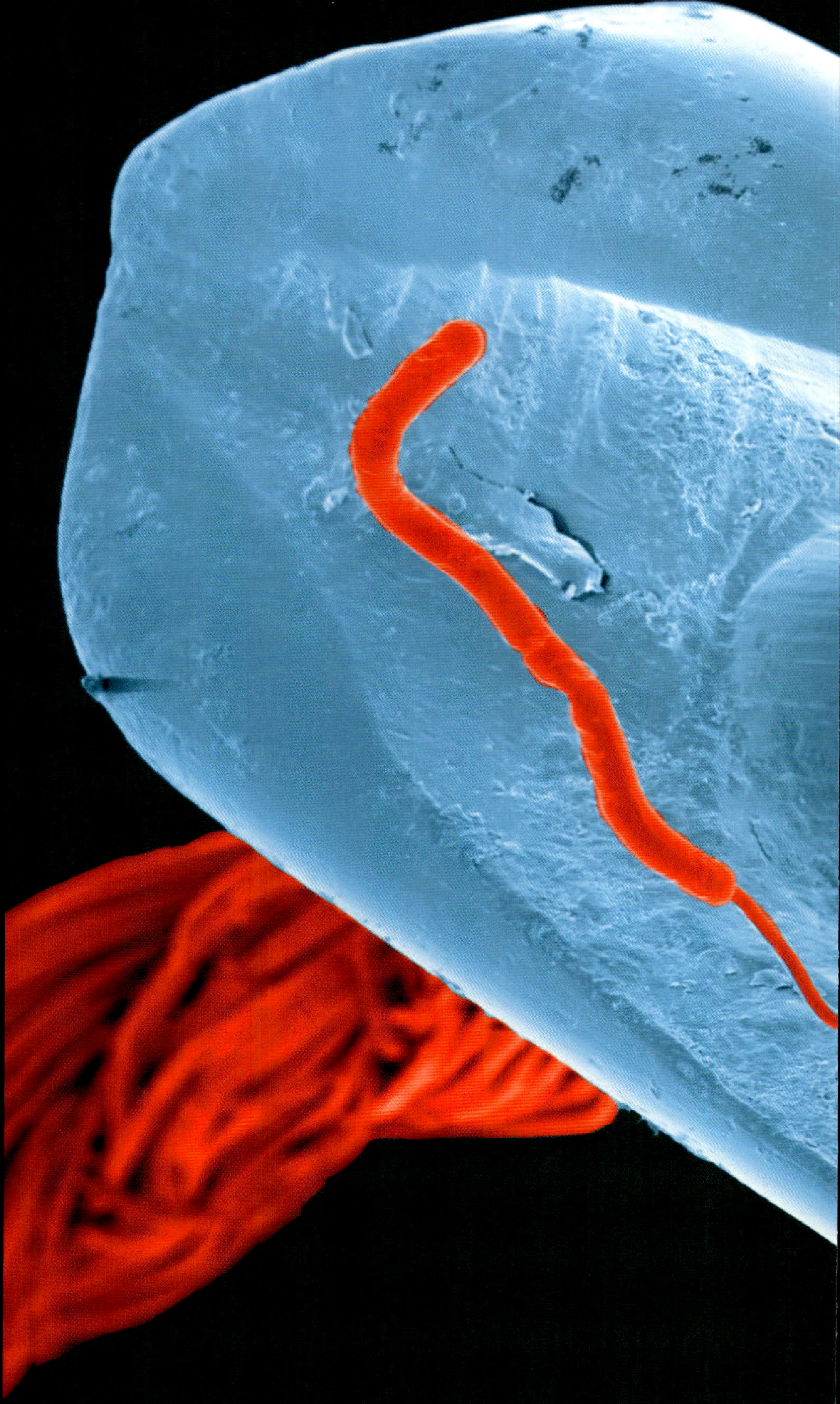

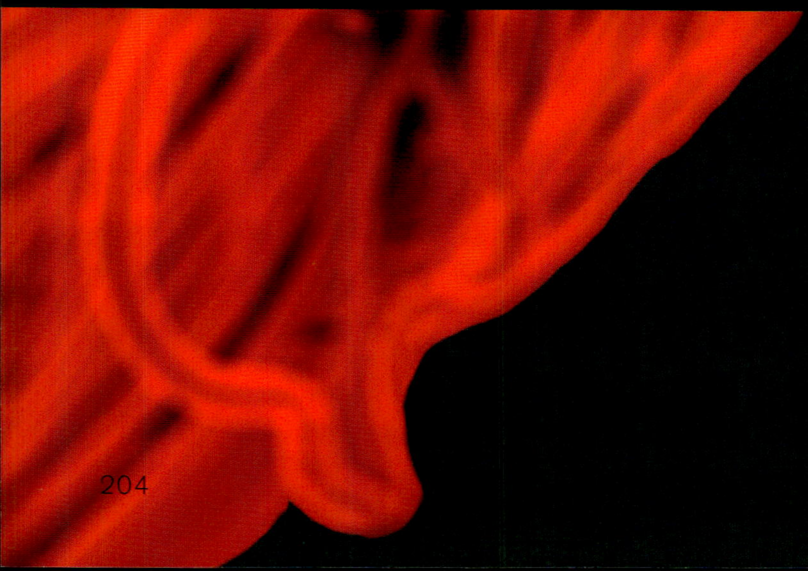

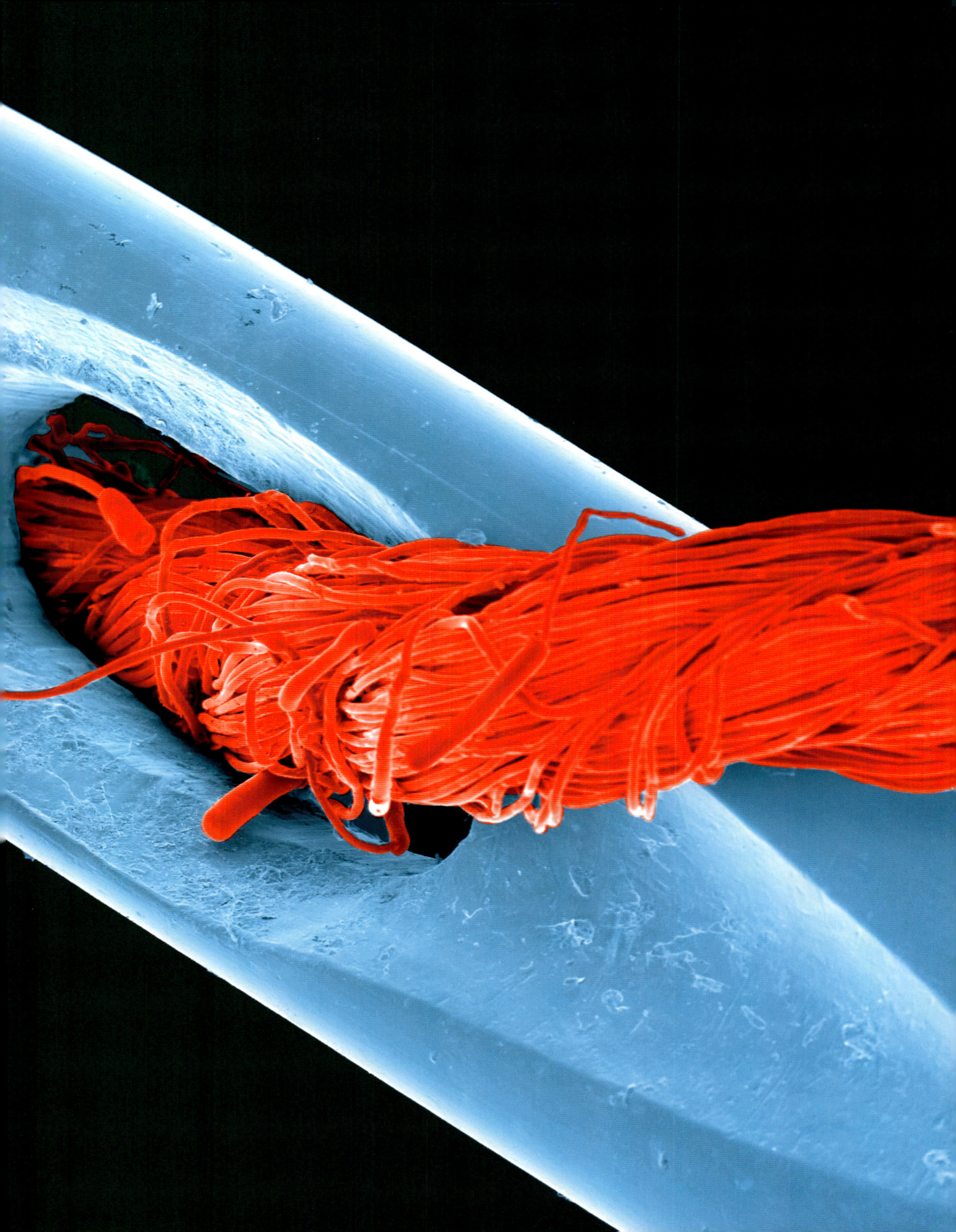

GLOSSAR

ANTIKÖRPER: Proteine (Eiweiße) im Dienst des Immunsystems. Sie erkennen körperfremde Substanzen und entfernen sie.

ATOM: Grundbaustein der Materie.

AXON: Faserartiger Fortsatz einer Nervenzelle (Neuron), der elektrische Nervenimpulse weiterleitet.

BAKTERIEN (Singular Bakterium): Winzige einzellige Organismen, die keinen echten Zellkern besitzen. Manche Bakterien sind Krankheitserreger.

BESTÄUBUNG: Fortpflanzungsart von Samenpflanzen. Dabei wird ein Pollenkorn (männlicher Gametophyt) auf der Narbe des Fruchtblatts, dem Eingang zu den weiblichen Fortpflanzungsorganen, abgelagert.

CHROMOSOMEN: Strukturen im Zellkern, die Gene und somit auch Erbinformationen enthalten. Sie bestehen aus DNA.

DENDRITEN: Aus dem Zellkörper von Nervenzellen hervorgehende Protoplasmafortsätze, die der Reizaufnahme und der Zellernährung dienen.

DNA: Desoxyribonukleinsäure (im Dt. auch DNS), ein allen Lebewesen gemeinsames Biomolekül und Träger der Erbinformation, also der Gene, die auf den Chromosomen liegen.

ELEKTRON: Negativ geladenes Elementarteilchen. In Atomen bilden Elektronen die Elektronenhülle.

ENZYM: Stoff, meist ein Protein, der biochemische Reaktionen auslösen oder beeinflussen kann.

FIBROBLASTEN: Im Bindegewebe vorkommende Zellen, die für eine erhöhte Festigkeit der Strukturbestandteile außerhalb der Zellen sorgen.

GAMETEN: Geschlechts- oder Keimzellen von sich geschlechtlich fortpflanzenden Organismen. Männliche Gameten werden Spermatozoen oder Spermien, weibliche werden Eizellen genannt.

GEN: Ein bestimmter Abschnitt auf der DNA, der die Produktionsanweisung für ein bestimmtes Protein enthält. Gene sind in Chromosomen angeordnet.

HERMAPHRODITEN (ZWITTER): Individuen mit männlicher und weiblicher Geschlechtsausprägung bei einer Art.

HORMONE: Biochemische Botenstoffe, die von spezialisierten Zellen produziert werden, um in anderen Organen eine spezifische Wirkung zu erzielen.

HYPHEN: Fadenförmige Zellen von Pilzen, die zusammen das Myzel (das Fadengeflecht der Pilze) bilden.

IMMUNSYSTEM: Das biologische Abwehrsystem höherer Lebewesen gegen Krankheitserreger. Es erkennt körperfremde Substanzen und reagiert darauf, indem es diese entfernt oder zum Beispiel Antikörper produziert.

ION: Atom, das ein Elektron entweder abgegeben oder aufgenommen hat. Dementsprechend ist das Ion positiv oder negativ geladen. Ein positiv geladenes Ion nennt man Kation, ein negativ geladenes heißt Anion.

KOHLENDIOXID: Entsteht bei der Atmung. Pflanzen wandeln bei der Photosynthese Kohlendioxid und Wasser in Glucose um.

MAKROPHAGE: Fresszelle des Immunsystems, die die Aufgabe hat, Bakterien, Fremdkörper und durch Phagozytose zerstörte Zellen zu beseitigen.

MIKROTUBULI: Röhrenförmige Proteinfilamente, die zum Zytoskelett gehören und für die Stabilisierung der Zelle mitverantwortlich sind.

MITOCHONDRIEN (Singular Mitochondrium): Intrazelluläre Strukturen, die Glucose in energiereiche Moleküle umwandeln.

MITOSE: Zellkernteilung. Phase des Zellzyklus, bei der aus einer Mutterzelle zwei identische Tochterzellen (also Zellen mit der gleichen Erbinformation) entstehen.

MOLEKÜLE: Durch chemische Bindungen zusammengehaltene Teilchen aus zwei oder mehreren Atomen.

MYZEL: Die Gesamtheit aller Hyphen, der fadenförmigen Zellen eines Pilzes.

NEURONEN (NERVENZELLEN): Zellen des Nervensystems, die auf Erregungsleitung sowie Informationsübertragung und -verarbeitung spezialisiert sind.

NUKLEOTID: Grundbaustein von Nukleinsäuren (DNA und RNA).

ORGANISMUS: Gesamtes System der Organe eines Lebewesens. Im weiteren Sinne bezeichnet der Begriff ein individuelles Lebewesen.

PARTHENOGENESE: Eingeschlechtliche Fortpflanzung mancher Pflanzen und weiblichen Tiere, d.h. ohne Befruchtung durch männliche Keimzellen.

PHEROMONE: Organische Moleküle, die der biochemischen Kommunikation zwischen Lebewesen einer Spezies (Tiere und manche Pflanzen) dienen.

PHLOEM (SIEBTEIL, BASTTEIL): Teil eines Leitbündels bei Gefäßpflanzen, der die Assimilate, die nährende Kohlenhydrate enthalten (Phloemsaft), in alle Teile der Pflanze leitet.

PHOTOSYNTHESE: Biochemischer Prozess, bei dem Lichtenergie in chemische Energie umgewandelt wird, die von grünen Pflanzen assimiliert werden kann.

INHALTSVERZEICHNIS

PROTEIN (EIWEISS): Aus Aminosäuren aufgebautes biologisches Makromolekül, das aus mehreren Ketten von Aminosäuren besteht. Proteine spielen eine wichtige Rolle im Leben von Zellen.

ROTE BLUTKÖRPERCHEN: Auch Erythrozyten, Blutzellen ohne Zellkern. Ihre Aufgabe ist der Transport der Atemgase (Sauerstoff und Kohlendioxid) im Körper.

SPORE: Zelle, die der ungeschlechtlichen Vermehrung oder Überdauerung dient, z. B. bei Pilzen, Moosen und Farnen sowie bestimmten einzelligen Organismen.

VIREN (Singular Virus): Biologische Partikel, die selbst nicht aus einer Zelle bestehen und sich nur innerhalb einer geeigneten Wirtszelle vermehren können. Im Allgemeinen handelt es sich bei Viren um Krankheitserreger.

XYLEM (HOLZTEIL): Leitgewebe der höheren Pflanzen, das Wasser und Mineralien (den Xylemsaft) aus dem Boden in die Pflanze transportiert.

ZELLE: Kleinste lebende Einheit aller Lebewesen (Pflanzen, Tiere, Pilze).

ZELLKERN: Im Zytoplasma gelegener Bereich der meisten Zellen, der die DNA und damit das Erbgut enthält.

IMPRESSUM

Konzept und Idee
olo.éditions
115, rue d'Aboukir
75002 Paris, France
www.oloeditions.com

Redaktionsleitung
Nicolas Marçais

Art Direction
Philippe Marchand

Redaktion
Diane Routex

Satz
Marion Alfano

© 2013 olo.éditions

© 2013 der französischen Originalausgabe:
h.f.ullmann publishing GmbH
Originaltitel: *Au cœur de la matière.
Découverte des mondes invisibles*
Original-ISBN: 978-3-8480-0186-6

Konzept für h.f.ullmann: Petra Kiedaisch
Projektmanagement für h.f.ullmann: Lars Pietzschmann

© 2013 der deutschen Ausgabe:
h.f.ullmann publishing GmbH

Übersetzung aus dem Französischen: Regine Schmidt
Satz und Redaktion: bookwise GmbH, München

Coverdesign: Simone Sticker
Coverfoto: © Dennis Kunkel Microscopy, Inc./Visuals
Unlimited/Corbis

Printed in China, 2013

ISBN 978-3-8480-0183-5

10 9 8 7 6 5 4 3 2 1
X IX VIII VII VI V IV III II I

www.ullmann-publishing.com
newsletter@ullmann-publishing.com

Printed on a paper from a forest managed ecologically.

BILDNACHWEIS